D1482725

Cómo funciona
el mundo

Cómo funciona el mundo

Una guía científica de nuestro pasado, presente y futuro

VACLAV SMIL

Traducción de
Francesc Pedrosa Martín

Central Islip Public Library
33 Hawthorne Avenue
Central Islip, NY 11722

Papel certificado por el Forest Stewardship Council®

Título original: *How the World Really Works. A Scientist's Guide to Our Past, Present and Future*

Primera edición: febrero de 2023

© 2022, Vaclav Smil
Publicado por primera vez como *How the World Really Works* en 2022 por Viking,
sello de Penguin General. Penguin General es parte del grupo de empresas de Penguin Random House
© 2023, Penguin Random House Grupo Editorial, S.A.U.
Travessera de Gràcia, 47-49. 08021 Barcelona
© 2023, Francesc Pedrosa Martín, por la traducción

Penguin Random House Grupo Editorial apoya la protección del *copyright*.
El *copyright* estimula la creatividad, defiende la diversidad en el ámbito de las ideas y el conocimiento,
promueve la libre expresión y favorece una cultura viva. Gracias por comprar una edición autorizada
de este libro y por respetar las leyes del *copyright* al no reproducir, escanear ni distribuir ninguna
parte de esta obra por ningún medio sin permiso. Al hacerlo está respaldando a los autores
y permitiendo que PRHGE continúe publicando libros para todos los lectores.
Diríjase a CEDRO (Centro Español de Derechos Reprográficos, http://www.cedro.org)
si necesita fotocopiar o escanear algún fragmento de esta obra.

Printed in Spain – Impreso en España

ISBN: 978-84-18619-35-9
Depósito legal: B-21.550-2022

Compuesto en Pleca Digital, S. L. U.
Impreso en EGEDSA
Sabadell (Barcelona)

C619359

Índice

Introducción

¿Por qué necesitamos este libro?

Cada época declara su condición de única. Pero, aunque las experiencias de las últimas tres generaciones —esto es, las décadas desde el final de la Segunda Guerra Mundial— pueden no haber sido tan transformadoras en lo fundamental como las de las tres anteriores al inicio de la Primera Guerra Mundial, no han faltado los acontecimientos y avances extraordinarios. El más impresionante puede que sea el hecho de que, en nuestros días, hay multitud de personas con un estándar de vida superior, del cual gozan durante más años y con mejor salud, que en cualquier otro momento de la historia. Y, sin embargo, estas personas siguen siendo una minoría (solo alrededor de una quinta parte) de la población mundial, cuya cifra total se acerca a ocho mil millones de individuos.

El segundo logro digno de admiración es la expansión sin precedentes de nuestra comprensión tanto del mundo como de todas las formas de vida. Nuestros conocimientos van de las grandes generalizaciones sobre complejos sistemas a escala universal (galaxias, estrellas) y planetaria (atmósfera, hidrosfera, biosfera) a los procesos a escala atómica y génica: las líneas grabadas en la superficie del más potente de los microprocesadores miden solo alrededor del doble del diámetro del ADN humano. Hemos llevado esta comprensión a una variedad cada vez más amplia de máquinas, dispositivos, procedimientos, protocolos e intervenciones que sostienen la civilización moderna, y la enormidad de los conocimientos acumulados —así como las formas en que los hemos empleado a nuestra conveniencia— va mucho más allá de la capacidad de cualquier mente individual.

Podría conocer a auténticos hombres del Renacimiento en la piazza della Signoria de Florencia en el año 1500, pero no mucho más tarde. A mediados del siglo XVIII, dos sabios franceses, Denis Diderot y Jean le Rond d'Alembert, pudieron reunir a un grupo de expertos para resumir los conocimientos de la época en artículos bastante exhaustivos repartidos en los varios volúmenes de su *Encyclopédie, ou Dictionnaire raisonné des sciences, des arts et des métiers*. Algunas generaciones después, la extensión y la especialización de nuestros conocimientos habían progresado órdenes de magnitud, con descubrimientos fundamentales que iban desde la inducción magnética (Michael Faraday en 1831; la base para la producción de electricidad) hasta el metabolismo de las plantas (Justus von Liebig en 1840; los principios de la fertilización de los cultivos), pasando por las teorías sobre el electromagnetismo (James Clerk Maxwell en 1861; la base de la comunicación sin hilos).

En 1872, un siglo después de la aparición del último volumen de la *Encyclopédie*, cualquier conjunto de conocimientos estaba sujeto al tratamiento superficial de una serie de temas en rápida expansión; y, un siglo y medio más tarde, es imposible resumir nuestro saber incluso dentro de especialidades muy concretas: términos como «física» o «biología» son etiquetas con un significado casi irrelevante, y a los expertos en física de partículas les resultaría muy complicado entender siquiera la primera página de un reciente artículo de investigación sobre inmunología viral. Evidentemente, esta atomización del conocimiento no ha facilitado la toma de decisiones por parte de la gente. Las ramas más especializadas del saber se han convertido en algo tan críptico que muchas de las personas que trabajan en ellas se ven forzadas a formarse hasta más allá de los treinta años para poder ingresar en este nuevo sacerdocio.

Y puede que compartan largos periodos de formación, pero con frecuencia no se ponen de acuerdo en la mejor manera de proceder. La pandemia del SARS-CoV-2 ha dejado bien claro que los desacuerdos entre expertos pueden alcanzar incluso las decisiones más simples, como, por ejemplo, llevar o no mascarilla. A finales de marzo de 2020 (tres meses después del principio de la pandemia), la Organización Mundial de la Salud aún aconsejaba no hacerlo a menos que la persona estuviera infectada, y la obligación de llevarla no se implantó hasta principios de junio de 2020. ¿Cómo pueden aquellos que carecen de formación especializada tomar partido en estas disputas —o siquiera entenderlas—, que ahora terminan, con frecuencia, en retractaciones o en el rechazo de afirmaciones que solían ser concluyentes?

Y, sin embargo, la continua incertidumbre y las disputas no son excusa para la falta de comprensión que acusa la mayoría de las personas sobre el funcionamiento fundamental del mundo moderno. Después de todo, apreciar cómo se cultiva el trigo (capítulo 2) o cómo se fabrica el acero (capítulo 3), o darse cuenta de que la globalización no es algo nuevo ni inevitable (capítulo 4), no es lo mismo que pedir que alguien entienda la femtoquímica (el estudio de las reacciones químicas a escalas temporales de 10^{-15} segundos; Ahmed Zewail, premio Nobel en 1999) o las reacciones en cadena de la polimerasa (la copia rápida del ADN; Kary Mullis, premio Nobel en 1993).

Entonces ¿por qué la mayor parte de las personas en las sociedades modernas tienen unos conocimientos tan someros sobre el funcionamiento real del mundo? Las complejidades de la actualidad tienen una explicación sencilla: interactuamos constantemente con cajas negras, cuyos resultados, que son más o menos simples, no exigen entender lo que está sucediendo en el interior. Esto es así tanto para dispositivos tan ubicuos como teléfonos móviles u ordenadores portátiles (basta con teclear una pregunta simple) como en el caso de procedimientos masivos como la vacunación (sin duda, el mejor ejemplo a escala planetaria en 2021 y del que remangarse es, en general, la única parte comprensible). Pero las explicaciones de este déficit de comprensión van más allá del hecho de que la extensión de nuestros conocimientos exige especializarse, una realidad cuyo anverso es la comprensión cada vez menos profunda —incluso la ignorancia— de las cuestiones más básicas.

La urbanización y la mecanización han sido dos importantes causas de este déficit. Desde el año 2007, más de media humanidad vive en ciudades (más del 80 por ciento en los países más prósperos) y, a diferencia de las urbes en proceso de industrialización del siglo XIX y principios del XX, los empleos en las áreas metropolitanas modernas pertenecen, principalmente, al sector servicios. Así, la mayor parte de los urbanitas en la actualidad están desconectados no solo de cómo producimos nuestros alimentos, sino también de cómo fabricamos nuestras máquinas y aparatos, y la creciente mecanización de toda la actividad productiva se traduce en que solo una pequeña parte de la población global está implicada en la labor de suministrar a la civilización la energía y los materiales que constituyen el mundo moderno.

En Estados Unidos hay ahora solo unos tres millones de hombres y mujeres (entre propietarios de granjas y trabajadores) directamente involucrados en la producción de alimentos; personas que aran los campos, siembran las semillas, aplican el fertilizante, arrancan las malas hierbas, cosechan (recoger frutas y hortalizas es la parte del proceso que exige más mano de obra) y cuidan del ganado. Eso supone menos del 1 por ciento de la población del país, así que no es sorprendente que la mayor parte de los norteamericanos no tenga ni idea, o solo una idea vaga, de cómo se han producido el pan o los filetes que llegan a sus mesas. Las cosechadoras recogen trigo, ¿pero también habas de soja o lentejas? ¿Cuánto tiempo tarda un pequeño lechón en convertirse en chuletas, semanas o años? La inmensa mayoría de la población de Estados Unidos no lo sabe; y no son los únicos. China es el mayor productor mundial de acero —funde, moldea y lamina casi mil millones de toneladas al año—, pero todo eso lo lleva a cabo menos del 0,25 por ciento de los casi mil cuatrocientos millones de sus habitantes. Solo un minúsculo porcentaje de la población china se acercará en algún momento a un alto horno, o verá la colada continua de una acería, con sus rojas cintas móviles de acero caliente. Y esta desconexión es lo más habitual en todo el mundo.

La otra razón principal de esta pobre —y cada vez menor— comprensión de los procesos fundamentales que proporcionan energía (en forma de alimento o de combustible) y materiales duraderos (ya sean metales, minerales no metálicos u hormigón) es que ahora son percibidos como pasados de moda —o incluso obsoletos— y definitivamente aburridos en comparación con el mundo de la información, los datos y las imágenes. Las supuestas mentes más brillantes no se dedican a la ciencia del suelo ni intentan mejorar la fórmula del cemento; en vez de eso, se ven atraídas por el tratamiento de información incorpórea, que ahora consiste tan solo en flujos de electrones en miríadas de microdispositivos. Desde abogados hasta economistas, pasando por programadores y gestores financieros, obtienen sus desproporcionadas compensaciones económicas mediante trabajos del todo alejados de las realidades materiales del planeta.

Es más, muchos de esos adoradores de los datos han llegado a creer que estos flujos electrónicos convertirán en innecesarias las viejas y pintorescas necesidades materiales. Los campos serán desplazados por la agricultura urbana en rascacielos, y los productos sintéticos terminarán por eliminar del todo la necesidad de cultivar alimentos. La desmaterialización, impulsada por la inteligencia artificial, acabará con nuestra dependencia de masas moldeadas de metales y minerales procesados, y en última instancia hasta puede que nos las arreglemos sin nuestro entorno terrestre: ¿para qué lo queremos, si vamos a terraformar Marte? Claro que estas predicciones no son solo manifiestamente prematuras, sino que resultan fantasías fomentadas por una sociedad en la que las noticias falsas están a la orden del día, y la realidad y la ficción se han mezclado hasta tal punto que las mentes crédulas, vulnerables a las visiones sectarias, creen en aquello que antiguamente se hubiera calificado sin piedad como puros delirios.

Ninguna de las personas que esté leyendo este libro se va a mudar a Marte; todos nosotros seguiremos comiendo los cereales de siempre, cultivados en el suelo en grandes extensiones de terreno agrícola, no en los rascacielos que imaginan los defensores de la llamada agricultura urbana; ninguno de nosotros vivirá en un mundo desmaterializado al que ya no le sirven las irremplazables funciones naturales como la evaporación del agua o la polinización de las plantas. Pero el suministro de estas necesidades vitales será una tarea cada vez más complicada, porque una gran parte de la humanidad vive en condiciones que la minoría más enriquecida dejó atrás hace generaciones, y porque la creciente demanda de energía y materiales ha estado forzando la biosfera hasta tal punto y a tal velocidad que hemos puesto en peligro su capacidad de mantener los flujos y las reservas dentro de los límites compatibles con su operatividad a largo plazo.

Por mencionar solo una comparación clave, en 2020 el promedio anual per cápita de suministro de energía para alrededor del 40 por ciento de la población mundial (3.100 millones de personas, que incluyen a casi toda la población del África subsahariana) ¡no era mayor que el de Alemania y Francia en 1860! A fin de aproximarnos al umbral de un estándar de vida digno, esos 3.100 millones de personas necesitarán al menos duplicar —aunque, preferiblemente, triplicar— su consumo de energía per cápita, y con ello multiplicar el suministro de electricidad, incrementar la producción de alimentos y construir infraestructuras urbanas, industriales y de transporte esenciales. De manera inevitable, tales demandas supondrán una mayor degradación de la biosfera.

¿Y cómo nos enfrentaremos al subsiguiente cambio climático? Hay ahora un consenso generalizado sobre la necesidad de hacer *algo* para impedir una serie de consecuencias indeseables. Pero ¿qué tipo de acciones, qué clase de transformación de la conducta funcionaría mejor? Para los que prefieren ignorar los imperativos energéticos y materiales de nuestro mundo, los que prefieren escuchar mantras de soluciones verdes en lugar de comprender cómo hemos llegado a este punto, la receta es sencilla: reduzcamos el carbono; pasemos de quemar carbón a convertir flujos inagotables de energías renovables. Pero el verdadero desafío es este: somos una civilización impulsada por los combustibles fósiles, cuyos progresos técnicos y científicos, cuya calidad de vida y prosperidad se basan en la combustión de inmensas cantidades de carbono fósil, y nos resulta sencillamente imposible salir de esta situación en cuestión de décadas y, aún menos, de años.

La descarbonización total de la economía global para el año 2050 solo es concebible ahora bajo el coste de un impensable retroceso económico en todo el mundo, o como resultado de transformaciones de una extraordinaria rapidez basadas en progresos técnicos casi milagrosos. Pero ¿quién va a organizar —de manera voluntaria— esas transformaciones cuando aún carecemos de una estrategia global convincente, práctica y económicamente viable, así como de los medios técnicos para lograr tales progresos? ¿Qué sucederá en realidad? La brecha entre el dicho y el hecho es inmensa, pero en una sociedad democrática no es posible que las ideas y las propuestas se produzcan de una forma racional sin un mínimo de información relevante que sea compartida por todas las partes y que impida que se esgriman los sesgos de estas y se hagan afirmaciones desconectadas de las posibilidades físicas.

Este libro es un intento de aumentar nuestra comprensión sobre estos asuntos, de explicar algunas de las realidades más fundamentales que determinan nuestra supervivencia y nuestra prosperidad. Mi objetivo no es hacer pronósticos ni esbozar panoramas extraordinarios o deprimentes acerca de lo que está por venir. No es necesario dar alas a este popular —pero sistemáticamente erróneo— género: a largo plazo, ningún individuo va a poder anticipar los numerosos e inesperados acontecimientos, las complejas interacciones que se van a producir. Tampoco voy a defender ninguna interpretación específica (sesgada) de la realidad, ya sea como fuente de desánimo o de expectativas sin límite. No soy ni pesimista ni optimista; soy un científico que trata de explicar cómo funciona el mundo, y utilizaré mis conocimientos para que podamos comprender mejor nuestros futuros límites y oportunidades.

Es inevitable que este tipo de investigación sea selectiva, pero cada uno de los siete temas principales que he elegido para examinar en mayor profundidad cumple el estándar de necesidad vital: no hay ninguna elección hecha con frivolidad. En el primer capítulo de este libro se muestra cómo las sociedades de alto consumo de energía han ido incrementando paulatinamente su dependencia de los combustibles fósiles en general y de la electricidad, la forma más flexible de energía, en particular. El reconocimiento de esta realidad actúa como un muy necesario correctivo ante las afirmaciones actuales (basadas en una deficiente comprensión de realidades complejas) de que podemos reducir con rapidez el carbono en la generación global de energía, y de que bastarán dos o tres décadas hasta que podamos depender únicamente de las energías renovables. Aunque una parte cada vez mayor de la electricidad corresponde a las nuevas renovables (solar y eólica, no la histórica hidroelectricidad) y hay más coches eléctricos en las carreteras, eliminar el carbono del transporte por camión, avión y barco será un desafío mucho mayor, como lo será la producción de materiales clave sin depender de los combustibles fósiles.

El segundo capítulo de este libro trata sobre la más básica de nuestras necesidades para sobrevivir: producir alimentos. Se centra en explicar cómo buena parte de lo que precisamos para ello, del trigo a los tomates, pasando por las gambas, tiene un aspecto en común: requiere un uso sustancial, directo e indirecto, de combustibles fósiles. Ser conscientes de esta dependencia fundamental nos lleva a una comprensión realista de nuestra necesidad continua de carbono fósil: es relativamente fácil generar electricidad mediante turbinas eólicas o células solares en lugar de quemar carbón o gas natural, pero sería dificilísimo accionar la maquinaria agraria sin combustibles fósiles líquidos, así como producir todos los fertilizantes y otras sustancias químicas agrícolas sin gas natural o petróleo. En resumen, durante décadas será imposible alimentar al planeta de manera adecuada si no utilizamos combustibles fósiles como fuente de energía y de materias primas.

En el tercer capítulo se explica cómo y por qué nuestras sociedades se fundamentan en materiales creados por el ingenio humano, centrándonos en lo que yo llamo los cuatro pilares de la civilización moderna: el amoniaco, el acero, el hormigón y los plásticos. Comprender esta realidad nos permite poner al descubierto la naturaleza engañosa de las recientes afirmaciones acerca de la desmaterialización de las economías actuales, dominadas por los servicios y los dispositivos electrónicos miniaturizados. El descenso relativo de las necesidades materiales por unidad en el caso de muchos productos manufacturados es una de las tendencias que han definido el desarrollo industrial moderno. Pero, en términos absolutos, las demandas materiales no han hecho más que crecer, incluso en las sociedades más prósperas del mundo, y siguen estando muy por debajo de cualquier nivel concebible de saturación en los países de ingresos bajos, donde la propiedad de viviendas bien construidas, electrodomésticos y aire acondicionado (por no mencionar los coches) sigue siendo un sueño para miles de millones de personas.

El cuarto capítulo es la historia de la globalización, o de cómo el mundo ha llegado a estar tan interconectado, tanto desde el punto de vista del transporte como de la comunicación. Esta perspectiva histórica muestra lo viejos (de hecho, antiguos) que son los orígenes de este proceso, así como lo reciente de su espacio más amplio y, por fin, completamente global. Una mirada más próxima revela que no hay nada de inevitable en el futuro de este fenómeno percibido como ambivalente (muy alabado, cuestionado y criticado). En los últimos tiempos ha habido claros retrocesos en el mundo, así como una tendencia general hacia el populismo y el nacionalismo, pero no está claro hasta dónde llegarán estos cambios ni en qué medida se modificarán debido a una combinación de consideraciones económicas, políticas y de seguridad.

En el quinto capítulo se ofrece un marco realista para juzgar los peligros a los que nos enfrentamos: las sociedades modernas han logrado eliminar o reducir muchos riesgos que antes eran mortales o incapacitantes —la polio o el parto, por ejemplo—, pero hay otros que nos acompañarán siempre, y hemos fracasado una y otra vez en llevar a cabo una correcta evaluación de riesgos, tanto subestimando como exagerando esos peligros. Cuando hayan terminado este capítulo, los lectores tendrán una buena estimación de los numerosos peligros involuntarios y actividades voluntarias (desde caerse en casa hasta volar de un continente a otro, desde vivir en una ciudad propensa a sufrir huracanes hasta tirarse en paracaídas) y, atacando directamente las sandeces de la industria dietética, veremos una gama de opciones sobre qué podemos comer para vivir más tiempo.

En el sexto capítulo observaremos en primer lugar cómo los cambios ambientales que están teniendo lugar pueden afectar a nuestras tres necesidades vitales: oxígeno, agua y comida. El resto del capítulo se centrará en el calentamiento global, el cambio que ha dominado las inquietudes ambientales más recientes y nos ha llevado a un nuevo —y casi apocalíptico— catastrofismo, por un lado, y a una total negación de ese proceso, por otro. En lugar de relatar y juzgar estas afirmaciones (ya son demasiados los libros que lo han hecho) destacaré que, al contrario de las percepciones más habituales, este fenómeno no se ha descubierto recientemente: hace más de ciento cincuenta años que comprendemos sus fundamentos.

Es más, desde el siglo anterior que somos conscientes del actual grado de calentamiento asociado con la duplicación del CO_2 atmosférico, y hace más de medio siglo que se nos advirtió de la naturaleza sin precedentes (e irrepetible) de este experimento planetario (a través de mediciones ininterrumpidas y precisas del CO_2 iniciadas en 1958). Pero hemos elegido hacer caso omiso de estos avisos, explicaciones y hechos registrados. En vez de eso, hemos multiplicado nuestra dependencia de los combustibles fósiles, la cual no será fácil, ni barato, neutralizar. La rapidez con la que podemos cambiar no está del todo clara. Si a esto le sumamos los demás problemas medioambientales, llegamos a la conclusión de que la pregunta existencial fundamental —¿puede la humanidad llevar a término sus aspiraciones dentro de los límites seguros de nuestra biosfera?— no resulta fácil de responder. Pero es imperativo que comprendamos cuáles son los hechos. Solo entonces podremos abordar el problema de manera eficaz.

En el último capítulo echo un vistazo al futuro, en especial a las recientes tendencias —opuestas entre ellas— que han adoptado el catastrofismo (quienes dicen que solo nos quedan años antes de que el telón caiga sobre la civilización moderna) o el tecnooptimismo (quienes predicen que los poderes de la invención abrirán horizontes ilimitados más allá de los confines de la Tierra, convirtiendo todos los desafíos terrestres en irrelevantes). Como se puede suponer, ninguna de estas posiciones me resulta muy útil, y mi perspectiva no favorece ninguna de estas doctrinas. No preveo ningún cambio inminente de la historia en una u otra dirección; no veo ningún desenlace ya predeterminado, sino más bien una complicada trayectoria que depende de nuestras (en absoluto limitadas) opciones.

Este libro se basa en dos pilares: un gran número de descubrimientos científicos y medio siglo de mis propias investigaciones y libros. El primero incluye elementos que van desde las aportaciones clásicas hasta las más pioneras explicaciones de la conversión de energía y del efecto invernadero desde el siglo XIX, pasando por las últimas evaluaciones de los desafíos globales y de las estimaciones de riesgos. Y este ambicioso libro no se podría haber escrito sin mis décadas de estudios interdisciplinarios, condensados en mis anteriores libros. En lugar de una anticuada comparación entre zorros y erizos («muchas cosas sabe el zorro, pero el erizo sabe una sola y grande»), tengo tendencia a concebir a los científicos modernos como excavadores de hoyos cada vez más profundos (que es ahora la ruta dominante hacia la fama) o exploradores de amplios horizontes (un grupo cada vez más reducido actualmente).

Excavar el hoyo de mayor profundidad y convertirse en un inigualable maestro del pequeño fragmento de cielo que se ve desde el fondo no ha sido algo que me haya interesado nunca. Siempre he preferido explorar lo más lejos y lo más ampliamente que mis limitadas capacidades me han permitido. La principal área de interés a lo largo de mi vida han sido los estudios sobre energía, porque una comprensión satisfactoria de ese vasto sector exige entender de física, química, biología, geología e ingeniería, sin olvidar la historia y los factores sociales, económicos y políticos.

Casi la mitad de mis hasta ahora más de cuarenta libros (principalmente académicos) tratan sobre diversos aspectos de la energía, desde estudios amplios e históricos hasta análisis detallados sobre clases específicas de combustibles (petróleo, gas natural, biomasa) y propiedades y procesos específicos (densidad de potencia, transiciones energéticas). El resto de mi obra publicada deja entrever mis intereses interdisciplinarios: he escrito sobre fenómenos tan fundamentales como el crecimiento —en todas sus formas naturales y antropogénicas— y el riesgo; sobre el entorno global (la biosfera, los ciclos biogeoquímicos, la ecología global, la productividad fotosintética y las cosechas), alimentos y agricultura, materiales (sobre todo, acero y fertilizantes), avances técnicos, y el progreso y retroceso de la fabricación, así como también sobre la historia de la antigua Roma y de los actuales Estados Unidos y la comida japonesa.

Inevitablemente, este libro —el producto de toda mi obra, y escrito para profanos— es una continuación de la misión de mi vida: comprender las realidades básicas de la biosfera, la historia y el mundo que hemos creado. Y, de nuevo, hace lo mismo que yo llevo décadas haciendo sin descanso: aboga con firmeza por alejarse de las posturas extremas. Los recientes defensores (cada vez más estridentes o más frívolos) de esas posturas se verán decepcionados: aquí no encontrarán lamentos diciendo que el mundo se acabará en 2030 ni apasionados puntos de vista sobre los asombrosos poderes transformadores de una inteligencia artificial que va a llegar antes de lo que creemos. Este libro, en cambio, trata de ofrecer un fundamento para una perspectiva más mesurada y necesariamente agnóstica. Espero que mi enfoque, racional y práctico, ayude a los lectores a entender cómo funciona el mundo, y cuáles son las posibilidades de que veamos que ofrezca mejores perspectivas a las generaciones venideras.

Pero, antes de sumergirnos en cuestiones específicas, tengo una advertencia, y también una posible petición. Este libro bulle de cifras (todas ellas métricas), porque las realidades del mundo moderno no se pueden entender tan solo con descripciones cualitativas. Muchos de los números de este libro son, inevitablemente, muy grandes o muy pequeños, y estas realidades se tratan mejor en términos de órdenes de magnitud, etiquetados con prefijos válidos en todo el mundo. Si carece de un conocimiento básico de esas cuestiones, el apéndice sobre cómo entender los números, grandes y pequeños, trata de ello, de manera que, para algunos lectores, puede resultar conveniente empezar este libro por el final. En caso contrario, nos veremos en el capítulo 1 para encontrar un punto de vista cuantitativo y más detallado sobre las energías. Esta es una perspectiva que nunca debería pasar de moda.

1

Comprender la energía

Combustibles y electricidad

Piense en un amable guion de ciencia ficción: nada de viajes a distantes planetas en busca de vida, sino la Tierra y sus habitantes como sujetos de una supervisión remota por parte de una civilización extraordinariamente avanzada que envía sondas a las galaxias cercanas. ¿Por qué lo hace? Por la sencilla satisfacción de un conocimiento sistemático, y quizá para evitar peligrosas sorpresas en el caso de que el tercer planeta que orbita alrededor de una estrella vulgar en una galaxia espiral se convierta en una amenaza, o quizá por si necesitan un segundo hogar. De manera que este planeta vigila la Tierra cada cierto tiempo.

Imaginemos que una sonda se acerca a nuestro planeta una vez cada cien años y que está programada para hacer una segunda pasada (una inspección más en profundidad) solo en el caso de que detecte una clase no observada de conversión energética —el cambio de una forma de energía a otra— o una nueva manifestación física consecuencia de ella. En términos de física fundamental, cualquier proceso —ya sea la lluvia, una erupción volcánica, el crecimiento de plantas, la depredación de animales o el incremento del conocimiento humano— se puede definir como una secuencia de conversiones energéticas, por lo que, durante varios cientos de millones de años después de la formación de la Tierra, las sondas solo habrían visto las mismas muestras, variadas pero en última instancia monótonas, de erupciones volcánicas, terremotos y tormentas atmosféricas.

CAMBIOS FUNDAMENTALES

Los primeros microorganismos surgieron hace casi cuatro mil millones de años, pero las sondas no los registran, ya que estas formas de vida son muy escasas y se mantienen ocultas junto a corrientes hidrotermales alcalinas en el suelo oceánico. La primera ocasión para examinar el planeta más de cerca surge hace mucho tiempo, tres mil quinientos millones de años atrás, cuando una sonda registra los primeros microbios fotosintéticos simples, unicelulares, en zonas poco profundas del mar: absorben radiación próxima a la infrarroja —la que está un poco más allá del espectro visible— y no producen oxígeno.[1] Pasan luego cientos de millones de años sin señales de cambio hasta que las cianobacterias empiezan a utilizar la energía de la radiación solar visible para convertir el CO_2 y el agua en nuevos compuestos orgánicos y liberar oxígeno.[2]

Este es un cambio radical que creará la atmósfera oxigenada de la Tierra; no obstante, pasará mucho tiempo antes de que nuevos y más complejos organismos acuáticos sean detectados, hace mil doscientos millones de años, cuando las sondas documentan el auge y la difusión de las relucientes algas rojas (debido al pigmento fotosintético ficoeritrina) y de algas marrones, de un tamaño mucho mayor. Las algas verdes llegarán quinientos millones de años más tarde y, debido a la nueva proliferación de plantas marinas, las sondas se equipan con unos sensores más afinados para analizar el suelo marino. Y les sale bien, ya que, hace más de seiscientos millones de años, las sondas llevan a cabo otro descubrimiento relevante: la existencia de los primeros organismos constituidos por células diferenciadas. Estas criaturas planas, que viven en el lecho marino (denominadas «organismos ediacáricos», por el lugar donde se encuentran, en Australia), son los primeros animales simples que requieren oxígeno para su metabolismo y, a diferencia de las algas, que se limitan a ser arrastradas por las olas y las corrientes, son móviles.[3]

Más tarde, las sondas empiezan a documentar lo que son, comparativamente, cambios más rápidos: en lugar de sobrevolar continentes sin vida y esperar cientos de millones de años antes de observar otro cambio importante, comienzan a registrar las oleadas de la aparición, difusión y extinción de una inmensa variedad de especies. Este periodo se inicia con la explosión de pequeñas criaturas que moran en el fondo marino en el Cámbrico (hace 541 millones de años, dominado al principio por los trilobites), hasta la llegada de los primeros peces, anfibios, plantas terrestres y animales de cuatro patas (y, por tanto, de una movilidad excepcional). Las extinciones periódicas reducen, o a veces casi eliminan por completo, estos últimos, y hace seis millones de años las sondas no pueden hallar ningún organismo que domine el planeta.[4] Poco después, estas casi pasan por alto la trascendencia de un cambio mecánico con enormes implicaciones energéticas: muchos animales de cuatro patas se ponen de pie brevemente o caminan con torpeza sobre dos, y hace más de cuatro millones de años esta forma de locomoción se convierte en la habitual para unas pequeñas criaturas simiescas que empiezan a pasar más tiempo en el suelo que en los árboles.[5]

Ahora, los intervalos entre noticias dignas de estudio se reducen, pasan de cientos de millones de años a solo cientos de miles. Finalmente, los descendientes de estos primeros bípedos (a los que clasificamos como homininos, pertenecientes al género *Homo*, en la larga línea de nuestros antepasados) realizan una acción que los sitúa en el rápido camino hacia el dominio planetario. Hace varios cientos de miles de años, las sondas detectan el primer uso de energía extrasomático, externo al cuerpo —es decir, una conversión de energía aparte de la digestión de alimentos—, cuando algunos de estos caminadores erguidos dominan el fuego y empiezan a usarlo de forma deliberada para cocer alimentos, para su confort y para su seguridad.[6] Esta combustión controlada convierte la energía química de las plantas en energía térmica y luz, lo que permite a los homininos comer alimentos que antes eran difíciles de digerir, los calienta durante las frías noches y aleja a los animales peligrosos.[7] Son los primeros pasos hacia moldear y controlar el entorno a una escala sin precedentes.

Esta tendencia se intensifica con el siguiente cambio notable: la adopción del cultivo de plantas. Hace unos diez milenios, las sondas registran las primeras extensiones vegetales cultivadas deliberadamente, de modo que una pequeña parte de la fotosíntesis total de la Tierra pasa a estar controlada y manipulada por los seres humanos, que domestican —seleccionan, plantan, cuidan y recolectan— cultivos para su propio (y futuro) beneficio.[8] Poco después sigue la primera domesticación de animales. Antes de esto, los músculos humanos son los motores primarios; es decir, conversores de la energía química (comida) en la energía cinética (mecánica) del trabajo. La domesticación de animales de labor, empezando por el ganado vacuno hace unos nueve mil años, proporciona la primera energía extrasomática distinta de los músculos humanos; los animales se utilizan para trabajar los campos, sacar agua de los pozos o mover cargas, y para el transporte de personas.[9] Mucho más tarde surgirán los primeros motores inanimados: velas hace más de cinco milenios, norias de agua hace más de dos milenios y molinos de viento hace más de mil años.[10]

Entonces, las sondas ya no tienen mucho que observar debido a la llegada de otro periodo de (relativa) ralentización: siglo tras siglo, no hay más que repetición, estancamiento o el lento crecimiento y difusión de estas ya arraigadas conversiones. En América y en Australia (a falta de animales de tiro y de motores mecánicos simples), todo el trabajo antes de la llegada de los europeos lo llevan a cabo los músculos humanos. En algunas de las regiones preindustriales del Viejo Mundo, los animales, el viento y las corrientes o caídas de agua proporcionan energía para una parte significativa de las tareas de moler grano, prensar aceite y forjar, y los animales de tiro se volverán indispensables para los trabajos pesados del campo (sobre todo, arar, ya que la cosecha aún se lleva a cabo manualmente), transportar mercancías y hacer la guerra.

Pero llegados a este punto, incluso en las sociedades con animales domesticados y motores mecánicos, buena parte del trabajo lo llevan a cabo los humanos. Calculo, utilizando cifras necesariamente aproximadas de animales de tiro y de personas, y suponiendo índices de trabajo diarios basados en mediciones modernas de agotamiento físico, que —ya sea al principio del segundo milenio de la era común o quinientos años más tarde (en 1500, al principio de la Edad Moderna)— más del 90 por ciento de toda la energía mecánica útil la proporcionaba la potencia animada, repartida entre personas y animales, mientras que la energía térmica venía exclusivamente de la quema de combustibles vegetales (sobre todo madera y carbón vegetal, pero también paja y estiércol seco).

Entonces, en 1600, la sonda alienígena se pondrá en acción y descubrirá algo sin precedentes. En lugar de depender solo de la madera, una sociedad isleña está quemando cada vez más carbón, un combustible producido por fotosíntesis hace decenas o cientos de miles de años que ha sido fosilizado por el calor y la presión durante su prolongado almacenamiento subterráneo. Las mejores reconstrucciones históricas muestran que el carbón como fuente de calor en Inglaterra supera el uso de combustibles de biomasa alrededor del año 1620 (quizá incluso antes); para 1650, la combustión de carbón proporciona dos tercios de todo el calor, y llega al 75 por ciento en el año 1700.[11] Inglaterra empieza excepcionalmente pronto: todas las cuencas carboníferas que convierten al Reino Unido en la primera economía mundial en el siglo XIX ya producen carbón antes de 1640.[12] Y entonces, a principios del siglo XVIII, algunas minas inglesas empiezan a emplear máquinas de vapor, las primeras fuerzas motrices inanimadas impulsadas por la quema de combustibles fósiles.

Estas primeras máquinas eran tan ineficientes que solo se podían utilizar en minas, donde se disponía con facilidad del combustible y no era necesario transportarlo.[13] Pero, durante generaciones, el Reino Unido sigue siendo la nación más interesante para la sonda alienígena, porque es una pionera. Ya en 1800, la extracción de carbón combinada en varios países europeos y Estados Unidos no es más que una pequeña parte de la producción británica.

En el año 1800, una sonda registrará que, en todo el planeta, los combustibles vegetales siguen suministrando más del 98 por ciento del calor y la luz utilizados por los bípedos dominantes, y que los músculos humanos y animales aún proporcionan más del 90 por ciento de toda la energía mecánica necesaria en la agricultura, la construcción y la manufactura. En el Reino Unido, donde, en la década de 1770, James Watt introdujo una versión mejorada de la máquina de vapor, la empresa Boulton & Watt empezó a construir motores cuya potencia promedio era igual a la de veinticinco caballos fuertes, pero para el año 1800 había vendido menos de quinientas de esas máquinas, una mera fracción de la potencia total proporcionada por los caballos y los esforzados trabajadores.[14]

Incluso en 1850, la creciente industria extractiva de carbón en Europa y Estados Unidos no supone más que el 7 por ciento de toda la energía procedente de combustibles. Casi la mitad de la totalidad de la energía cinética útil viene de los animales de tiro, alrededor de un 40 por ciento de los músculos humanos y solo un 15 por ciento de las tres fuerzas motrices inanimadas: norias de agua, molinos de viento y máquinas de vapor, cuyo número se expande lentamente. El mundo de 1850 se parece mucho más al de 1700, o incluso al de 1600, que al del año 2000.

Pero, llegado el año 1900, la proporción global de combustibles fósiles y renovables y de fuerzas motrices da un giro considerable, ya que las fuentes de energía modernas (carbón y algo de petróleo crudo) proporcionan la mitad de toda la energía primaria, y los combustibles tradicionales (madera, carbón vegetal, paja), la otra mitad. Las turbinas de agua de las centrales hidroeléctricas generan por primera vez electricidad primaria durante la década de 1880; más tarde viene la electricidad geotérmica y, después de la Segunda Guerra Mundial, la electricidad nuclear, solar y eólica (las nuevas renovables). Pero, para el año 2020, más de la mitad de la electricidad del mundo aún se genera mediante la quema de combustibles fósiles, sobre todo carbón y gas natural.

En el año 1900, las fuerzas motrices inanimadas suministran alrededor de la mitad de toda la energía mecánica: la mayor aportación corresponde a las máquinas de vapor a carbón, seguidas por norias de agua mejor diseñadas (introducidas en la década de 1830), las nuevas turbinas hidráulicas (desde finales de la década de 1880) y los motores de combustión interna (con la gasolina como carburante, e introducidos también en la década de 1880).[15]

Llegado el año 1950, los combustibles fósiles suponen casi tres cuartas partes de la energía primaria (aún dominada por el carbón), y las fuerzas motrices inanimadas —ahora encabezadas por los motores de combustión interna de gasolina y diésel— proporcionan más del 80 por ciento de la energía mecánica. Y, para el año 2000, solo las personas pobres en países de ingresos bajos dependen de los combustibles de biomasa: la madera y la paja proporcionan solo alrededor del 12 por ciento de la energía primaria de todo el mundo. Las fuerzas motrices animadas suponen únicamente un 5 por ciento de la energía mecánica, ya que el esfuerzo humano y el trabajo de los animales de tiro han sido desplazados casi por completo por máquinas alimentadas por combustibles líquidos o motores eléctricos.

Durante los últimos dos siglos, las sondas alienígenas habrán sido testigos de una rápida sustitución de las fuentes de energía primaria en todo el mundo, acompañada de la expansión y diversificación de los combustibles fósiles, y la no menos rápida introducción, adopción y potenciación de nuevas fuerzas motrices inanimadas: primero máquinas de vapor a carbón y luego motores de combustión interna (de pistones y turbinas). La visita más reciente podría observar una sociedad realmente global definida y construida sobre conversiones a gran escala, estáticas y móviles, de carbono fósil que tienen lugar en todas partes salvo en algunas de las regiones deshabitadas del planeta.

Usos modernos de la energía

Esta movilización de energías extrasomáticas, ¿qué diferencia ha supuesto? El suministro de energía primaria global suele hacer referencia a la producción (bruta) total, pero resulta más revelador fijarse en la energía que está realmente disponible para su conversión en formas útiles. Para ello, sustraemos las pérdidas anteriores al consumo (durante la clasificación y limpieza del carbón, el refinado del petróleo crudo y el procesado del gas natural), los usos no energéticos (sobre todo como materia prima para la industria química, y también como aceites lubricantes para máquinas, desde bombas hasta turbinas de aviones, y como materiales de pavimentado) y las pérdidas durante la transmisión de la electricidad. Con estos ajustes —y redondeando con generosidad para evitar los efectos de una precisión injustificada—, mis cálculos muestran un incremento de 60 veces en el uso de combustibles fósiles durante el siglo XIX, de 16 veces durante el siglo XX, y alrededor de 1.500 veces a lo largo de los pasados 220 años.[16]

Esta dependencia creciente de los combustibles fósiles es el factor más importante para explicar los progresos de la civilización moderna, y también nuestras inquietudes subyacentes acerca de la vulnerabilidad de su abastecimiento y el impacto medioambiental producido por su combustión. En realidad, el incremento energético ha sido sustancialmente mayor que las 1.500 veces que acabo de mencionar, porque debemos tener en cuenta el aumento simultáneo del promedio de eficiencia de la conversión.[17] En 1800, la combustión del carbón en estufas y calderas para producir calor tenía una eficiencia que no superaba el 25 o 30 por ciento, y solo el 2 por ciento del consumido por las máquinas de vapor se convertía en trabajo útil, lo que resultaba en una eficiencia de conversión global de no más del 15 por ciento. Un siglo más tarde, mejoras en las estufas, las calderas y los motores elevaron la eficiencia global a casi el 20 por ciento; y, para el año 2000, el índice medio de conversión era de aproximadamente el 50 por ciento. En consecuencia, el siglo XX vio un incremento de un factor casi 40 en la energía útil; desde 1800, el incremento es de un factor 3.500, más o menos.

Para obtener una imagen aún más clara de la magnitud de estos cambios, deberíamos expresar estos índices en términos de cifras per cápita. La población mundial aumentó de 1.000 millones de personas en 1800 a 1.600 millones en 1900 y a 6.100 millones en el año 2000, por lo que la oferta de energía útil ascendió (todos los valores en gigajulios per cápita) de 0,05 en 1800 a 2,7 en 1900 y a unos 28 en el año 2000. El ascenso de China en la escena mundial a partir del nuevo milenio fue la principal razón para un posterior incremento en el índice global a unos 34 GJ/cápita en el año 2020. Actualmente, un habitante medio del planeta tiene a su disposición casi setecientas veces más energía útil que sus antepasados de principios del siglo XIX.

Es más, durante la vida de las personas nacidas después de la Segunda Guerra Mundial, el índice se ha más que triplicado, de unos 10 a los 34 GJ/cápita entre 1950 y 2020. Traduciendo esta última cifra a un equivalente más fácil de imaginar, es como si un terrícola medio tuviera cada año a su disposición unos 800 kilogramos (0,8 toneladas, o casi seis barriles) de petróleo crudo, o unas 1,5 toneladas de buen carbón bituminoso. Y, si se considera en términos de trabajo físico, es como si 60 adultos estuviesen trabajando día y noche, sin interrupción, para cada persona media; y, para los habitantes de países prósperos, este equivalente estaría, según el lugar específico, más bien entre 200 y 240. En promedio, las personas tienen ahora a su disposición una cantidad de energía sin precedentes.

Las consecuencias de esto en términos de esfuerzo humano, horas de trabajo físico, tiempo de ocio y estándar global de vida son obvias. La abundancia de energía útil es el factor subyacente que explica todos los privilegios —desde una mejora de la alimentación hasta la posibilidad de viajar a gran escala, desde la mecanización de la producción y el transporte hasta las comunicaciones electrónicas personales instantáneas— que se han convertido en la norma, no en la excepción, en todos los países prósperos. Son grandes las diferencias de los cambios recientes a escala nacional: como se puede esperar, serán menores en los países de altos ingresos, cuyo consumo de energía per cápita ya era relativamente alto hace medio siglo, y ha habido un mayor incremento en las naciones que han visto acelerarse la modernización de sus economías desde 1950, sobre todo Japón, Corea del Sur y China. Entre 1950 y 2020, Estados Unidos casi ha duplicado la energía útil per cápita proporcionada por combustibles fósiles y electricidad primaria (hasta unos 150 gigajulios); en Japón, el índice se ha más que quintuplicado (hasta casi 80 GJ/cápita), y China ha experimentado un asombroso incremento de más de un factor 120 (hasta casi 50 GJ/cápita).[18]

Rastrear la trayectoria de la implementación de energía útil es muy revelador, pues la energía no solo es otro de los componentes de las complejas estructuras de la biosfera, de las sociedades humanas y sus economías, ni una variable más en intrincadas ecuaciones que determinan la evolución de estos sistemas que interaccionan. Las conversiones de energía son la base misma de la vida y de la evolución. La historia moderna se puede contemplar como una inusualmente rápida secuencia de transiciones a nuevas fuentes de energía, y el mundo moderno es el resultado acumulativo de esas conversiones.

Los físicos fueron los primeros en darse cuenta de la importancia fundamental de la energía para los seres humanos. En 1886, Ludwig Boltzmann, uno de los padres de la termodinámica, hablaba sobre la energía libre —la disponible para conversiones— como el *Kamp-fobjekt* (el objeto en disputa) para la vida, que depende en última instancia de la radiación solar que llega hasta nosotros.[19] Erwin Schrödinger, que obtuvo el Premio Nobel de Física en 1933, resumía así la base de la vida: «Aquello de lo que se alimenta un organismo es entropía negativa» (entropía negativa o neguentropía = energía libre).[20] Durante la década de 1920, siguiendo esta percepción fundamental de los físicos de los siglos XIX y XX, el matemático y estadístico estadounidense Alfred Lotka llegó a la conclusión de que los organismos que mejor capturaban la energía disponible disfrutaban de una mayor ventaja evolutiva.[21]

A principios de la década de 1970, el ecólogo estadounidense Howard Odum explicó cómo «todo el progreso se debe a aportaciones especiales de energía, y ese progreso se evapora cuando estas desaparecen».[22] Y, más recientemente, el físico Robert Ayres ha recalcado una y otra vez en sus obras el lugar fundamental de la energía en todas las economías: «El sistema económico es en esencia un sistema para extraer, procesar y transformar energía como recurso en energía materializada en productos y servicios».[23] Dicho de manera simple, la energía es la única moneda realmente universal, y nada (desde la rotación de las galaxias hasta la efímera vida de los insectos) puede tener lugar sin sus transformaciones.[24]

Frente a todas estas realidades fácilmente comprobables, es difícil comprender por qué la economía moderna, ese corpus de explicaciones y preceptos cuyos administradores ejercen más influencia en las políticas públicas que cualquier otro experto, ha ignorado la energía en gran medida. Tal como Ayres observaba, la economía no solo carece de una conciencia sistemática de la importancia de la energía para el proceso físico de la producción, sino que asume que esta «no importa (mucho) porque la proporción del coste de la energía en la economía es tan baja que se puede ignorar [...] como si los productos pudiesen fabricarse con solo mano de obra y capital, o como si la energía fuese meramente una forma de capital artificial que se puede producir (en oposición a extraer) a base de mano de obra y capital».[25]

Los economistas modernos no ganan sus premios y galardones por su preocupación por la energía, y las sociedades modernas solo se interesan por esta cuando el suministro de cualquier forma comercial de energía se ve amenazado y sus precios suben. El Ngram Viewer de

Google, una herramienta que permite conocer la popularidad de los términos que han aparecido en fuentes escritas entre 1500 y 2019, ilustra esta cuestión: durante el siglo XX, la frecuencia del término inglés *energy price* (precio de la energía) fue prácticamente despreciable, experimentó un ascenso repentino a principios de la década de 1970 (provocado por la quintuplicación de los precios del crudo por parte de la Organización de Países Exportadores de Petróleo, OPEP; más adelante en este capítulo daremos detalles al respecto) y un pico a principios de la de 1980. Cuando los precios cayeron, se produjo un descenso igual de pronunciado, y para el año 2019 *energy price* no se mencionaba con más frecuencia que en 1972.

Para comprender cómo funciona realmente el mundo es necesario al menos un mínimo de comprensión sobre qué es la energía. En este capítulo explicaré, en primer lugar, que la energía puede no ser fácil de definir, pero que es sencillo no cometer el error habitual de confundirla con la potencia. Comprobaremos que distintas formas de energía (con sus ventajas e inconvenientes) y diferentes densidades de energía (la cantidad acumulada por unidad de masa o de volumen, un factor esencial para el almacenamiento y la portabilidad de energía) han afectado a diversas etapas del desarrollo económico, y ofreceré algunas evaluaciones realistas de los retos a los que se enfrenta la inminente transición a sociedades que dependan cada vez menos del carbono fósil. Como veremos, nuestra civilización se basa hasta tal punto en los combustibles fósiles que la próxima transición tardará mucho más tiempo de lo que se piensa.

¿QUÉ ES LA ENERGÍA?

¿Cómo definimos esta cantidad fundamental? La etimología griega es clara. Aristóteles, en su *Metafísica*, combinó ἐν («en») con ἔργον («trabajo») y llegó a la conclusión de que todos los objetos son mantenidos por la ἐνέργεια.[26] Esta interpretación abarcaba a los objetos dotados del potencial de acción, movimiento y cambio, una caracterización bastante buena de su potencial de ser transformados, ya sea elevándolos, lanzándolos o quemándolos.

Poco fue lo que cambió a lo largo de los dos milenios siguientes. Finalmente, Isaac Newton (1643-1727) estableció las leyes fundamentales de la física teniendo en cuenta masa, fuerza y momento, y su segunda ley del movimiento permitió derivar las unidades básicas de energía. Si utilizamos unidades científicas modernas, 1 julio es la fuerza de 1 newton —esto es, la masa de 1 kilogramo acelerada 1 m/s²— actuando sobre una distancia de 1 metro.[27] Pero esta definición solo hace referencia a la energía cinética (mecánica) y, desde luego, no ofrece una comprensión intuitiva de la energía en todas sus formas.

Nuestra comprensión práctica de esta se amplió en gran medida durante el siglo xix gracias a los abundantes experimentos en combustión, calor, radiación y movimiento que se llevaron a cabo en esa época.[28] Esto condujo a la que sigue siendo la definición más común de energía —«la capacidad de realizar un trabajo»—, una definición que solo es válida cuando el término «trabajo» significa no solo una capacidad de movimiento sino, como lo expresó uno de los principales físicos de la época, «un acto [generalizado] que provoca un cambio de configuración en un sistema, en oposición a una fuerza que se resiste a este cambio».[29] Pero eso sigue siendo demasiado newtoniano para ser intuitivo.

No hay mejor forma de responder a la pregunta «¿qué es la energía?» que haciendo referencia a uno de los más perspicaces físicos del siglo xx, la versátil mente que fue Richard Feynman, quien (en sus famosas *Lecciones de física*) se enfrentó al desafío con su habitual talante directo, recalcando que «la energía se presenta en muchas formas distintas, y hay una fórmula para cada una de ellas: hay energía gravitatoria, energía cinética, energía térmica, energía elástica, energía eléctrica, energía química, energía radiante, energía nuclear, energía de masa».

Y luego viene esta conclusión, desconcertante pero indudable:

> Es importante tomar conciencia de que, en física, en nuestros días, no tenemos conocimiento de lo que es la energía. No tenemos una imagen que nos muestre que la energía venga en pequeñas gotas de una cantidad definida. La cosa no funciona así. Sin embargo, hay fórmulas para calcular una cantidad numérica y, cuando lo sumamos

todo, el resultado es [...] siempre el mismo número. Es algo abstracto, ya que no nos dice nada acerca del mecanismo o de las *razones* para las diversas fórmulas.[30]

Y así ha sido. Podemos usar fórmulas para calcular, con mucha precisión, la energía cinética de una flecha en movimiento o de un avión a reacción, o la energía potencial de una roca enorme a punto de caer rodando desde una montaña, o la energía térmica liberada por una reacción química, o la energía de la luz (radiante) de una titilante vela o de un láser, pero no podemos reducir estas energías a una única entidad de fácil descripción en nuestra mente.

Aun así, la naturaleza escurridiza de la energía no ha resultado un problema para ejércitos de expertos instantáneos. Desde principios de la década de 1970, cuando la energía se convirtió en un tema importante de debate público, se ha opinado sobre ella con ignorancia y entusiasmo. La energía es uno de los conceptos más imprecisos y malinterpretados, y una comprensión deficiente de sus realidades básicas ha provocado muchas ilusiones y errores. Como hemos visto, la energía existe en diversas formas, y para que nos resulte útil tenemos que convertirla de una a otra. Pero lo normal ha sido tratar este abstracto y polifacético concepto como algo monolítico, como si las diferentes formas de energía se pudiesen sustituir unas por otras sin esfuerzo alguno.

Algunas de estas conversiones son relativamente simples y también beneficiosas. Sustituir las velas (la energía química de la cera transformada en energía radiante) por luces eléctricas alimentadas por electricidad generada por turbinas de vapor (la energía química de los combustibles transformada primero en calor y luego en energía eléctrica, que después pasa a energía radiante) tuvo como resultado numerosas —y obvias— ventajas (un tipo de energía más segura, brillante, barata y fiable). Sustituir las locomotoras de vapor y diésel por otras eléctricas ha proporcionado un transporte más asequible, limpio y rápido: todos los estilizados trenes de alta velocidad son eléctricos. Pero algunas sustituciones aún siguen siendo muy caras, o bien son posibles pero inasequibles de momento, o imposibles a las escalas requeridas, por más que sus defensores ensalcen sus virtudes.

Los coches eléctricos son un ejemplo común de la primera categoría: aunque ya están disponibles y los mejores modelos son bastante fiables, en 2020 aún eran más caros que vehículos de un tamaño similar propulsados por motores de combustión interna. En lo que se refiere a la segunda categoría, como destacaré en el próximo capítulo, la síntesis del amoniaco necesario para producir fertilizantes nitrogenados depende ahora en gran medida del gas natural como fuente de hidrógeno. Este también se podría producir mediante la descomposición (electrólisis) del agua, pero esta vía sigue siendo casi cinco veces más cara que cuando el elemento se deriva del abundante y asequible metano; aún no hemos conseguido crear una industria de producción de hidrógeno a gran escala. Y los vuelos comerciales de larga distancia impulsados por electricidad (el equivalente a un Boeing 787 alimentado por gasolina que viaja de Nueva York a Tokio) son el ejemplo más destacado de la última categoría: como veremos, se trata de una conversión energética que seguirá siendo irrealizable durante mucho tiempo.

La primera ley de la termodinámica establece que nunca se pierde energía durante las conversiones, ya sean de química a química al digerir alimentos, de química a mecánica al mover los músculos, de química a térmica al quemar gas natural, de térmica a mecánica al hacer rotar una turbina, de mecánica a eléctrica en un generador, o de eléctrica a electromagnética cuando la luz ilumina la página que está leyendo. Sin embargo, todas las conversiones energéticas tienen como resultado la disipación de calor a baja temperatura: no se ha *perdido* energía alguna, pero su utilidad, su capacidad para llevar a cabo trabajo útil, se ha desvanecido (esta es la segunda ley de la termodinámica).[31]

Todas las formas de energía se pueden medir en las mismas unidades; el julio es la unidad usada en ciencia; las calorías se suelen utilizar en los estudios nutricionales. En el capítulo siguiente, cuando detalle las enormes inversiones energéticas necesarias para la producción moderna de alimentos, veremos cuál es la verdadera realidad de las diferentes calidades de la energía. Producir pollos requiere una energía cuyo total es varias veces superior al contenido energético de la carne comestible. Aunque podemos calcular el ratio de la inversión en términos cuantitativos (julios que entran y julios que salen), hay obviamente una diferencia fundamental entre las entradas y las salidas: no podemos digerir petróleo ni electricidad, mientras que la carne magra del pollo es un alimento digerible casi por completo que contiene proteína de alta calidad, un macronutriente indispensable que no puede ser sustituido por una cantidad igual de energía procedente de lípidos o carbohidratos.

Son muchas las opciones disponibles en lo que se refiere a las conversiones de energía, y unas son mejores que otras. Las altas densidades de energía química del queroseno y del diésel son estupendas para los viajes intercontinentales en avión o en barco, pero, si queremos que nuestro submarino permanezca sumergido mientras cruza el océano Pacífico, la mejor opción es la fisión, en un pequeño reactor, de uranio enriquecido a fin de producir electricidad.[32] Y, en tierra, los grandes reactores nucleares son los productores de electricidad más fiables: en la actualidad, algunos de ellos la generan del 90 al 95 por ciento del tiempo, en comparación con el aproximadamente 45 por ciento de las mejores turbinas eólicas cercanas a la costa, y el 25 por ciento de las células fotovoltaicas, incluso en los climas más soleados; en Alemania, los paneles solares solo producen electricidad alrededor del 12 por ciento del tiempo.[33]

Esto es física o ingeniería eléctrica, pero resulta notable hasta qué punto se desconocen estas realidades. Otro error frecuente es confundir energía con potencia. Revela una ignorancia de la física más básica, una ignorancia que, por desgracia, no se limita a los no expertos. La energía es un escalar, que en física significa una cantidad descrita tan solo por su magnitud; volumen, masa, densidad y tiempo son otros escalares habituales. La potencia mide la energía por unidad de tiempo, y es por tanto una tasa (en física, una tasa expresa el cambio, normalmente en función del tiempo). Las centrales eléctricas se denominan en inglés *power plants* (literalmente, «plantas de potencia»), pero la potencia no es más que la tasa de producción o de utilización de la energía. Potencia es igual a energía dividida por tiempo: en unidades científicas, se mide en vatios = julios/segundo. Energía es igual a potencia multiplicada por tiempo: julios = vatios × segundos. Si enciende una pequeña vela votiva en una iglesia católica, la vela puede permanecer encendida durante quince horas, convirtiendo la energía química de la cera en calor (energía térmica) y luz (energía electromagnética), con una potencia media de casi cuarenta vatios.[34]

Por desgracia, incluso las publicaciones en materia de energía escriben con frecuencia sobre una «planta de potencia» que «genera 1.000 MW de electricidad», lo cual es imposible. Una central eléctrica puede tener una potencia (una tasa) de 1.000 MW —es decir, es capaz de producir electricidad a ese ritmo—, pero al hacerlo generaría 1.000 megavatios hora o (en unidades científicas básicas) 3,6 billones de julios en una hora (1.000.000.000 W × 3.600 s). De forma análoga, el metabolismo basal de un hombre adulto (la energía requerida, en reposo total, para llevar a cabo las funciones esenciales del cuerpo) es de unos 80 vatios, u 80 julios por segundo; si está tumbado boca abajo todo el día, un hombre de 70 kilogramos seguiría necesitando unos 7 megajulios (80 × 24 × 3.600) de energía alimentaria, o unas 1.650 kilocalorías, para mantener su temperatura corporal, proporcionar energía para el latido del corazón y llevar a cabo una miríada de reacciones enzimáticas.[35]

En los últimos tiempos, la falta de conocimiento sobre la energía ha hecho que quienes proponen un mundo nuevo y verde defiendan ingenuamente un cambio casi instantáneo de los abominables, contaminantes y finitos combustibles fósiles a la superior, verde y siempre renovable electricidad solar. Pero los hidrocarburos líquidos refinados a partir del petróleo crudo (gasolina, queroseno para aviación, combustible diésel, petróleo pesado residual) tienen la máxima densidad de energía de todos los combustibles disponibles de manera habitual, por lo que son excepcionalmente adecuados para cualquier modo de transporte. A continuación se ofrece una escala de densidades (todas las tasas se dan en gigajulios por tonelada): madera secada al aire, 16; carbón bituminoso (según su calidad), entre 24 y 30; queroseno y diésel, alrededor de 46. En términos de volumen (todas las tasas se dan en gigajulios por metro cúbico), las densidades de energía son solo de alrededor de 10 para la madera, 26 para el carbón de buena calidad y 38 para el queroseno. El gas natural (metano) contiene solo 35 MJ/m^3, menos de una milésima parte de la densidad del queroseno.[36]

Las implicaciones de la densidad de energía —así como las propiedades físicas del combustible— son obvias en el caso del transporte. Los barcos con motores de vapor que cruzaban el océano antiguamente no utilizaban madera porque, sin tener en cuenta otros factores, la madera habría ocupado 2,5 veces el volumen del carbón bituminoso de buena calidad requerida para una travesía transatlántica (y habría sido al menos un 50 por ciento más pesada), reduciendo en gran medida la capacidad del barco para transportar personas y mercancías. El vuelo impulsado por gas natural no podría existir, ya que la densidad de energía del metano es tres órdenes de magnitud más baja que la del queroseno de aviación; y tampoco podría haber aviones propulsados por carbón, ya que este, aunque la diferencia de densidades no sería tan grande, no podría fluir de los depósitos de las alas a los motores.

Y las ventajas de los combustibles líquidos van mucho más allá de la densidad energética. A diferencia del carbón, el petróleo crudo es mucho más fácil de producir (no requiere enviar a los mineros bajo tierra, ni mutilar paisajes con grandes canteras), almacenar (en depósitos o bajo tierra; el petróleo tiene una densidad energética mucho mayor, por lo que cualquier espacio cerrado puede almacenar cómodamente un 75 por ciento más de energía como combustible líquido que como carbón) y distribuir (entre continentes mediante petroleros y oleoductos, es el medio más seguro de transferencia de masa a largas distancias), y será por tanto fácilmente disponible bajo demanda.[37] El petróleo crudo necesita ser refinado para separar la compleja mezcla de hidrocarburos en combustibles específicos —la gasolina es el más ligero; el fuelóleo residual, el más pesado—, pero este proceso genera otros combustibles valiosos para usos concretos, así como productos indispensables que no son combustibles, como, por ejemplo, lubricantes.

Los lubricantes se necesitan para minimizar la fricción en cualquier mecanismo, desde los inmensos motores turbofán de los aviones de reacción de fuselaje ancho hasta los cojinetes en miniatura.[38] Globalmente, el sector de la automoción es el mayor consumidor, con más de 1.400 millones de coches en la carretera en nuestros días, seguido de la industria —donde los mayores mercados son textiles, de energía, de productos químicos y de procesamiento de alimentos— y los buques oceánicos. El uso anual de estos compuestos supera ahora las 120 megatoneladas (en comparación, la producción mundial de todos los aceites comestibles, de oliva a soja, es en la actualidad de unas 200 megatoneladas al año), y las alternativas disponibles —lubricantes sintéticos hechos a partir de compuestos más simples (aunque también, con frecuencia, procedentes del petróleo), en lugar de los derivados directamente del petróleo crudo— son más caras, por lo que la demanda todavía va a seguir creciendo con la expansión de estas industrias en todo el mundo.

Otro producto derivado del petróleo crudo es el asfalto. La producción global de este material negro y pegajoso está ahora en el orden de 100 megatoneladas; el 85 por ciento se dedica a la pavimentación (mezclas de asfalto caliente y templado) y la mayor parte del resto a aislamiento de tejados.[39] Y los hidrocarburos aún tienen otro uso indispensable que no es combustible: como materias primas para la síntesis de numerosas sustancias químicas (sobre todo del etano, el propano y el butano, a partir de líquidos del gas natural), que producen una gran variedad de fibras sintéticas, resinas, adhesivos, tintes, pinturas y revestimientos, detergentes y pesticidas, todos ellos vitales en multitud de formas para nuestro mundo moderno.[40] Dadas estas ventajas, era previsible —de hecho, inevitable— que nuestra dependencia del petróleo crudo aumentase cuando el producto se hiciera más asequible y se pudiese suministrar de una forma fiable a escala mundial.

El cambio del carbón al petróleo crudo tardó generaciones en llevarse a cabo. La extracción comercial del segundo se inició durante la década de 1850 en Rusia, Canadá y Estados Unidos. Los pozos, perforados mediante el antiguo método de percusión, que implicaba elevar y soltar una pesada fresa, eran poco profundos, su productividad diaria baja, y el queroseno para lámparas (que desplazó al aceite de ballena y las velas) constituía el principal producto del refinado simple del petróleo crudo.[41] No se crearon nuevos mercados para productos derivados del petróleo refinado hasta la adopción generalizada de los motores de combustión interna: primero los alimentados por gasolina (ciclo de Otto) para coches, autobuses y camiones; luego los eficientes motores de Rudolf Diesel, que usaban una fracción más pesada y barata (en efecto, el diésel) y utilizados sobre todo en barcos, camiones y maquinaria pesada (más información sobre ello en el capítulo 4, que trata sobre la globalización). La difusión de estas nuevas fuerzas motrices fue lenta, y Estados Unidos y Canadá serían los dos únicos países con un alto índice de propiedad de coches antes de la Segunda Guerra Mundial.

El petróleo crudo se convirtió en un combustible global y, en última instancia, la fuente de energía primaria más importante del mundo debido al descubrimiento de gigantescos depósitos en Oriente Próximo y la Unión Soviética, y, por supuesto, gracias también a la introducción de los enormes petroleros. Algunos yacimientos petrolíferos colosales de Oriente Próximo se perforaron en las décadas de 1920 y 1930 (el de Gachsaran, en Irán, y el de Kirkuk, en Irak, en 1927; y el campo Burgan, en Kuwait, en 1937), pero la mayor parte se descubrieron después de la guerra, incluidos Ghawar (el mayor del mundo), en 1948; Safaniya, en 1951, y Manifa, en 1957, todos ellos en Arabia Saudí. Los mayores descubrimientos en la Unión Soviética tuvieron lugar en 1948 (Romashkino en la cuenca del VolgaUral) y en 1965 (Samotlor en Siberia occidental).[42]

EL ASCENSO Y EL ABANDONO RELATIVO DEL PETRÓLEO CRUDO

El uso del coche a gran escala en Europa y Japón, así como la simultánea conversión de sus economías del carbón al petróleo, y más tarde al gas natural, no se inició hasta la década de 1950, como lo hizo la expansión del comercio internacional y los viajes (incluidos los primeros aviones de pasajeros) y el uso de materias primas petroquímicas para la síntesis de amoniaco y plásticos. Durante esa década la extracción global de petróleo crudo se duplicó, y en el año 1964 el petróleo había sobrepasado al carbón como el combustible fósil más importante del mundo; sin embargo, aunque su producción siguió aumentando, el suministro continuaba siendo abundante y los precios iban cayendo. En moneda constante (ajustada a la inflación), el precio del petróleo en el mundo era menor en 1950 que en 1940, menor en 1960 que en 1950, y aún menor en 1970 que en 1960.[43]

No es una sorpresa que la demanda procediera de todos los sectores. En términos reales, el petróleo crudo era tan barato que no había incentivos para utilizarlo de manera eficiente: en Estados Unidos, las casas en regiones de clima frío, que cada vez con más frecuencia instalaban calefacción de petróleo, se construían con acristalamiento simple y sin un aislamiento de paredes adecuado; la eficiencia promedio de los coches de Estados Unidos, de hecho, se redujo entre 1933 y 1973; y las industrias que utilizaban energía de manera intensiva siguieron operando con procesos ineficientes.[44] En particular, el ritmo de sustitución de los viejos hornos de reverbero por los superiores hornos de oxígeno en la fabricación de acero era mucho más lento que en Japón y Europa occidental.

Durante el final de la década de 1960, la demanda de petróleo en Estados Unidos, que ya era alta, aumentó casi un 25 por ciento, y la mundial casi un 50 por ciento; en Europa se había casi duplicado entre 1965 y 1973, y las importaciones japonesas se multiplicaron por 2,3, aproximadamente.[45] Como ya se ha dicho, nuevos descubrimientos de pozos petrolíferos cubrieron este rápido incremento, y el precio era en esencia el mismo que en 1950. No obstante, eso no podía durar. Ese mismo año, Estados Unidos aún producía alrededor del 53 por ciento de todo el petróleo del mundo; para el año 1970, aunque seguía siendo el mayor productor, su porcentaje cayó por debajo del 23 por ciento —era evidente que el país iba a necesitar importaciones cada vez más cuantiosas—, mientras que la OPEP producía el 48 por ciento.

Esta organización, fundada en 1960 en Bagdad por solo cinco países con el objetivo de evitar una mayor reducción de los precios, jugaba con el tiempo a su favor: no era lo bastante grande como para hacerse notar en la década de 1960, pero en el año 1970 su cuota de producción, sumada al descenso en la extracción en Estados Unidos (que fue máxima en 1970), lograron que fuese imposible seguir haciendo caso omiso a sus demandas.[46] En abril de 1972, la Comisión de Ferrocarriles de Texas elevó los límites de producción del estado, renunciando así al control del precio que había ejercido desde la década de 1930. En 1971, Argelia y Libia empezaron a nacionalizar su producción de petróleo, seguidos por Irak en 1972, el mismo año que Kuwait, Qatar y Arabia Saudí iniciaron la toma de posesión gradual de sus yacimientos petrolíferos, que hasta aquel momento habían estado en manos de corporaciones extranjeras. Entonces, en abril de 1973, Estados Unidos eliminó sus límites para la importación de petróleo crudo al este de las montañas Rocosas. De pronto, el mercado pasó a estar dominado por los vendedores, y el 1 de octubre de 1973 la OPEP elevó su precio de referencia un 16 por ciento, hasta 3,01 dólares/barril, seguido de un incremento adicional del 17 por ciento por parte de seis estados del golfo Pérsico; y, tras la victoria israelí sobre Egipto en el Sinaí en octubre de 1973, la propia organización embargó todas las exportaciones de petróleo a Estados Unidos.

El 1 de enero de 1974, los estados del golfo Pérsico elevaron su precio de referencia a 11,65 dólares/barril, incrementando así 4,5 veces el coste de esta fuente de energía esencial en un solo año, y esto terminó con la era de rápida expansión económica que había sido impulsada por el reducido precio del petróleo. Desde 1950 hasta 1973, el producto económico de Europa occidental se había casi triplicado, y el PIB de Estados Unidos se había más que duplicado en aquella generación. Entre 1973 y 1975, la tasa de crecimiento económico global cayó alrededor de un 90 por ciento, y cuando las economías afectadas por los elevados precios del petróleo se empezaban a ajustar a estas nuevas realidades —sobre todo, las impresionantes mejoras en la eficiencia de la energía industrial—, la caída de la monarquía en Irán y el cambio a una teocracia fundamentalista derivó en una segunda oleada de subidas de precio, desde unos 13 dólares en 1978 hasta 34 dólares en 1981, y un descenso de otro 90 por ciento en el índice global de crecimiento económico entre 1979 y 1982.[47]

Más de 30 dólares por barril era un precio que acabaría con la demanda, y ya en 1986 el petróleo se estaba vendiendo de nuevo a solo 13 dólares el barril, preparando el camino para una nueva ronda de globalización, centrada esta vez en China, donde las reformas económicas de Deng Xiaoping y la masiva inversión extranjera fomentaban una rápida modernización. Dos generaciones más tarde, solo quienes vivieron aquellos años de turbulencias en los precios y en el suministro (o quienes, cada vez menos, estudiaron su impacto) comprenden hasta qué punto fueron traumáticas esas dos oleadas de incremento de precios. Las consecuencias de los subsiguientes reveses económicos aún se notan cuatro décadas más tarde, porque cuando la demanda de petróleo empezó a aumentar, siguieron vigentes muchas medidas de ahorro en su consumo, y algunas —en particular, las transiciones a usos industriales más eficientes— se siguen intensificando.[48]

En 1995, la extracción de petróleo crudo terminó superando el récord de 1979 y continuó incrementándose para satisfacer las necesidades de una China en plena reforma económica, así como la creciente demanda en otras regiones de Asia; pero el petróleo no ha vuelto a recuperar su relativo dominio anterior a 1975.[49] Su porcentaje como fuente de energía primaria comercial en el mundo cayó del 45 por ciento en 1970 al 38 por ciento en el año 2000, y al 33 por ciento en 2019, y ahora está claro que su reducción relativa proseguirá a medida que se siguen incrementando el consumo de gas natural y la generación de electricidad solar y eólica. Hay inmensas oportunidades de generar más electricidad con células fotovoltaicas y turbinas eólicas, pero existe una diferencia fundamental entre los sistemas que reciben entre el 20 y el 40 por ciento de electricidad de estas fuentes intermitentes (Alemania y España son los mejores ejemplos entre las grandes economías) y un suministro nacional de electricidad que dependa por completo de estas fuentes renovables.

En naciones grandes y con muchos habitantes, la dependencia completa de estas fuentes requeriría algo que todavía nos falta: o un método de almacenamiento de electricidad a gran escala y a largo plazo (de días a semanas) que pueda compensar la intermitencia en la producción, o extensas redes de líneas de alta tensión para transportar la electricidad de una zona horaria a otra, de regiones con mucha luz solar y viento a grandes concentraciones urbanas e industriales. ¿Pueden estas energías renovables producir suficiente electricidad para reemplazar no solo la actual generación a partir del carbón y el gas natural, sino también la energía que ahora suministran combustibles líquidos a coches, barcos y aviones, a través de una electrificación completa del transporte? ¿Y pueden hacerlo, como prometen ciertos planes actuales, en cuestión de dos o tres décadas?

Las numerosas ventajas de la electricidad

Si la energía, según Feynman, es «algo abstracto», entonces la electricidad es una de sus formas más abstractas. No se necesitan conocimientos científicos para tener una experiencia directa de diferentes tipos de energía, para distinguir sus formas y sacar partido de sus conversiones. Los combustibles sólidos y líquidos (energía química) son tangibles (el tronco de un árbol, un pedazo de carbón, un contenedor de gasolina), y su combustión —ya sea en un incendio forestal, en cuevas prehistóricas, en locomotoras para producir vapor o en vehículos a motor— libera calor (energía térmica). Las caídas y corrientes de agua son muestras ubicuas de energía gravitatoria y cinética que se convierten con bastante facilidad en energía cinética (mecánica) útil con la construcción de simples norias de madera; y lo único que se necesita para convertir la energía cinética del viento en energía mecánica para moler grano o prensar semillas oleosas es un molino y engranajes de madera para transferir el movimiento a una rueda.

En cambio, la electricidad es intangible y no podemos hacernos una idea intuitiva de ella como lo hacemos con los combustibles. Pero sus efectos se observan en la electricidad estática, las chispas o los rayos; las pequeñas corrientes se pueden sentir, y las que pasan de 100 miliamperios llegan a ser mortales. Las definiciones comunes de electricidad no se entienden con facilidad, sino que requieren conocimientos previos de otros términos funcionales como «electrones», «flujo», «carga» y «corriente». Aunque Feynman, en el primer volumen de sus magistrales *Lecciones de física*, trató el tema con bastante superficialidad —«está la energía eléctrica, que tiene que ver con empujar y tirar de cargas eléctricas»—, cuando volvió a tratarlo con más detalle, en el segundo volumen, donde se refiere a las energías mecánica y eléctrica y las corrientes constantes, se sirvió del cálculo.[50]

Para la mayor parte de sus habitantes, el mundo moderno está lleno de cajas negras, dispositivos cuyo funcionamiento interno —en mayor o menor medida— es un misterio para sus usuarios. La electricidad se puede concebir como un sistema ubicuo y, en última instancia, una caja negra: aunque muchas personas entienden lo suficiente sobre lo que entra en ella (quema de combustibles fósiles en una gran central térmica; caídas de agua en una central hidroeléctrica; radiación solar absorbida por una célula fotovoltaica; fisión de uranio en un reactor nuclear) y todo el mundo se beneficia de lo que sale (luz, calor, movimiento), solo una minoría entiende por completo lo que sucede en las centrales eléctricas, los transformadores, las líneas de transmisión y los dispositivos de los usuarios.

El rayo, la demostración natural más común de la electricidad, es demasiado potente, efímero (solo dura una fracción de segundo) y destructivo como para poder darle (¿algún día?) un uso productivo. Y, aunque cualquiera puede producir cantidades minúsculas de electricidad estática frotando los materiales apropiados, o utilizar pequeñas baterías que aguanten, sin recarga, unas horas de uso ligero en linternas o aparatos electrónicos portátiles, generar electricidad para su uso comercial a gran escala es una empresa costosa y compleja. Su distribución desde el lugar donde se genera hasta las zonas en las que se utiliza en mayor cantidad —ciudades, industrias y formas electrificadas de transporte rápido— es también complicada: requiere transformadores y un amplio tendido eléctrico de alta tensión y, tras nuevas transformaciones, la distribución a través de cables aéreos o subterráneos a miles de millones de consumidores.

Incluso en esta era de milagros tecnológicos, sigue siendo imposible almacenar electricidad de manera asequible en cantidades suficientes para cubrir la demanda de una ciudad mediana (quinientas mil personas) durante una o dos semanas, o para alimentar una megalópolis (más de diez millones de habitantes) durante solo medio día.[51] Sin embargo, a pesar de las complicaciones, los altos costes y los desafíos tecnológicos, nos hemos esforzado por electrificar las economías modernas, y este afán cada vez mayor continuará, porque esta forma de energía combina muchas ventajas obvias. La más obvia es que, en el punto de consumo final, el uso de la electricidad es siempre sencillo y limpio, y la mayor parte de las veces es también muy eficiente. Con solo accionar un interruptor, pulsar un botón o ajustar un termostato (algo que ahora se puede hacer, con frecuencia, con el gesto de una mano o con una orden de voz), luces eléctricas, motores, calefactores o refrigeradores eléctricos se ponen en marcha, sin necesidad de voluminosos depósitos de combustible, sin un trabajoso transporte y almacenamiento, sin los peligros de la combustión incompleta (que emite el venenoso monóxido de carbono) y sin tener que limpiar lámparas, fogones u hornos.

La electricidad es la mejor forma de energía para la iluminación: no tiene competencia en cualquier escala de alumbrado público o privado, y son muy pocas las innovaciones que han producido un impacto tan grande en la civilización moderna como la capacidad de eliminar los límites de la luz solar e iluminar durante la noche.[52] Todas las alternativas anteriores, desde las antiguas velas de cera y lámparas de aceite hasta las primeras luces de gas industriales y lámparas de queroseno, eran delicadas, costosas y muy ineficientes. La comparación más reveladora entre fuentes de luz es en términos de su eficacia luminosa; es decir, su capacidad para producir una señal visual, medida como el cociente entre el flujo luminoso total (la cantidad total de energía que genera una fuente, en lúmenes) y la potencia de la fuente (en vatios). Cuando se establece la eficacia luminosa de las velas en 1, las luces de gas de carbón en las primeras ciudades industriales producían de 5 a 10 veces más; antes de la Primera Guerra Mundial, las bombillas eléctricas con filamento de tungsteno emitían hasta 60 veces más; las mejores luces fluorescentes de la actualidad producen unas 500 veces más, y las lámparas de sodio (empleadas en iluminación exterior) son hasta 1.000 veces más eficaces.[53]

Es imposible decidir qué clase de conversores de electricidad han tenido un mayor impacto, si las luces o los motores. Su transformación en energía cinética mediante motores eléctricos revolucionó primero todos los sectores de la producción industrial y luego penetró en el ámbito doméstico. Las tareas manuales menos exigentes y las que requerían máquinas de vapor para elevar, prensar, cortar, tejer y otras operaciones industriales se electrificaron casi por completo. En Estados Unidos, esto ocurrió en solo cuatro décadas, después de la introducción de los primeros motores eléctricos de corriente alterna (CA).[54] Para el año 1930, la tracción eléctrica casi había duplicado la producción de las fábricas estadounidenses, aumento que se repitió a finales de la década de 1960.[55] Al mismo tiempo, los motores eléctricos iniciaron su conquista paulatina del transporte ferroviario, empezando por los tranvías eléctricos y pasando luego a los trenes de pasajeros.

El sector servicios domina ahora todas las economías modernas, y su buen funcionamiento depende por completo de la electricidad. Los motores eléctricos impulsan ascensores y escaleras mecánicas, proporcionan aire acondicionado a los edificios, abren puertas y compactan basura. Son también indispensables para el comercio electrónico, ya que alimentan laberintos de cintas transportadoras en gigantescos almacenes. Pero por lo general estos motores eléctricos permanecen fuera de la vista de las personas que dependen de ellos en su vida cotidiana. Se trata de los minúsculos dispositivos que activan los vibradores de los teléfonos móviles: los más pequeños miden menos de 4 × 3 mm, casi la mitad de la uña del dedo meñique de un adulto. Solo se pueden ver si se desmonta el teléfono, o si se reproduce un vídeo de esa operación por internet.[56]

En algunos países, la práctica totalidad del transporte por ferrocarril está electrificada, y todos los trenes de alta velocidad (de hasta 300 km/h) son impulsados por locomotoras eléctricas o por motores montados en varias ubicaciones, como es el caso del pionero Shinkansen, lanzado en Japón en 1964.[57] Incluso los modelos de coche más básicos tienen ahora entre veinte y cuarenta pequeños motores eléctricos, y muchos más en el caso de los vehículos más caros, un peso añadido que incrementa el consumo de sus baterías.[58] En las casas, aparte de la iluminación y la alimentación de los dispositivos electrónicos —que ahora incluyen habitualmente sistemas de seguridad—, el uso de electricidad es necesario para casi todas las tareas mecánicas y suministra tanto calor como refrigeración en las cocinas, y energía para calentar agua, así como también calefacción.[59]

Sin electricidad, no podríamos disponer de agua potable en nuestras ciudades ni tampoco de combustibles líquidos y gaseosos siempre. Potentes bombas eléctricas introducen agua en las conducciones del suministro municipal, y su trabajo es especialmente exigente en ciudades con gran densidad comercial y residencial, donde se debe elevar el agua a grandes alturas.[60] Motores eléctricos impulsan las bombas de combustible necesarias para introducir gasolina, queroseno y diésel en depósitos y en alas. Y, aunque es abundante el gas natural en las tuberías de distribución —con frecuencia se utilizan turbinas de gas para mover el combustible—, en Estados Unidos, donde predomina la calefacción por aire bombeado, son motores eléctricos los que hacen funcionar los ventiladores que impulsan el aire, calentado mediante gas natural, por las conducciones.[61]

La tendencia a largo plazo hacia la electrificación de las sociedades (incremento de la cuota de combustibles convertidos en electricidad con respecto a su consumo directo) es inequívoca. Las nuevas renovables —solar y eólica, a diferencia de la hidroelectricidad, cuyos inicios datan de 1882— asumirán sin problemas esta progresión, pero la historia de la generación de electricidad nos recuerda que son muchas las complicaciones y dificultades que acompañan el proceso; y que, a pesar de su profunda —y cada vez mayor— importancia, la electricidad aún proporciona una parte relativamente pequeña del consumo total de energía del mundo: solo el 18 por ciento.

ANTES DE ACCIONAR UN INTERRUPTOR

Tenemos que volver a los inicios de la industria para apreciar sus pilares, su infraestructura y el legado de estos 140 años de desarrollo. La generación de electricidad comercial dio comienzo en 1882, con tres avances científicos que tuvieron lugar por primera vez. Dos de ellos fueron las innovadoras centrales eléctricas de carbón diseñadas por Thomas Edison (el viaducto de Holborn, en Londres, empezó a funcionar en enero; la planta de Pearl Street, en Nueva York, en septiembre), y el tercero fue la primera central hidroeléctrica (en el río Fox en Appleton, Wisconsin, que también comenzaría a generar en septiembre).[62] La generación se expandió con rapidez en la década de 1890, cuando la transmisión de corriente alterna (CA) se impuso sobre las redes de corriente continua existentes, y cuando los nuevos diseños de motores de CA se fueron implementando en la industria y en el ámbito doméstico. En 1900, menos del 2 por ciento de la producción mundial de combustibles fósiles se usaba para generar electricidad; en 1950, la cuota era aún de menos del 10 por ciento; ahora se encuentra alrededor del 25 por ciento.[63]

La expansión de la capacidad hidroeléctrica se aceleró durante la década de 1930, con grandes proyectos públicos en Estados Unidos y la URSS, y alcanzó niveles aún mayores después de la Segunda Guerra Mundial, que culminaron en la construcción de proyectos titánicos en Brasil (Itaipu, completado en 2007, con 14 gigavatios) y China (las Tres Gargantas, completado en 2012, con 22,5 gigavatios).[64] Mientras, la fisión nuclear empezó a generar electricidad comercial en 1956 en Calder Hall, Gran Bretaña, vivió su mayor expansión durante la década de 1980, llegando al máximo en 2006 y, desde entonces, se ha ido reduciendo poco a poco hasta aproximadamente el 10 por ciento de la producción mundial.[65] La hidrogeneración supuso casi el 16 por ciento en 2020, la generación eólica y solar sumaron casi el 7 por ciento, y el resto (unos dos tercios) procedió de grandes centrales alimentadas sobre todo por carbón y gas natural.

No es de extrañar que la demanda de electricidad haya estado creciendo mucho más rápido que la de cualquier otra energía comercial: en los cincuenta años entre 1970 y 2020, la generación global se ha quintuplicado, mientras que la demanda de energía primaria total solo se triplicó.[66] Y el crecimiento de la producción base —la cantidad mínima de electricidad que se debe suministrar diaria, mensual o anualmente— se ha incrementado aún más con el movimiento de porcentajes cada vez mayores de la población a las ciudades. Hace unas décadas, la demanda en Estados Unidos era más baja durante las noches de verano, cuando las tiendas y las fábricas estaban cerradas, el transporte público se interrumpía y casi toda la población, salvo una pequeña parte, dormía con las ventanas abiertas. Ahora, las ventanas están cerradas mientras accionamos los acondicionadores de aire durante toda la noche para permitir el sueño con las altas temperaturas; en las grandes ciudades y las megalópolis, muchas fábricas funcionan en dos turnos, y numerosos comercios y aeropuertos permanecen abiertos veinticuatro horas al día. Solo la COVID-19 ha podido impedir que el metro de Nueva York funcionase sin interrupción todos los días de la semana, y el metro de Tokio solo cierra durante cinco horas (el primer convoy de la estación de Tokio a Shinjuku sale a las 5.16 de la mañana; el último, a las 0.20).[67] Las imágenes nocturnas por satélite tomadas con años de separación muestran cómo las luces de calles, aparcamientos y edificios brillan cada vez más en áreas que son progresivamente mayores, y que con frecuencia forman junto con las ciudades cercanas inmensas conurbaciones iluminadas.[68]

Una gran fiabilidad del suministro de electricidad —los supervisores de la red eléctrica hablan de la conveniencia de alcanzar seis nueves: con una fiabilidad del 99,9999 por ciento, ¡el suministro solo se interrumpiría 32 segundos al año!— es imperativa en las sociedades en las que la electricidad resulta esencial para todo, desde luces (ya sea en hospitales, en autopistas o para indicar salidas de emergencia) hasta máquinas cardiopulmonares y una multitud de procesos industriales.[69] Si la pandemia de la COVID-19 ha supuesto trastornos, sufrimientos y muertes inevitables, estos efectos han sido insignificantes en comparación con lo que supondrían solo unos días de reducción radical del suministro eléctrico en cualquier región densamente poblada, y si esta reducción se prolongase durante semanas en todo el país, sería una catástrofe sin precedentes.[70]

La descarbonización: ritmo y escala

No hay carencia de combustibles fósiles en la corteza terrestre, no existe el peligro de quedarnos de forma inminente sin carbón e hidrocarburos: al nivel de producción de 2020, las reservas de carbón durarían unos 120 años, las de petróleo y gas, unos 50, y la exploración continua transferiría una cantidad aún mayor de la categoría de recurso a la de reserva (técnica y económicamente viable). La dependencia de los combustibles fósiles ha creado el mundo moderno, pero las inquietudes por la relativa velocidad del calentamiento global han derivado en una llamada generalizada a abandonar el carbono fósil lo antes posible. Lo ideal sería que la descarbonización del suministro mundial de energía fuese lo bastante rápida para limitar el calentamiento global promedio a no más de 1,5 °C (como máximo, 2 °C). Según la mayoría de los modelos climáticos, eso significaría reducir las emisiones netas mundiales de CO_2 a cero para el año 2050, y mantenerlas negativas durante el resto del siglo.

Preste atención al calificativo clave: el objetivo no es la descarbonización total, sino el «cero neto» o neutralidad de carbono. Esta definición permite que se compensen las emisiones continuadas con la (¡aún inexistente!) eliminación a gran escala del CO_2 de la atmósfera y su almacenamiento subterráneo permanente, o a través de medidas temporales como la plantación de árboles en masa.[71] En el año 2020, el objetivo de cero neto para años terminados en cinco o en cero se ha convertido en un juego de «y yo también»: más de cien naciones se han unido al equipo, desde Noruega para 2030 y Finlandia para 2035 hasta toda la Unión Europea, pasando por Canadá, Japón y Sudáfrica para 2050, y China (el mayor consumidor mundial de combustibles fósiles) para 2060.[72] Dado que las emisiones anuales de CO_2 por la quema de combustibles fósiles sobrepasaron los 37.000 millones de toneladas en 2019, el objetivo de cero neto para 2050 precisará de una transición energética sin precedentes, tanto en ritmo como en escala. Una mirada más detallada a sus componentes clave revelará la magnitud de los retos.

El proceso de la descarbonización en la generación de electricidad puede ser el más rápido, porque los costes de instalación por unidad de capacidad solar o eólica compiten en la actualidad con las opciones de combustibles fósiles más económicas, y algunos países ya han transformado sus métodos de generación de un modo considerable. Entre las grandes economías, Alemania es el ejemplo más notable: desde el año 2000 ha incrementado en un factor 10 su capacidad eólica, y ha elevado la cuota de renovables (eólica, solar e hidroeléctrica) del 11 al 40 por ciento de la generación total. La intermitencia de la electricidad eólica y solar no plantea problemas mientras estas renovables suministren cuotas relativamente pequeñas de la demanda total, o mientras se pueda compensar cualquier déficit con importaciones.

En consecuencia, muchos países producen ahora hasta el 15 por ciento de toda la electricidad con fuentes intermitentes sin necesidad de grandes ajustes, y Dinamarca es una muestra de cómo un mercado más o menos pequeño y bien interconectado puede llegar muy lejos.[73] En 2019, el 45 por ciento de su electricidad procedía de la energía eólica, y esta cuota excepcionalmente alta se podría sostener sin grandes capacidades de reserva domésticas, porque las carencias se compensan con facilidad mediante importaciones desde Suecia (hidroelectricidad y energía nuclear) y Alemania (electricidad procedente de numerosas fuentes). El país germano no podría hacer lo mismo: su demanda es más de veinte veces superior al total de la de Dinamarca, y necesita mantener unas reservas suficientes para poder recurrir a ellas cuando las renovables están inactivas.[74] En 2019, Alemania generó 577 teravatios hora de electricidad, un incremento de menos del 5 por ciento respecto del año 2000, pero su capacidad de generación instalada se expandió en aproximadamente un 73 por ciento (de 121 a unos 209 gigavatios). El motivo de esta discrepancia es obvio.

En 2020, dos décadas después del inicio del *Energiewende*, su transición energética deliberadamente acelerada, Alemania aún debía conservar la mayoría de su capacidad de generación alimentada por combustibles fósiles (el 89 por ciento, de hecho) a fin de cubrir la demanda en los días nublados y sin viento. Después de todo, en el plomizo país germano, la generación fotovoltaica solo funciona del 11 al 12 por ciento del tiempo, y en 2020 la quema de combustibles fósiles aún producía casi la mitad (el 48 por ciento) de toda la electricidad. Es más, con el incremento de su producción de energía eólica, la construcción de nuevas líneas de alta tensión para transmitir esta electricidad del ventoso norte a las regiones con una alta demanda del sur se ha retrasado. Y en Estados Unidos, donde se necesitarían proyectos mucho más ambiciosos para trasladar la electricidad eólica desde las Grandes Llanuras y la solar desde el sudoeste hasta las zonas costeras, apenas se ha llevado a cabo ninguno de los antiguos planes para construir estos enlaces.[75]

A pesar de su complejidad, estos proyectos se basan en soluciones técnicamente maduras (y que siguen mejorando), esto es, células fotovoltaicas más eficientes, grandes turbinas eólicas terrestres y marítimas, y líneas de alta tensión (lo que incluye la transmisión de corriente continua a larga distancia). Si no hubiera obstáculos como los costes, los procesos de obtención de permisos y la oposición a aplicarlas en el propio país, estas técnicas se podrían implementar de una forma bastante rápida y económica. Asimismo, los problemas de intermitencia en la generación de energía solar y eólica se resolverían con una renovada confianza en la electricidad nuclear. El renacimiento de esta energía sería especialmente útil si no podemos desarrollar pronto métodos más efectivos para almacenar electricidad a gran escala.

Necesitamos medios de almacenamiento muy grandes (multigigavatios hora) para las grandes ciudades y las megalópolis, pero hasta ahora la única opción viable son las centrales hidroeléctricas reversibles, que utilizan electricidad durante la noche, cuando es más barata, para bombear agua desde un pantano a baja altura hasta un depósito más alto, y su descarga proporciona una generación disponible al instante.[76] Con la electricidad producida por medios renovables, el bombeo se puede llevar a cabo siempre que haya un excedente de capacidad solar o eólica, pero obviamente solo funcionará en lugares con diferencias de altitud adecuadas, y la operación consume alrededor de una cuarta parte de la electricidad generada. Otros medios de almacenar energía, como las baterías, el aire comprimido y los supercondensadores, tienen capacidades de almacenamiento que están órdenes de magnitud por debajo de las que requieren las grandes ciudades, incluso para un solo día.[77]

En cambio, los reactores nucleares modernos, siempre que se construyan de un modo adecuado y se manejen con cuidado, ofrecen formas de generación eléctrica seguras, duraderas y muy fiables; como ya hemos señalado, pueden operar más del 90 por ciento del tiempo, y su vida útil superaría los cuarenta años. Sin embargo, el futuro de la energía nuclear sigue siendo incierto. Solo China, India y Corea del Sur están decididos a expandir sus capacidades. En Occidente, la combinación de los altos costes, las prolongadas demoras en la construcción y la disponibilidad de opciones menos costosas (gas natural en Estados Unidos, eólica y solar en Europa) han hecho que las nuevas instalaciones de fisión no sean atractivas. Además, en Estados Unidos, los nuevos reactores pequeños, modulares e intrínsecamente seguros (planteados por primera vez durante la década de 1980) aún tienen que comercializarse, y Alemania, con su decisión de abandonar toda la generación nuclear en el año 2022, no es más que el ejemplo más obvio del profundo y generalizado sentimiento antinuclear en Europa (para una evaluación de los riesgos reales de la energía nuclear, véase el capítulo 5).

Pero es posible que esto no dure: incluso la Unión Europea reconoce ahora que no podría siquiera acercarse a su ambicioso objetivo de descarbonización sin el uso de reactores nucleares. Su escenario de cero emisiones netas para 2050 deja de lado las décadas de estancamiento y descuido de la industria nuclear, y contempla que hasta un 20 por ciento de todo el consumo de energía proceda de la fisión.[78] Téngase en cuenta que esto se refiere al total de energía primaria, no solo a la electricidad. Esta última solamente representa el 18 por ciento del consumo global de energía final, y la descarbonización de más del 80 por ciento de los ámbitos en que se aplica esta —industrias, hogares, comercio y transporte— será aún más complicado que la descarbonización de generación de electricidad. Con la expansión de este ámbito, dicha energía se podrá utilizar para la calefacción de espacios y para numerosos procesos industriales que ahora dependen de combustibles fósiles, pero el rumbo de la descarbonización del transporte moderno a larga distancia no está claro aún.

¿Cuánto tardaremos en hacer vuelos intercontinentales en aviones de fuselaje ancho propulsados por baterías? Los titulares nos aseguran que el futuro de la aviación es eléctrico, ignorando la inmensa diferencia entre la densidad de energía del queroseno que utilizan los motores turbofán y las mejores baterías actuales de iones de litio. Los motores turbofán que propulsan los aviones de pasajeros queman un combustible cuya densidad energética es de 46 megajulios por kilogramo (casi 12.000 vatios hora por kilogramo) y convierten energía química en energía térmica y cinética, mientras que las mejores baterías de iones de litio de la actualidad suministran menos de 300 Wh/kg, una diferencia de más de 40 veces.[79] Es cierto que los motores eléctricos son conversores energéticos aproximadamente el doble de eficientes que las turbinas de gas, por lo que la diferencia de densidad efectiva es de «solo» un factor 20. Pero, durante los últimos treinta años, la densidad de energía máxima de las baterías se ha casi triplicado, y, aunque se volviese a triplicar, aún estaríamos muy por debajo de los 3.000 Wh/kg en 2050, mucho menos de lo que se necesita para llevar un avión de pasajeros de Nueva York a Tokio o de París a Singapur, algo que durante décadas han hecho los Boeing y Airbus propulsados por queroseno.[80]

Además (como se explicará en el capítulo 3), no disponemos de alternativas sencillas a escala comercial para proporcionar energía a los cuatro pilares de la civilización moderna solo con electricidad. Esto quiere decir que, incluso con un suministro abundante y fiable de electricidad procedente de energías renovables, tendríamos que desarrollar nuevos procesos a gran escala para producir acero, amoniaco, cemento y plásticos.

Como no es de extrañar, la descarbonización más allá de la generación de electricidad ha progresado con lentitud. Alemania pronto producirá la mitad de su electricidad con renovables, pero durante las dos décadas del *Energiewende* la cuota de combustibles fósiles en el suministro de energía primaria del país solo se ha reducido de aproximadamente el 84 al 78 por ciento: a los alemanes les gustan sus *Autobahn* sin límite de velocidad y sus frecuentes vuelos intercontinentales, y sus industrias funcionan con gas natural y petróleo.[81] Si el país repite su anterior registro, en 2040 su dependencia de los combustibles fósiles será aún próxima al 70 por ciento.

¿Y qué hay de los países que no han impulsado las renovables con un gasto extraordinario? Japón es el ejemplo más destacado: en el año 2000, alrededor del 83 por ciento de su energía primaria procedía de combustibles fósiles; en 2019, esa cuota (debido a la pérdida de generación nuclear después de Fukushima y a la necesidad de mayores importaciones de combustible) ¡era del 90 por ciento![82] Y, aunque Estados Unidos ha reducido en gran medida su dependencia del carbón —sustituido por el gas natural en la generación de electricidad—, su cuota de combustibles fósiles en el suministro de energía primaria era aún del 80 por ciento en 2019. Mientras, en el caso de China, la cifra cayó del 93 por ciento en el año 2000 al 85 por ciento en 2019; pero, junto con este relativo descenso, casi se triplicó la demanda de combustibles fósiles del país. Su ascenso económico fue la principal razón por la que el consumo global de combustibles fósiles se elevara aproximadamente en un 45 por ciento durante las dos primeras décadas del siglo XXI, y el motivo por el que, a pesar de una amplia y costosa expansión de las energías renovables, la cuota de los combustibles fósiles en el suministro mundial de energía primaria solo se redujo de manera marginal, del 87 por ciento a alrededor del 84 por ciento.[83]

La demanda anual de carbón en todo el mundo está ahora algo

por encima de los diez mil millones de toneladas —una masa cinco veces superior a la última cosecha anual de todos los cereales básicos que se utilizan para alimentar al ser humano, y más del doble de la masa total de agua que beben al año los casi ocho mil millones de habitantes del mundo—, y debería resultar obvio que desplazar y reemplazar una cantidad así no es algo que los gobiernos puedan gestionar estableciendo objetivos para los años que acaban en cero o en cinco. Tanto la alta proporción relativa como la escala de nuestra dependencia del carbono fósil hacen que cualquier sustitución inmediata sea imposible; y esta no es una impresión personal obtenida a partir de una comprensión deficiente del sistema global de energía, sino una conclusión basada en realidades de la ingeniería y de la economía.

A diferencia de los recientes y apresurados compromisos políticos, estas realidades han sido reconocidas en todas las hipótesis a largo plazo que han sido minuciosamente consideradas sobre el suministro de energía. El *Escenario de políticas declaradas*, publicado por la Agencia Internacional de la Energía (IEA, por sus siglas en inglés), en 2020 prevé una disminución de la cuota de combustibles fósiles desde el 80 por ciento de la demanda mundial total en 2019 al 72 por ciento para el año 2040, mientras que el *Escenario de desarrollo sostenible* de la IEA (el más agresivo hasta ahora, que posibilita una descarbonización global acelerada sustancialmente) prevé que los combustibles fósiles proporcionen el 56 por ciento de la demanda de energía primaria mundial para el año 2040, lo que indica que reducir casi a cero esta alta cuota en una sola década sea más que improbable.[84]

Sin duda, los países más prósperos —dada su riqueza, sus capacidades técnicas, su alto nivel de consumo per cápita y el consiguiente volumen de desechos— pueden dar algunos importantes y rápidos pasos para la descarbonización (para decirlo sin ambages, deberían arreglárselas con menos energía de cualquier clase). Pero ese no es el caso para los más de 5.000 millones de personas cuyo consumo de energía no es más que una fracción de la de esos niveles de prosperidad, que necesitan mucho más amoniaco para elevar el rendimiento de sus cosechas a fin de poder alimentar a sus crecientes poblaciones, así como bastante más acero, cemento y plásticos para construir sus infraestructuras esenciales. Lo que necesitamos es lograr una reducción continua de nuestra dependencia de las energías que crearon el mundo moderno. Aún no conocemos la mayor parte de los detalles de esta inminente transición, pero algo sí es cierto: no será (no puede ser) un abandono repentino del carbono fósil, ni siquiera su rápida desaparición, sino más bien una reducción gradual.[85]

2

Comprender la producción de alimentos

Comer combustibles fósiles

El imperativo vital de todas las especies es asegurarse el suministro de una cantidad y una variedad nutritiva y suficiente de alimentos. Durante su prolongada evolución, nuestros antepasados homininos lograron unas ventajas físicas esenciales: postura erecta, bipedación y cerebros relativamente grandes; características que los distinguían de sus antecesores simios. Esta combinación de rasgos les permitió aumentar sus habilidades como carroñeros, recolectores de plantas y cazadores de animales pequeños.

Los primeros homininos contaban solo con herramientas de piedra muy simples (percutores, cortadores), útiles para descuartizar animales, pero carecían de artefactos que los ayudaran a cazarlos y atraparlos. Podían matar con facilidad animales heridos o enfermos y mamíferos pequeños que se moviesen con lentitud, pero la mayor parte de la carne de presas mayores procedía de carroñar aquellas que otros depredadores salvajes habían cazado.[1] El desarrollo posterior de lanzas y hachas largas, arcos y flechas, redes, cestos y cañas de pescar les permitió capturar una amplia variedad de especies. Algunos grupos, en particular los cazadores de mamuts del Paleolítico superior (un periodo que concluyó hace doce mil años) dominaron la caza de grandes bestias, mientras que muchos habitantes de la costa se convirtieron en consumados pescadores; algunos de ellos incluso usaban botes para cazar ballenas migratorias de pequeño tamaño.

La transición de la búsqueda de alimento (caza y recolección) a la vida sedentaria, con el apoyo de la agricultura más primitiva y la domesticación de diversas especies de mamíferos y aves, tuvo como consecuencia un suministro de alimentos en general más predecible, aunque a menudo inestable, capaz de sostener densidades de población mucho más altas que en el caso de los primeros grupos; pero esto no significaba necesariamente una mejor nutrición en promedio. La recolección en entornos áridos podía requerir una superficie de más de cien kilómetros cuadrados para el sostén de una sola familia. En el caso de los londinenses de hoy en día, esa es más o menos la distancia desde el palacio de Buckingham hasta la Isla de los Perros; para un neoyorquino, es la distancia a vista de pájaro desde el extremo de Manhattan hasta el corazón de Central Park: mucho terreno que cubrir tan solo para sobrevivir.

En regiones más productivas, las densidades de población podían elevarse hasta 2-3 personas por cada 100 hectáreas (unos 140 campos de fútbol).[2] Las únicas sociedades recolectoras con densidades de población altas eran grupos costeros (en particular, en el noroeste del Pacífico), que tenían acceso a las migraciones anuales de peces y abundantes oportunidades para cazar mamíferos marinos; un suministro seguro de alimentos ricos en proteínas y grasas que permitía que algunos de ellos llevasen vidas sedentarias en grandes casas comunales de madera, lo cual les dejaba tiempo de sobra para tallar impresionantes tótems. Por contraste, con la agricultura primitiva, donde se cosechaban las plantas que habían aprendido a cultivar, podía alimentarse a más de una persona por hectárea de tierra cultivada.

A diferencia de los recolectores, que eran capaces de recoger docenas de especies silvestres, los primeros agricultores tenían que limitar la variedad de plantas que cultivaban; unos pocos cultivos básicos (trigo, cebada, arroz, maíz, legumbres, patatas) destacaban en sus dietas habituales, predominantemente vegetales, pero estas cosechas lograban sostener densidades de población dos o tres órdenes de magnitud por encima de las sociedades cazadoras y recolectoras. En el antiguo Egipto, la densidad se elevó de 1,3 personas por hectárea de tierra cultivada durante el periodo predinástico (antes del año 3150 a. e. c.) a unas 2,5 personas por hectárea 3.500 años más tarde, cuando era una provincia del Imperio romano.[3] Esto es equivalente a necesitar un área de 4.000 metros cuadrados para alimentar a una persona, o casi unos seis campos de tenis enteros. Pero esta alta densidad de producción conformaba (debido a la regular inundación anual del Nilo) un rendimiento excepcional.

Con el tiempo, muy poco a poco, los índices preindustriales de producción de alimentos fueron aumentando; pero la tasa de tres personas por hectárea no se logró hasta el siglo XVI, y solo en regiones de cultivos intensivos en la China de la dinastía Ming; en Europa, siguieron por debajo de dos personas por hectárea hasta el siglo XVIII. Este estancamiento, o en todo caso progreso lento, en la capacidad de alimentarse durante el extenso periodo preindustrial implicaba que, hasta hace algunas generaciones, solo un pequeño porcentaje de las bien alimentadas élites podían despreocuparse de tener lo suficiente para comer. Incluso durante los ocasionales años de buenas cosechas, la dieta básica siguió siendo monótona, y la desnutrición y la malnutrición eran problemas comunes.

Las cosechas podían perderse, y con frecuencia resultaban destruidas en guerras; el hambre era algo que sobrevenía con regularidad. En consecuencia, ninguna transformación reciente —como el aumento de la movilidad personal, o el incremento de las posesiones privadas— ha sido tan fundamental para la existencia como nuestra capacidad para producir, año tras año, un exceso de comida. Actualmente, casi todas las personas en países prósperos o de ingresos medios se preocupan por qué es más saludable comer (y en qué cantidad) a fin de mantener o mejorar su salud y aumentar su longevidad, no por si tendrán lo suficiente para sobrevivir.

Aún hay un número significativo de niños, adolescentes y adultos que carecen de alimentos, en especial en los países del África subsahariana, pero durante las últimas tres generaciones esta cifra ha disminuido: de representar la mayoría del mundo a ser menos de una persona de cada diez. La Organización de las Naciones Unidas para la Agricultura y la Alimentación (FAO, por sus siglas en inglés) calcula que el porcentaje de personas afectadas de malnutrición en el mundo pasó del 65 por ciento en 1950 al 25 por ciento en 1970, y alrededor del 15 por ciento en el año 2000. Las continuas mejoras (con fluctuaciones provocadas por contratiempos nacionales o regionales a causa de desastres naturales o conflictos armados) redujeron la cuota al 8,9 por ciento en 2019, lo que significa que el incremento de la producción de alimentos hizo descender el porcentaje de individuos con malnutrición de dos de cada tres personas en 1950 a una de cada once en el año 2019.[4]

Este impresionante logro es aún más notable si lo expresamos de forma que se tenga en cuenta el incremento, durante el mismo periodo, de la población mundial: desde unos 2.500 millones de personas en 1950 a 7.700 millones en 2019. El pronunciado descenso de la desnutrición global significa que, en 1950, el mundo podía proporcionar una alimentación adecuada a unos 890 millones de personas, pero para el año 2019 esa cifra había aumentado a algo más de 7.000 millones: ¡un incremento de casi ocho veces en términos absolutos!

¿Cuál es la explicación de este extraordinario éxito? Es evidente que se debe al mayor rendimiento de las cosechas. Decir que el incremento es el efecto combinado de mejores variedades de cultivos, mecanización agrícola, fertilización, irrigación y protección de las cosechas describe correctamente los cambios en las cuestiones básicas, pero sigue pasando por alto la explicación fundamental. La producción moderna de alimentos, ya sea el cultivo en campos o la captura de especies marinas salvajes, es un peculiar híbrido que depende de dos tipos de energía diferentes. En primer lugar, necesitamos la luz solar. Pero también precisamos la contribución indispensable de los combustibles fósiles, y de la electricidad generada por el ser humano.

Cuando se les pide que den ejemplos habituales de nuestra dependencia de los combustibles fósiles, los habitantes de las zonas más frías de Europa y Norteamérica piensan de inmediato en el gas natural que utilizan para calentar sus casas. En cualquier parte del mundo, las personas señalarán la quema de combustibles líquidos que impulsa la mayor parte de nuestros transportes. Pero la dependencia más importante de los combustibles fósiles del mundo moderno —y que está además ligada a su existencia— es el uso directo e indirecto que se hace de estos en la producción de alimentos. El uso directo incluye su empleo para propulsar la maquinaria del campo (sobre todo tractores, cosechadoras y otras máquinas), el transporte de las cosechas de los campos a los puntos de almacenamiento y procesamiento, y las bombas de irrigación. El uso indirecto es mucho más amplio, y tiene en cuenta los combustibles y la electricidad empleados para producir maquinaria agrícola, fertilizantes y productos agroquímicos (herbicidas, insecticidas, fungicidas), así como otros elementos, desde las láminas de vidrio y plástico de los invernaderos hasta los dispositivos de posicionamiento global que permiten practicar una agricultura de precisión.

La conversión fundamental de energía que produce nuestros alimentos no ha cambiado: como siempre, comemos —ya sea directamente, en forma de vegetales, o indirectamente, en forma de animales— productos de la fotosíntesis, la conversión de energía más importante de la biosfera, alimentada por la radiación solar. Lo que ha cambiado es la intensidad de la producción de los cultivos vegetales y animales: no podríamos cosechar tanto, y de un modo tan regular, sin las crecientes contribuciones de los combustibles fósiles y de la electricidad. Sin estas aportaciones de energía antropogénicas no habríamos podido proporcionar al 90 por ciento de la humanidad una nutrición adecuada ni reducir de manera simultánea y continua la cantidad de tiempo y la superficie de terreno necesarios para alimentar a una persona.

La agricultura —el cultivo de comida para alimentar a personas y animales— debe obtener energía de la radiación solar, en concreto de las fracciones azul y roja del espectro visible.[5] Las clorofilas y los carotenoides, moléculas sensibles a la luz que se encuentran en las células de las plantas, absorben la luz de esas longitudes de onda y la emplean para llevar a cabo la fotosíntesis, una secuencia de reacciones químicas que combina el dióxido de carbono de la atmósfera y el agua —así como pequeñas cantidades de elementos que incluyen, en particular, nitrógeno y fósforo— para producir nueva masa vegetal en los cultivos de cereales, legumbres, tubérculos, aceite y azúcar. Parte de estas plantaciones se utilizan para alimentar a animales domésticos y así producir carne, leche y huevos, y la alimentación animal adicional viene de mamíferos de pastoreo y especies acuáticas, cuyo crecimiento depende, en última instancia, del fitoplancton, la masa vegetal dominante en el agua producida por la fotosíntesis.[6]

Esto siempre ha sido así, desde los principios del cultivo sedentario, hace unos diez milenios; pero hace dos siglos, el empleo de formas de energía no solares empezó a afectar a la agricultura, y más tarde también a la captura de especies marinas salvajes. Al principio, este impacto era marginal, y no ganó importancia hasta las primeras décadas del siglo xx.

Para hacer un recorrido por la evolución de este cambio radical, examinaremos ahora la producción de trigo en Estados Unidos en los últimos dos siglos. No obstante, podría haber elegido igualmente el cultivo de trigo en Gran Bretaña o Francia, o el de arroz en China o Japón; aunque los avances en agricultura pueden haber sucedido en momentos distintos en las regiones cultivadas de Norteamérica, Europa occidental y el este de Asia, no hay nada especial acerca de esta secuencia comparativa basada en datos de Estados Unidos.

Tres valles a dos siglos de distancia

Empezaremos por el valle del río Genesee, al oeste del estado de Nueva York, en el año 1801. Hace veintiséis años que se creó la nueva república, y los granjeros estadounidenses ya cultivan el trigo para el pan de una forma distinta a como lo hacían sus antepasados antes de emigrar desde Inglaterra a la Norteamérica británica, hace unas pocas generaciones, pero de una manera no muy distinta a las prácticas del antiguo Egipto, más de dos milenios antes.

La secuencia empieza con una pareja de bueyes que tiran de un arado de madera, cuya parte que se hunde en la tierra está equipada con una placa de hierro. Las semillas, reservadas de la cosecha del año anterior, se siembran a mano, y se usan rastras de dientes para cubrirlas. Para la operación de plantado se emplean unas horas de trabajo humano por hectárea sembrada.[7] Y las tareas más laboriosas aún están por venir. La cosecha se lleva a cabo cortando con hoces; los tallos recogidos se reúnen y atan manualmente en gavillas, y se apilan de pie (para hacer tresnales) a fin de que se sequen. Las gavillas se transportan luego a un granero y se trillan golpeándolas contra un suelo duro, se apila la paja y el grano se avienta (se separa de la ahechadura); después, se mide y se introduce en sacos. Todo el proceso requiere al menos 120 horas de trabajo humano por hectárea.

La secuencia de producción completa exige unas 150 horas de

trabajo humano por hectárea, y unos 70 bueyes/hora. El rendimiento es de solo una tonelada de grano por hectárea, y de eso al menos el 10 por ciento se tiene que apartar para semilla destinada a la cosecha del año siguiente. En conjunto, se necesitan alrededor de diez minutos de trabajo humano para producir un kilogramo de trigo, lo que resultaría, si se usa harina integral, en 1,6 kilogramos (dos barras) de pan. Es un proceso laborioso, lento y con bajo rendimiento, pero utiliza exclusivamente la luz solar, y no se necesitan otros suministros de energía aparte de la luz del Sol: las cosechas producen alimentos para las personas y para los animales; los árboles nos proporcionan madera para cocinar y calentarse; y la madera se emplea también para generar carbón vegetal de uso metalúrgico, destinado a fundir mineral de hierro y fabricar pequeños objetos metálicos, incluidas rejas para los arados, hoces, guadañas, cuchillos y llantas para ruedas de carro hechas de madera. En lenguaje moderno, diríamos que estas operaciones de cosechado no requieren aportaciones de energía no renovable (combustibles fósiles) y solo un mínimo de materiales no renovables (componentes de hierro, piedras para los molinos de grano), y que tanto la producción agrícola como de materiales depende únicamente de energías renovables que se utilizan a través del esfuerzo de los seres humanos y los animales.

Un siglo más tarde, en 1901, la mayor parte del trigo del país procede de las Grandes Llanuras, de manera que vamos a trasladarnos al valle del río Colorado, al este de Dakota del Norte. Las Grandes Llanuras han sido colonizadas, y la industrialización ha hecho inmensos avances en las dos últimas generaciones; aunque el cultivo de trigo sigue dependiendo de los animales de tiro, en las grandes plantaciones de Dakota el proceso está muy mecanizado. Equipos de cuatro fuertes caballos tiran de enormes arados y gradas de acero, las sembradoras mecánicas se utilizan para plantar, las cosechadoras mecánicas cortan los tallos y atan las gavillas, y lo único que se hace manualmente son los tresnales. Las gavillas se apilan y se introducen en trilladoras impulsadas por motores de vapor, y el grano se lleva a los graneros. Para toda la secuencia de operaciones se emplean menos de 22 horas por hectárea, alrededor de una séptima parte de lo que se tardaba en 1801.[8] En este cultivo extensivo, las grandes superficies compensan los bajos rendimientos, que permanecen en el nivel de 1 tonelada por hectárea, pero la inversión de trabajo humano es de solo 1,5 minutos por kilogramo de grano, aproximadamente (en comparación con los 10 minutos de 1801), mientras que el uso de animales de tiro suma unos 37 caballos/hora por hectárea, o más de 2 minutos por kilogramo de grano.

Se trata de un nuevo tipo de agricultura híbrida, ya que la aportación de luz solar es ampliada por energías antropogénicas no renovables que se derivan mayoritariamente del carbón. Este nuevo mecanismo requiere más trabajo animal que humano; y, como los caballos de labor (mulas en el sur de Estados Unidos) necesitan alimentarse con grano —sobre todo avena—, así como con hierba fresca y heno, el gran número de estos animales supone una demanda considerable en la producción agrícola del país: alrededor de una cuarta parte de todo el terreno cultivado de Estados Unidos se dedica al cultivo de pienso para animales de tiro.[9]

Las cosechas de alta productividad son posibles debido al incremento del uso de las energías fósiles. El carbón se utiliza para fabricar coque metalúrgico para los altos hornos, y el hierro fundido se convierte en acero en hornos de reverbero (véase el capítulo 3). Este último es necesario para la maquinaria agrícola, así como para fabricar motores de vapor, raíles, vagones, locomotoras y barcos. El carbón también se utiliza en las máquinas de vapor, y produce el calor y la electricidad requeridos para fabricar arados, taladros, las primeras cosechadoras, carros y silos, y para propulsar los trenes y los barcos que distribuyen el grano a sus consumidores finales. Los fertilizantes inorgánicos se están empezando a introducir, con las importaciones de nitratos de Chile y la aplicación de fosfatos extraídos en Florida.

En 2021, Kansas es el primer estado productor de trigo del país, así que vamos a echar un vistazo al valle del río Arkansas. Aquí, en el corazón de esta región, las granjas suelen ser de tres a cuatro veces mayores que hace un siglo;[10] y, aun así, casi todo el trabajo en el campo lo llevan a cabo una o dos personas que manejan grandes máquinas. El Departamento de Agricultura de Estados Unidos dejó de tener en cuenta los animales de tiro en 1961, y el trabajo en el campo se lleva a cabo ahora por potentes tractores —muchos modelos tienen más de cuatrocientos caballos de potencia y ocho ruedas gigantescas— que tiran de enormes implementos, como arados de acero (con una docena o más de rejas), sembradoras y aplicadoras de fertilizante.[11]

Las semillas provienen de productores certificados, y las plántulas reciben las cantidades óptimas de fertilizantes inorgánicos —sobre todo, mucho nitrógeno aplicado en forma de amoniaco o de urea—, así como protección específica contra insectos, hongos y malas hierbas. La cosecha, y la simultánea trilla, se realiza mediante grandes máquinas que transfieren el grano directamente a enormes camiones que lo llevan a silos de almacenamiento, y se vende por todo el país o se transporta a Asia o África. La producción de trigo se estima en la actualidad en menos de 2 horas de trabajo humano por hectárea (comparadas con las 150 horas de 1801) y, con los rendimientos de unas 3,5 toneladas por hectárea, esto se traduce en menos de 2 segundos por kilogramo de grano.[12]

Muchas personas hoy en día aluden con admiración a los incrementos en el rendimiento de la computación moderna —«menuda cantidad de datos»— o de las telecomunicaciones —«qué baratas»—, pero ¿y las cosechas? En cuestión de dos siglos, el trabajo humano para producir un kilogramo de trigo norteamericano se ha reducido de 10 minutos a menos de dos segundos. Así es como realmente funciona nuestro mundo. Y, como ya he dicho, podría haber hecho reconstrucciones similares con respecto al uso de mano de obra, incremento de rendimiento y altísima productividad para el arroz en China o en India. Los tiempos serían distintos, pero los beneficios relativos serían similares.

La mayor parte de los admirados, e indudablemente notables, avances técnicos que han transformado las industrias, el transporte, las comunicaciones y la vida cotidiana no habrían sido posibles si más del 80 por ciento de la población hubiese tenido que permanecer en el campo a fin de producir su pan (el porcentaje de estadounidenses que trabajaban en granjas en 1800 era del 83 por ciento) o su cuenco de arroz diarios (en Japón, cerca del 90 por ciento de la población vivía en pueblos en ese mismo año). El camino hacia el mundo moderno se inició con arados de acero y fertilizantes inorgánicos asequibles, y se necesita una mirada más atenta para explicar estas contribuciones que han hecho que demos por descontada una civilización tan bien nutrida.

TODO LO QUE ENTRA

La agricultura preindustrial, que se desarrollaba con el trabajo humano y animal, así como con herramientas simples de madera y hierro, tenía el Sol como única fuente de energía. Hoy en día, igual que antes, los cultivos no serían posibles sin la fotosíntesis, pero los altos rendimientos obtenidos con un trabajo mínimo y, por tanto, con unos costes extremadamente bajos serían imposibles sin aportaciones directas e indirectas de las energías fósiles. Algunas de estas aportaciones antropogénicas proceden de la electricidad, que se puede generar a partir de carbón, gas natural o energías renovables, pero la mayor parte de ellas son hidrocarburos líquidos y gaseosos suministrados en forma de combustible para máquinas y de materias primas.

Las máquinas consumen energías fósiles directamente en forma de diésel o gasolina para las operaciones del campo, entre otras el bombeo de agua de pozos para irrigación, el procesado y secado de cultivos, el transporte nacional de cosechas en camiones, trenes y barcazas, y el transporte internacional en las bodegas de grandes buques. El uso indirecto de la energía en la creación de estas máquinas es mucho más complejo, ya que los combustibles fósiles y la electricidad se consumen no solo en la elaboración del acero, caucho, plásticos, vidrio y electrónica, sino también en el montaje de estos componentes para crear tractores, implementos, cosechadoras, camiones, secadores de grano y silos.[13]

Pero la energía necesaria para producir e impulsar la maquinaria agrícola es menor al lado de los requisitos para la fabricación de productos agroquímicos. La agricultura moderna precisa de fungicidas e insecticidas para minimizar las pérdidas de cultivos, y herbicidas para impedir la competencia de las malas hierbas por los nutrientes y el agua disponibles. Todos ellos son productos de alto consumo energético, aunque se aplican en cantidades relativamente pequeñas (fracciones de kilogramo por hectárea).[14] En cambio, los fertilizantes que proporcionan los tres macronutrientes vegetales esenciales —nitrógeno, fósforo y potasio— requieren menos energía por unidad de producto final, si bien se necesitan grandes cantidades para garantizar rendimientos altos.[15]

El potasio es el menos costoso de producir, ya que solamente precisa potasa (KCl), procedente de minas superficiales o subterráneas. Para los fertilizantes fosfatados, se empieza con la excavación y extracción de fosfatos, que se procesan para obtener superfosfatos sintéticos. El amoniaco es el compuesto inicial para producir todos los fertilizantes nitrogenados sintéticos. Cada cosecha de trigo y arroz de alto rendimiento, así como la de muchas hortalizas, requiere más de 100 (a veces hasta 200) kilogramos de nitrógeno por hectárea, y estas exigencias hacen que la síntesis de fertilizantes nitrogenados suponga el consumo de energía indirecto más importante en la agricultura moderna.[16]

El motivo de que el nitrógeno se necesite en tan grandes cantidades es que se encuentra en todas las células vivas: se halla en la clorofila, cuya excitación impulsa la fotosíntesis; en los ácidos nucleicos ADN y ARN, que almacenan y procesan toda la información genética; y en los aminoácidos, los cuales forman todas las proteínas requeridas para el crecimiento y mantenimiento de nuestros tejidos. El elemento es abundante —constituye casi el 80 por ciento de la atmósfera; los organismos viven sumergidos en él— y, sin embargo, también supone la principal restricción para la productividad de los cultivos y el crecimiento humano. Esta es una de las grandes paradojas de la biosfera, y su explicación es simple: el nitrógeno existe en la atmósfera en forma de molécula no reactiva (N_2), y tan solo unos cuantos procesos naturales son capaces de romper el enlace entre los dos átomos de nitrógeno y hacer que este elemento pueda formar compuestos reactivos.[17]

Los rayos lo consiguen; producen óxidos de nitrógeno, que se disuelven en la lluvia y forman nitratos, y así los bosques, campos y prados obtienen fertilizantes procedentes del cielo; pero es evidente que esta aportación natural es demasiado reducida para lograr cosechas capaces de alimentar a las casi ocho mil millones de personas del mundo. Lo que un rayo logra gracias a altísimas temperaturas y presiones, una enzima (la nitrogenasa) lo hace en condiciones normales: la producen las bacterias asociadas a las raíces de las leguminosas (las legumbres, así como algunos árboles) o que viven libres en el suelo o en las plantas. Las bacterias vinculadas a las raíces de las leguminosas son responsables de la mayor parte de la fijación natural del nitrógeno, es decir, de la división del no reactivo N_2 y la incorporación del nitrógeno en amoniaco (NH_3), un compuesto altamente reactivo que se convierte con facilidad en nitratos solubles y puede cubrir las necesidades de nitrógeno de las plantas a cambio de ácidos orgánicos sintetizados por estas.

En consecuencia, los cultivos de leguminosas para el consumo, como la soja, las judías, los guisantes, las lentejas y los cacahuetes, son capaces de obtener (fijar) su propio suministro de nitrógeno, del mismo modo que los cultivos de cobertura de leguminosas, como la alfalfa, los tréboles y las vezas. Pero ninguno de los cereales básicos, de los cultivos oleaginosos (salvo la soja y los cacahuetes) o de los tubérculos pueden hacerlo. La única forma de que estos saquen partido de las propiedades de fijación del nitrógeno de las leguminosas es rotarlos con alfalfa, tréboles o vezas, cultivar estos vegetales fijadores de nitrógeno durante unos cuantos meses para luego arar los campos y enterrar las plantas, de manera que los suelos se repongan con nitrógeno reactivo del que luego puede sacar provecho el trigo, el arroz o las patatas.[18] En agriculturas tradicionales, la otra opción para enriquecer el suelo con nitrógeno es recoger y aplicar desechos humanos y animales. Pero esta es una forma inherentemente laboriosa e ineficaz de suministrar el nutriente, porque estos desechos tienen un contenido de nitrógeno muy bajo, y están sujetos a pérdidas por volatilización (la conversión de líquidos en gases; además, el olor a amoniaco del estiércol puede ser abrumador).

En la agricultura preindustrial, los desechos debían ser recogidos en pueblos y ciudades, fermentados en pilas o en pozos y —debido a su bajo contenido en nitrógeno— aplicados en los campos en enormes cantidades, habitualmente 10 toneladas por hectárea, pero a veces hasta 30 toneladas (una masa equivalente a 25-30 coches europeos pequeños) a fin de proporcionar el nitrógeno necesario. No es de extrañar que esta fuera la tarea que llevaba más tiempo, al menos una quinta parte, y a veces hasta un tercio, de todo el trabajo (tanto humano como animal). El reciclaje de residuos orgánicos no suele ser un tema al que hagan referencia los novelistas famosos, pero Émile Zola, siempre realista hasta las últimas consecuencias, captó su importancia cuando describió a Claude, un joven pintor parisino, que «tenía cierto agrado por el estiércol». Claude es un voluntario encargado de tirar en el pozo «la basura de los mercados, los desperdicios que caían de la mesa colosal, seguían llenos de vida y volvían al lugar donde las hortalizas habían brotado. [...] Volvían a elevarse en fértiles cosechas y de nuevo se mostraban en la plaza del mercado. París lo pudría todo, y lo devolvía todo al suelo, que nunca se cansaba de reparar los estragos de la muerte».[19]

Pero ¡a qué coste de trabajo humano! Hasta el siglo XIX, con la extracción y exportación de nitratos de Chile, el primer fertilizante nitrogenado inorgánico, no se pudo salvar este gran obstáculo del nitrógeno para obtener mayores rendimientos en los cultivos. Finalmente, se logró con el descubrimiento de la síntesis del amoniaco por parte de Fritz Haber, en 1909, y su rápida comercialización (el amoniaco se exportó por primera vez en 1913), pero la producción subsiguiente aumentó con lentitud, y la aplicación generalizada de fertilizantes nitrogenados tuvo que esperar hasta después de la Segunda Guerra Mundial.[20] Las nuevas variedades de trigo y arroz de alto rendimiento, introducidas en la década de 1960, no podían desarrollar todo su potencial sin el uso de fertilizantes nitrogenados sintéticos. Y el gran cambio de productividad al que se denominó «revolución verde» no habría sido posible sin esta combinación de mejores cultivos y mayores aplicaciones de nitrógeno.[21]

Desde la década de 1970, la síntesis de fertilizantes nitrogenados ha sido sin duda *primus inter pares* entre las aportaciones de energía en agricultura, pero la verdadera magnitud de esta dependencia solo se pone de manifiesto cuando examinamos los datos detallados de la energía que se requiere para producir diversos alimentos comunes. He elegido tres de ellos como ejemplo, debido a su superioridad en términos nutricionales. El pan ha sido el alimento básico de la civilización europea durante milenios. Dadas las prohibiciones religiosas en cuanto al consumo de cerdo y vacuno, el pollo es el tipo de carne preferido a nivel mundial. Y ninguna otra hortaliza (aunque, desde el punto de vista botánico, es una fruta) sobrepasa la producción anual de tomates, que ahora se cultivan no solo en el campo, sino en invernaderos de vidrio o de plástico.

Cada uno de estos alimentos tiene un rol nutricional distinto (el pan se consume por sus carbohidratos; el pollo, por su excelente proteína; los tomates, por su contenido en vitamina C), pero ninguno de ellos se podría producir de una forma tan abundante, regular y asequible de no ser por las considerables aportaciones de los combustibles fósiles. En última instancia, la producción de nuestros alimentos cambiará, pero, por ahora y de cara al futuro inmediato, no podemos alimentar al mundo sin depender de los combustibles fósiles.

LOS COSTES ENERGÉTICOS DEL PAN, EL POLLO Y LOS TOMATES

Dada la inmensa variedad de tipos de pan, me voy a limitar solo a unas pocas clases fermentadas, comunes en las dietas occidentales y ahora disponibles en lugares que van desde África occidental (por ejemplo, la francesa *baguette*) hasta Japón (en todos los grandes supermercados hay una panadería francesa o alemana). Tenemos que empezar por el trigo, y por suerte no hay escasez de estudios que hayan intentado cuantificar todas las contribuciones de combustible y electricidad para compararlas, por área o por unidad de rendimiento, con distintos tipos de cereales.[22] El cultivo de cereales se halla en la parte inferior de la escala de aportaciones energéticas, ya que necesita relativamente poca energía comparado con otros alimentos; no obstante, como veremos, aun así necesita una cantidad sorprendentemente grande.

El eficiente cultivo de trigo de secano en los extensos campos de las Grandes Llanuras de Estados Unidos solo requiere unos 4 megajulios por kilogramo de grano. Como gran parte de esta energía es en forma de diésel refinado a partir del petróleo crudo, la comparación puede ser más tangible en términos de equivalencias que en unidades de energía estándar (julios).[23] Es más, expresar las necesidades de diésel utilizando el volumen por unidad de producto comestible (ya sea un kilogramo, una barra de pan o una comida) hace que sea más fácil imaginar esas aportaciones energéticas.

El combustible diésel contiene 36,9 megajulios por litro, así que el coste energético típico del trigo de las Grandes Llanuras es casi exactamente de 100 mililitros (1 decilitro o 0,1 litros) de diésel por kilogramo, algo menos de media taza (en la medida estadounidense). Utilizaré equivalentes específicos de volumen de diésel para referirme a cada alimento con la energía necesaria para su producción.

El pan de masa madre básico es el tipo más simple de pan fermentado, el producto esencial de la civilización europea: contiene únicamente harina panificable, agua y sal, y la masa madre se lleva a cabo, claro está, con harina y agua. Un kilogramo de este pan consta de unos 580 gramos de harina, 410 gramos de agua y 10 gramos de sal.[25] El proceso de eliminar el salvado, la capa externa de la semilla, reduce la masa de los granos molidos en más o menos un 25 por ciento (un índice de extracción de harina del 72 al 76 por ciento).[26] Esto significa que, para obtener 580 gramos de harina panificable, tenemos que partir de unos 800 gramos de trigo integral, cuya producción requiere 80 mililitros de diésel.

La molienda del cereal necesita un equivalente de unos 50 ml/kg para producir pan blanco, mientras que datos publicados sobre la panificación a gran escala en empresas modernas y eficientes —que consumen gas natural y electricidad— indican equivalentes de combustible de 100 a 200 ml/kg.[27] El cultivo del cereal, el proceso de molerlo y separar el salvado, y el horneado de una barra de pan de 1 kilogramo de masa madre requiere, pues, un aporte energético equivalente a, al menos, 250 mililitros de diésel, un volumen algo mayor que una taza (en la medida estadounidense). Para una *baguette* estándar (250 gramos, un cuarto de kilo), el equivalente energético incorporado es de dos cucharadas soperas de diésel; para un gran *Bauernbrot* alemán (2 kilogramos) sería de unas dos tazas de diésel (menos en el caso de una hogaza de pan integral).

El coste real de energía fósil es aún mayor, pues solo una pequeña parte del pan se hornea ahora en el lugar donde se compra. Incluso en Francia, las *boulangeries* de barrio están desapareciendo, y las *baguettes* las distribuyen las grandes panificadoras: el ahorro de energía debido a la eficiencia de la escala industrial queda anulado por el aumento de los costes de transporte, y el coste total (desde el cultivo y la molienda del grano hasta el horneado en una gran panificadora y la distribución a consumidores lejanos) ¡puede tener un consumo equivalente de energía de hasta 600 ml/kg!

Pero si la proporción típica del pan (aproximadamente 5:1) entre masa comestible y masa de energía incorporada (1 kilogramo de pan comparado con unos 210 mililitros de diésel) parece incómodamente alta, recordemos que ya he señalado que los cereales —incluso después de procesarlos y convertirlos en nuestros alimentos favoritos— están en la parte inferior de la escala de consumo de energía. ¿Cuáles serían las consecuencias de seguir la dudosa recomendación dietética, que ahora apoyan algunos defensores de la engañosamente denominada «paleodieta», de evitar todos los cereales y cambiar a una alimentación basada solo en carne, pescado, hortalizas y fruta?

En lugar de rastrear el coste energético de la carne de vacuno (que ya ha sido intensamente difamada), cuantificaré el de la carne producida de manera más eficiente: el engorde en grandes recintos, o las denominadas macrogranjas. En el caso del pollo, esto supone alojar y mantener decenas de miles de aves en estructuras rectangulares alargadas donde se amontonan en espacios con poca iluminación (el equivalente de una noche con luna) y alimentados durante unas siete semanas antes de ser sacrificados.[28] El Departamento de Agricultura de Estados Unidos publica estadísticas de la eficiencia de engorde anual de los animales domésticos y, durante las últimas cinco décadas, estos ratios (unidades de alimento expresadas en términos de maíz por unidad de peso en vivo) no muestran tendencia a descender ni para el vacuno ni para el cerdo, pero sí impresionantes incrementos para el pollo.[29]

En 1950, se necesitaban 3 unidades de alimento por unidad de peso en vivo; esa cifra es ahora de solo 1,82, alrededor de un tercio de la tasa en el caso de los cerdos, y un séptimo para el ganado vacuno.[30] Obviamente, no nos comemos el ave entera (que incluye las plumas y los huesos), y el ajuste para peso comestible (alrededor del 60 por ciento de cada pieza) hace que la relación más baja entre alimento y carne descienda hasta 3:1. La producción de un pollo estadounidense (cuyo peso comestible medio es ahora de casi 1 kilogramo justo) necesita 3 kilos de maíz en grano.[31] La eficiencia del cultivo del maíz de secano supone altos rendimientos y costes energéticos relativamente bajos —equivalentes a unos 50 mililitros de diésel por kilogramo de grano—, que, sin embargo, puede ser hasta del doble en el caso de campos irrigados, y los rendimientos y eficiencias nutritivas típicos del maíz en todo el mundo son menores que en Estados Unidos. En consecuencia, los costes de alimentación pueden bajar hasta los 150 mililitros de diésel por kilogramo de carne comestible, y ascender hasta los 750 ml/kg.

Otros costes energéticos se deben al comercio intercontinental de piensos a gran escala, dominado por el transporte de maíz y soja estadounidenses y la venta de soja brasileña. El cultivo de esta última requiere el equivalente de 100 mililitros de combustible diésel por kilogramo de grano, pero el transporte en camiones de las áreas de producción a los puertos y el envío posterior a Europa duplica el coste energético.[32] El engorde de animales hasta el peso adecuado también requiere de energía para calefacción, climatización y mantenimiento de las naves avícolas, para suministrar agua y serrín, y para retirar y compostar los residuos. Estos requisitos varían ampliamente según la ubicación (sobre todo, debido al aire acondicionado en verano y la calefacción en invierno) y, por tanto, al combinarlos con los costes energéticos del alimento ya entregado, obtenemos una amplia variación de volumen: de 50 a 300 mililitros por kilogramo de carne comestible.[33]

La cifra combinada más conservadora para la alimentación y cría de las aves sería, pues, un equivalente de alrededor de 200 mililitros de diésel por kilogramo de carne, pero los valores pueden llegar incluso a 1 litro. Si sumamos la energía necesaria para la matanza y procesado de las aves (la carne de pollo se comercializa ahora sobre todo despiezada, no en forma de animales enteros), la venta al detalle, el almacenamiento y la refrigeración domésticos y, finalmente, la cocción, el requisito energético total para poner un kilogramo de pollo asado en el plato es de, al menos, 300-350 mililitros de petróleo crudo: un volumen igual a casi media botella de vino (y, en el caso de los productores menos eficientes, la cifra supera el litro).

Ese mínimo es un rendimiento bastante eficiente comparado con los índices del pan (de 210 a 250 ml/kg), y esto se refleja en los precios relativamente asequibles del pollo: en las ciudades de Estados Unidos, el precio medio de un kilogramo de pan blanco es de solo un 5 por ciento menos que el precio medio por kilogramo de un pollo entero (¡y el pan integral es un 35 por ciento más caro!), mientras que, en Francia, un kilogramo de pollo entero estándar cuesta solo alrededor de un 25 por ciento más que el precio promedio del pan.[34] Esto explica el rápido predominio de esta ave como carne de consumo en todos los países occidentales (globalmente, el cerdo sigue a la cabeza, debido a la extraordinaria demanda de China).

Dado que los veganos ensalzan la dieta vegetal, y los medios de comunicación han informado del alto coste medioambiental de la carne, uno podría pensar que las ganancias en el coste energético en la cría del pollo han sido superadas por las del cultivo y comercialización de hortalizas, pero se equivocaría. De hecho, es todo lo contrario, y el mejor de los ejemplos para ilustrar estos asombrosos costes energéticos es examinar los tomates en detalle. Lo tienen todo: un color atractivo, una gran variedad de formas, una piel suave y un interior jugoso. Botánicamente, el tomate es el fruto del *Lycopersicon esculentum*, una pequeña planta nativa de Centroamérica y Sudamérica que se introdujo en el resto del mundo durante la época de las primeras travesías transatlánticas de los europeos, pero que tardó generaciones en establecerse de verdad.[35] Comido a mordiscos, en sopas, relleno, horneado, troceado, hervido, triturado en salsas y añadido en incontables ensaladas y platos cocinados, el tomate es ahora uno de los alimentos favoritos en todo el mundo, y ha sido adoptado en países desde su México nativo hasta Perú, España, Italia, India y China (que es en la actualidad el mayor productor).

Los manuales de nutrición alaban su alto contenido en vitamina C: en efecto, un tomate grande (de 200 gramos) puede proporcionar dos tercios de la cantidad recomendada diariamente para un adulto.[36] Pero, como sucede con todas las frutas frescas y jugosas, no se consume por su contenido energético, pues no es más que un extraordinario contenedor de agua con una forma atractiva. El agua comprende el 95 por ciento de su masa, y el resto son sobre todo carbohidratos, un poco de proteína y solo trazas de grasa.

Los tomates se pueden cultivar en cualquier lugar que tenga al menos 90 días de clima templado, incluido el porche de una casa junto al mar cerca de Estocolmo o un jardín en las praderas canadienses (en ambos casos, a partir de plántulas criadas en interior). Pero el cultivo comercial es un asunto distinto. Como sucede con todas las frutas y hortalizas que se consumen en las sociedades modernas —salvo una pequeña parte—, el cultivo del tomate es algo altamente especializado, y la mayor parte de las variedades disponibles en los supermercados de Estados Unidos y Europa proceden de unos pocos lugares: en el primer caso, de California; y en el segundo, de Italia y España. A fin de incrementar el rendimiento, mejorar la calidad y reducir la cuantía de las aportaciones energéticas, los tomates se cultivan, cada vez más, en recintos en forma de túnel cubiertos de plástico o en invernaderos, no solo en Canadá y Holanda, sino también en México, China, España e Italia.

Esto nos conduce de nuevo a los combustibles fósiles y la electricidad. Los plásticos son una alternativa asequible a la construcción de invernaderos multitúnel de cristal, y el cultivo de tomates requiere también grapas, cuñas y canaletas de desagüe de plástico. Además, allí donde las plantas se cultivan al descubierto, se utilizan láminas de plástico para cubrir el suelo a fin de reducir la evaporación de agua e impedir el crecimiento de malas hierbas. La síntesis de los compuestos plásticos depende de los hidrocarburos (petróleo crudo y gas natural), tanto para materias primas como para la energía necesaria para producirlos. Entre esas materias primas están el etano y otros líquidos del gas natural, así como nafta, producida durante el refinamiento del petróleo. El gas natural se utiliza también como combustible para la producción de plásticos, y, como ya hemos mencionado, es la materia prima más importante —la fuente de hidrógeno— para la síntesis del amoniaco. Otros hidrocarburos sirven como materias primas para producir compuestos protectores (insecticidas y fungicidas), porque ni siquiera las plantas que crecen en invernaderos de vidrio o plástico son inmunes a plagas e infecciones.

Expresar los costes operativos anuales del cultivo de tomate en términos económicos es algo que se puede hacer con facilidad sumando el precio de las plántulas, los fertilizantes, las sustancias agroquímicas, el agua, la calefacción y la mano de obra, y prorrateando los costes de las estructuras y dispositivos originales —soportes metáli-

cos, cubiertas de plástico, vidrio, tuberías, canalizaciones, calentado-
res—, que se usan durante más de un año. Pero elaborar una cuenta
energética no es tan simple. Las aportaciones directas de energía son
fáciles de cuantificar a partir de los recibos de electricidad y de las
compras de gasolina o diésel, pero calcular los flujos indirectos inver-
tidos en la producción de materiales requiere una contabilidad especializada y, generalmente, diversas hipótesis.

Estudios detallados han cuantificado estas aportaciones y las han
multiplicado por sus costes energéticos típicos: por ejemplo, la síntesis, elaboración y embalaje de 1 kilogramo de fertilizante nitrogenado
requiere un equivalente de casi 1,5 litros de diésel. No es de extrañar
que estos estudios muestren una amplia variedad de cifras totales,
pero uno de ellos —quizá el más meticuloso, que trata sobre el cultivo del tomate en los invernaderos multitúnel, con y sin calefacción,
de Almería, España— llegó a la conclusión de que la demanda acumulada de energía de la producción neta es de más de 500 mililitros
de diésel (más de dos tazas) por kilogramo para las cosechas con calefacción, y de solo 150 ml/kg para las cosechas sin calefacción.[37]

Este alto coste energético se debe, en gran parte, a que los tomates de invernadero están entre los cultivos que requieren más fertilizantes del mundo: por unidad de superficie, reciben hasta diez veces
tanto nitrógeno (y también fósforo) como el utilizado para producir
maíz, el cultivo más abundante en Estados Unidos.[38] También se emplean azufre, magnesio y otros micronutrientes, así como sustancias
químicas para protegerlos contra insectos y hongos. La calefacción es
el uso directo de energía más importante en el cultivo en invernaderos: extiende el periodo vegetativo y mejora la calidad de la cosecha;
pero, inevitablemente, cuando se emplea en climas más fríos, se convierte en el primer consumidor de energía.

Los invernaderos de plástico en el sur de la provincia de Almería
son la mayor área cubierta de cultivo comercial del mundo: abarcan
unas 40.000 hectáreas (imagine un cuadrado de 20 × 20 km) fácilmente identificables en las imágenes por satélite, como puede verse en
Google Earth. Es posible incluso darse una vuelta por Google Street
View, que ofrece una experiencia ultraterrena de estas estructuras de
baja altura y cubiertas de plástico. Bajo este océano de plástico, los

agricultores españoles y sus trabajadores, locales e inmigrantes africanos, producen anualmente (en temperaturas que a menudo superan los 40 °C) casi 3 millones de toneladas de hortalizas tempranas y fuera de temporada (tomates, pimientos, judías verdes, calabacines, berenjenas, melones) y algo de fruta, y exportan alrededor del 80 por ciento a los países de la Unión Europea.[39] Un camión que transporte una carga de 13 toneladas de tomates de Almería a Estocolmo recorre 3.745 kilómetros y consume unos 1.120 litros de diésel.[40] Eso supone casi 90 mililitros de hidrocarburo por kilogramo de tomates, y el transporte, almacenamiento y embalaje en los centros de distribución regionales, así como el reparto a los comercios, eleva la cifra a casi 130 ml/kg.

Esto significa que, cuando se compran en un supermercado escandinavo, los tomates almerienses de los invernaderos de plástico con calefacción llevan incorporado un coste energético de producción y transporte asombrosamente alto. ¡Su total es equivalente a unos 650 ml/kg, o más de cinco cucharadas soperas (de 14,8 mililitros cada una) de diésel por cada tomate mediano (125 gramos)! Puede hacer una representación —fácil y sin desperdicio— de esta aportación de combustible fósil en su propia mesa: corte en rodajas un tomate de ese tamaño, póngalo en un plato y vierta sobre él cinco o seis cucharadas de algún aceite oscuro (el aceite de sésamo imita bien el color). Cuando ya esté lo suficientemente impresionado por la carga de combustible fósil de esta simple comida, puede traspasar el contenido del plato a un cuenco, agregar dos o tres tomates más, un poco de salsa de soja, sal, pimienta y semillas de sésamo y disfrutar de una sabrosa ensalada de tomate. ¿Cuántos veganos que disfrutan de ella son conscientes de su significativa carga de combustible fósil?

EL DIÉSEL TRAS EL PESCADO Y EL MARISCO

Las altas productividades agrícolas de la actualidad han convertido la caza en tierra (de pequeños mamíferos y aves en determinadas temporadas) en una fuente de nutrición marginal en todas las sociedades prósperas. La carne de animales salvajes, en general cazados ilegalmente, es más común en el África subsahariana, pero con la rápida expansión de las poblaciones ha dejado de ser, incluso allí, una fuente importante de proteína animal. En cambio, la pesca no se ha practicado nunca de manera tan amplia e intensiva como en nuestros días; enormes flotas de barcos —desde inmensas y modernas plantas industriales flotantes hasta pequeñas y decrépitas embarcaciones— peinan los océanos del mundo en busca de peces y crustáceos.[41]

Resulta que la captura de lo que los italianos llaman poéticamente *frutti di mare* es el proceso más intensivo a nivel energético de todos los utilizados para la provisión de comida. Desde luego, no siempre los alimentos marinos son difíciles de atrapar, y la pesca de muchas especies que aún son abundantes no requiere de largas expediciones a zonas remotas del Pacífico sur. La captura de numerosas especies pelágicas (que viven cerca de la superficie), como la anchoa, la sardina o la caballa, se puede llevar a cabo con una inversión energética más o menos pequeña: indirectamente, en la construcción de embarcaciones y la elaboración de grandes redes, y directamente, en el diésel empleado en los motores de los barcos. Los mejores cálculos muestran gastos de energía para la captura tan bajos como 100 ml/kg, un equivalente de menos de media taza de diésel.[42]

Si quiere comer pescado salvaje con la menor huella de carbono posible, cíñase a las sardinas. El promedio para todos los alimentos del mar es sorprendentemente alto —700 ml/kg (casi una botella de vino llena de diésel)— y el máximo para ciertas gambas y langostas salvajes es increíble, de más de 10 l/kg (¡y eso incluye una gran cantidad de cáscara, que es incomestible!).[43] Esto significa que solo un par de brochetas de gambas salvajes de tamaño mediano (un peso total de 100 gramos) pueden requerir de 0,5 a 1 litros de diésel para pescarlas, el equivalente de 2 a 4 tazas de combustible.

Pero la mayoría de las gambas se obtienen ahora de piscifactorías, y estas operaciones industriales a gran escala disfrutan de las mismas ventajas de las que tanto se han beneficiado las granjas, ¿no? Pues no, debido a su diferencia metabólica fundamental: la carne criada en cautividad es de animales herbívoros y, en confinamiento, la energía que gastan en su actividad es limitada. Por tanto, alimentarlos con los productos vegetales adecuados —que son ahora, mayoritariamente, una combinación de piensos basados en maíz y soja— hace que crezcan rápido. Por desgracia, las especies marinas más apreciadas (salmón, lubina, atún) son carnívoras, y para una cría adecuada deben ingerir alimentos ricos en proteínas animales y aceites de pescado, que son derivados de la pesca de especies salvajes como la anchoa, la sardina, el capelán, el arenque y la caballa.

La expansión de la acuicultura —cuya producción mundial total, de agua dulce y salada, se aproxima ahora al volumen íntegro de pesca de especies salvajes (en 2018 era de 82 millones de toneladas, comparadas con los 96 millones de toneladas de especies salvajes)— ha aliviado la presión sobre algunas poblaciones salvajes de peces carnívoros, pero ha intensificado la explotación de especies herbívoras, de menor tamaño, cuya pesca es necesaria para alimentar la expansión de la acuicultura.[44] Por consiguiente, los costes energéticos de la cría en jaulas de lubina mediterránea (Grecia y Turquía son sus principales productores) son habitualmente equivalentes a entre 2 y 2,5 litros de diésel por kilogramo (un volumen comparable al de tres botellas de vino); esto es, del mismo orden de magnitud que los costes energéticos que supone capturar especies salvajes de un tamaño similar.

Como es de esperar, solo los peces herbívoros de acuicultura que se crían consumiendo alimentos vegetales —en particular, diferentes especies de carpas asiáticas (las más comunes son la cabezona, la plateada, la negra y la china)— tienen un coste energético bajo, generalmente de menos de 300 ml/kg. Pero, aparte de las cenas tradicionales de Nochebuena en Austria, la República Checa, Alemania y Polonia, la carpa no es una opción culinaria muy popular en Europa, y apenas se consume en Estados Unidos, mientras que la demanda de atún, algunas de cuyas especies se encuentran entre los grandes carnívoros marinos más amenazados, no ha hecho más que aumentar gracias a la rápida adopción del sushi en todo el mundo.

Así, las pruebas son ineludibles: nuestro suministro de alimentos —ya sean los cereales básicos, las aves de corral, las hortalizas favoritas o los pescados y mariscos elogiados por sus cualidades nutritivas— se ha hecho cada vez más dependiente de los combustibles fósiles. Esta realidad fundamental se suele pasar por alto por aquellas personas que no comprenden cómo funciona realmente nuestro mundo y que ahora mismo están prediciendo una rápida descarbonización. Esas mismas personas se quedarían atónitas si supieran que nuestra situación actual no puede cambiarse de forma fácil ni rápida: como vimos en el capítulo anterior, la ubicuidad y la escala de nuestra dependencia de los combustibles fósiles son demasiado grandes para ello.

Combustible y alimentos

Varios estudios han rastreado el crecimiento de la dependencia por parte de la industria alimentaria de las aportaciones actuales de energía —mayoritariamente fósil—, desde su ausencia, a principios del siglo xix, hasta los índices actuales (que van desde menos de 0,25 toneladas de petróleo crudo por hectárea en el cultivo de cereales hasta 10 veces más en el cultivo en invernaderos climatizados).[45] La mejor forma de entender el auge y el alcance de esta dependencia global tal vez sea comparar el incremento de las aportaciones de energía externa con la expansión del terreno cultivado y el crecimiento de la población mundial. Entre los años 1900 y 2000, la cifra global de habitantes se ha incrementado algo menos de cuatro veces (3,7 veces, para ser exactos), mientras que el terreno cultivado ha crecido aproximadamente un 40 por ciento, pero mis cálculos muestran que las aportaciones energéticas antropogénicas en agricultura se han incrementado en un factor 90, con la energía incorporada en las sustancias agroquímicas y el combustible consumido directamente por la maquinaria a la cabeza.[46]

También he calculado la carga relativa global de esta dependencia. Las aportaciones de energía antropogénica en la agricultura (incluido el transporte), en la industria pesquera y en la acuicultura modernas han supuesto solo alrededor del 4 por ciento del consumo anual mundial de energía en épocas recientes. Esto puede parecer una cifra sorprendentemente reducida, pero no hay que olvidar que el Sol siempre se encarga de la mayor parte del trabajo de hacer crecer los alimentos, y que las aportaciones de energía externas abordan los componentes del sistema alimentario que ofrecen las mayores rentabilidades, al reducir o eliminar las restricciones naturales, ya sea con la fertilización, irrigación, protección contra insectos, hongos y plantas competidoras, o mediante la recogida oportuna de los cultivos maduros. El hecho de que el porcentaje sea tan pequeño puede verse también como otro ejemplo de que una pequeña aportación puede tener consecuencias desproporcionadas, algo habitual en el comportamiento de los sistemas complejos: pensemos en las vitaminas y los minerales, de los cuales necesitamos a diario solo unos miligramos (en los casos de la vitamina B6 o el cobre) o microgramos (vitamina D, vitamina B12) para mantener en buena forma cuerpos que pesan decenas de kilogramos.

Pero la energía requerida para la producción de alimentos —agricultura, ganadería y pesca— es solo una parte de las necesidades totales de combustible y electricidad relacionadas con esta industria, y el cálculo del consumo en todo el sistema alimentario tiene como resultado proporciones mucho mayores del suministro total. Los datos más precisos de los que disponemos son de Estados Unidos, donde, gracias al predominio de técnicas modernas y la generalización de las economías de escala, el consumo directo de energía para la producción de alimentos es ahora del orden del 1 por ciento del suministro nacional total.[47] No obstante, después de sumar los requisitos energéticos del procesamiento y la comercialización de los alimentos, el embalaje, el transporte, los servicios al por mayor y al por menor, el almacenamiento y la preparación domésticos, y los servicios de alimentación y marketing, el total alcanzó casi el 16 por ciento del suministro energético en 2007, y ahora se encuentra cerca del 20 por ciento.[48] Los factores que impulsan este crecimiento de las necesidades energéticas van desde una mayor consolidación de la producción —y, por tanto, mayores necesidades de transporte—, así como una mayor dependencia de la importación de alimentos, hasta un número mayor de comidas fuera de casa y más comidas preparadas consumidas en casa.[49]

Son muchas las razones por las que no deberíamos proseguir con las prácticas actuales de producción de alimentos. La importante contribución de la agricultura a la generación de gases de efecto invernadero es actualmente la justificación más habitual para seguir un camino distinto. Pero la agricultura, la ganadería y la acuicultura modernas tienen muchos otros efectos medioambientales no deseables, desde la pérdida de la biodiversidad hasta la creación de zonas muertas en las aguas costeras (para más información al respecto, véase el capítulo 6), y no existen argumentos para mantener nuestra producción excesiva de alimentos, con su consiguiente desperdicio. De manera que hay muchos cambios que debemos afrontar, pero ¿con qué velocidad podemos hacer que sucedan, y hasta qué punto lograremos modificar nuestras costumbres actuales?

¿PODEMOS VOLVER ATRÁS?

¿Somos capaces de revertir, al menos, alguna de estas tendencias? ¿Puede un mundo que pronto tendrá ocho mil millones de habitantes alimentarse a sí mismo —al tiempo que mantiene una variedad de cultivos y productos animales, así como la calidad de las dietas predominantes— sin fertilizantes sintéticos ni otros productos agroquímicos? ¿Podríamos vivir a los cultivos puramente ecológicos, depender del reciclaje de los desechos orgánicos y del control de plagas natural? ¿Y es posible pasar sin la irrigación con bombas ni la maquinaria agrícola, volviendo a los animales de tiro? Podríamos, pero la agricultura puramente ecológica exigiría que la mayoría de nosotros abandonase las ciudades y volviese a los pueblos, se desmantelasen las macrogranjas y se llevase a los animales de vuelta a las granjas tradicionales con el fin de utilizarlos para trabajar y como fuentes de estiércol.

Cada día tendríamos que alimentar y dar agua a nuestros animales, retirar regularmente su estiércol, fermentarlo y esparcirlo por los campos, y llevar a pastar los rebaños. Según las exigencias estacionales de trabajo, los hombres guiarían los arados tirados por caballos; las mujeres y los niños se encargarían de plantar y de arrancar las malas hierbas de los huertos; y todo el mundo colaboraría en tiempos de cosecha o de matanza, juntando gavillas de trigo, excavando en busca de patatas, o ayudando a convertir los cerdos y los gansos recién sacrificados en comida. No me imagino al comité ecologista de comentaristas en línea adoptando estas opciones en un futuro próximo. E, incluso si estuvieran dispuestos a abandonar las ciudades y aceptar la vuelta al campo, solo podrían producir alimentos para el sustento de la mitad de la población mundial actual.

No es difícil reunir las cifras que confirman todo esto. El declive del trabajo humano requerido para producir el trigo estadounidense que se ha indicado al principio de este capítulo es una muestra excelente del impacto general que la mecanización y las sustancias químicas aplicadas a la agricultura han tenido en la magnitud de la fuerza laboral agrícola del país. Entre 1800 y 2020 hemos reducido el trabajo necesario para producir un kilogramo de cereal en más de un 98 por ciento, y hemos disminuido la parte de la población del país implicada en la agricultura en un margen similar.[50] Esto representa un modelo útil para las profundas transformaciones económicas que deberían tener lugar en el caso de una reducción de la mecanización agrícola y del uso de agroquímicos sintéticos.

Cuanto mayor sea la reducción de estos servicios basados en combustibles fósiles, mayor será la necesidad de que la fuerza laboral abandone las ciudades para producir alimentos a la manera tradicional. Durante el pico de población de caballos y mulas en Estados Unidos anterior a 1920, una cuarta parte del terreno agrícola del país estaba dedicado a cultivar alimentos para los más de veinticinco millones de estos animales de tiro; y, en aquella época, las granjas solo tenían que alimentar a unos 105 millones de personas. Obviamente, sustentar a los más de 330 millones actuales utilizando «tan solo» 25 millones de caballos es una tarea imposible. Y, sin fertilizantes sintéticos, el rendimiento de las cosechas de alimentos y piensos dependientes del reciclaje de materia orgánica sería una fracción del de las cosechas actuales. El maíz, el cultivo más importante en Estados Unidos, tenía en 1920 un rendimiento de menos de 2 toneladas por hectárea, y 11 toneladas en 2020.[51] Se necesitarían millones de animales de tiro adicionales para cultivar la práctica totalidad del terreno agrícola disponible del país, y sería imposible obtener suficiente materia orgánica reciclable (¡y entusiastas paleadores de estiércol como Claude!), o cultivar áreas lo bastante grandes de abono verde (que se produce rotando cereal con alfalfa o trébol) para igualar los nutrientes que proporciona la aplicación de fertilizantes sintéticos en nuestros días.

Esta imposibilidad se pone de manifiesto con unas cuantas comparaciones sencillas. El reciclaje de materia orgánica es siempre deseable, ya que mejora la composición del suelo, incrementa su contenido orgánico y proporciona energía para la miríada de microbios e invertebrados que habitan en él. Pero el bajo contenido en nitrógeno de la materia orgánica se traduce en que los agricultores tienen que emplear muchísima paja o estiércol a fin de proporcionar la cantidad suficiente de este nutriente vegetal, que es esencial para producir cosechas con un alto rendimiento. El contenido de nitrógeno de la paja de los cereales (el residuo de las cosechas más abundante) es siempre bajo, generalmente del 0,3 al 0,6 por ciento; el estiércol mezclado con lechos para animales (a menudo hechos de paja) contiene solo del 0,4 al 0,6 por ciento; los residuos humanos fermentados (el llamado lodo fecal de China) tiene solo del 1 al 3 por ciento; y el estiércol que se aplica en los campos rara vez contiene más del 4 por ciento.

En cambio, la urea, el fertilizante nitrogenado sólido más habitual en el mundo actualmente, contiene un 46 por ciento de nitrógeno; el nitrato amónico, un 33 por ciento, y las soluciones líquidas más utilizadas contienen entre un 28 y un 32 por ciento, una densidad de nitrógeno al menos un orden de magnitud mayor que los residuos reciclables.[52] Esto significa que, para proporcionar la misma cantidad de nutrientes a los cultivos, un granjero tendría que aplicar una cantidad de estiércol entre 10 y 40 veces superior en masa, y en realidad se necesitaría aún más, ya que se pierden cantidades significativas de compuestos nitrogenados debido a la volatilización, o a que se disuelven en agua y van a parar por debajo del nivel de las raíces. Y a esto habría que sumarle las pérdidas acumuladas del nitrógeno de la materia orgánica, que son casi siempre mayores que en el caso del nitrógeno procedente de una sustancia sintética líquida o sólida.

Es más, se podría hablar igualmente de la carga de trabajo, porque la manipulación, transporte y dispersión del estiércol es mucho más difícil que tratar con los pequeños y manejables gránulos, que pueden aplicarse con facilidad mediante abonadoras mecánicas o esparciéndolos a mano sin más (como se hace con la urea en los pequeños campos de arroz de Asia). Y, obviando el esfuerzo que podamos invertir en el reciclaje de materia orgánica, la masa total de materiales reciclables es simplemente demasiado pequeña para cubrir las necesidades de nitrógeno de los cultivos actuales.

El inventario mundial de nitrógeno reactivo muestra que son seis los principales flujos que proporcionan este elemento a las tierras cultivadas: la deposición atmosférica, el agua de irrigación, el enterrado de los residuos de las cosechas, la dispersión de estiércol animal, el nitrógeno que dejan en el suelo los cultivos de leguminosas y la aplicación de fertilizantes sintéticos.[53]

La deposición atmosférica —principalmente, en forma de lluvia y nieve, que contienen nitratos en disolución— y el reciclaje de residuos de la cosecha (paja y tallos de plantas que no se retiran de los campos para alimentar a los animales, ni se queman *in situ*) aportan cada uno unas 20 megatoneladas de nitrógeno al año. El estiércol animal aplicado en los campos, procedente sobre todo de vacuno, cerdos y pollos, contiene casi 30 megatoneladas; un total similar lo introducen los cultivos de leguminosas (los de abono verde, así como de soja, judías, guisantes y garbanzos); y el agua de irrigación aporta unas 5 megatoneladas; todo esto suma unas 105 megatoneladas de nitrógeno al año. Los fertilizantes sintéticos suministran 110 megatoneladas de nitrógeno al año, o poco más de la mitad de las 210 a 220 megatoneladas empleadas en total. Esto significa que, al menos, la mitad de las cosechas recientes se han producido gracias a la aplicación de compuestos nitrogenados sintéticos, sin los cuales sería imposible producir los alimentos básicos para la mitad de los casi ocho mil millones de personas de la población mundial. Aunque podemos reducir nuestra dependencia del amoniaco sintético comiendo menos carne e intentando no desperdiciar comida, sustituir la aportación global de unas 110 megatoneladas del nitrógeno de los compuestos sintéticos por fuentes orgánicas solo es posible en teoría.

Son múltiples las restricciones que limitan el reciclaje del estiércol producido por los animales en confinamiento.[54] En la agricultura mixta tradicional, el estiércol de vacuno, cerdos y pollos, producido por números más o menos reducidos de animales, se reciclaba directamente en campos adyacentes. La producción de carne y huevos en macrogranjas redujo esta opción: estas instalaciones generan tales cantidades de residuos que su aplicación en los campos sobrecargaría el suelo de nutrientes si se dispersaran en un radio rentable; otro problema es la presencia de metales pesados y residuos de fármacos (procedentes de los aditivos en el pienso).[55] Restricciones similares se aplican al uso extendido de lodo del alcantarillado (biosólidos) de las plantas modernas de tratamiento de residuos humanos. Los patógenos de los desechos deben destruirse por fermentación y por esterilización a altas temperaturas, pero esos tratamientos no matan todas las bacterias resistentes a antibióticos ni eliminan por completo los metales pesados.

Los animales de pastoreo producen el triple de estiércol que los mamíferos y las aves mantenidos en confinamiento: la FAO calcula que dejan unas 90 megatoneladas de nitrógeno anuales en los residuos, pero la explotación de este gran recurso no es práctico.[56] La accesibilidad limitaría la recolección de orina y excrementos animales a una fracción de los cientos de millones de hectáreas de terreno de pasto en los que evacúan las vacas, ovejas y cabras mientras pacen. Recogerlos tendría un coste prohibitivo, igual que su transporte a puntos de tratamiento y, a continuación, a los campos cultivados. Es más, las pérdidas de nitrógeno inherentes al proceso reducirían aún más el contenido de estos desechos, ya de por sí muy bajo, antes de que el nutriente pudiese llegar a los campos.[57]

Otra opción es expandir el cultivo de leguminosas para producir de 50 a 60 megatoneladas de nitrógeno al año, en vez de las 30 megatoneladas actuales, pero solo con un considerable coste de oportunidad. Plantar más cubiertas vegetales de leguminosas como la alfalfa y el trébol incrementaría el suministro de nitrógeno, pero también reduciría la capacidad de un campo para producir dos cosechas al año, una opción fundamental en las poblaciones, aún en expansión, de los países de renta baja.[58] El cultivo de más legumbres (judías, lentejas, guisantes) disminuiría los niveles de energía globales requeridos para la producción de alimentos, ya que requieren mucho menos que los cultivos de cereales, y, obviamente, esto reduciría el número de personas que puede sustentar una unidad de terreno cultivado.[59] Es más, el nitrógeno que deja en el suelo el cultivo de soja —por lo general de 40 a 50 kilogramos por hectárea— sería menor que las aplicaciones típicas de fertilizantes nitrogenados en Estados Unidos, que son ahora de unos 75 kg N/ha para el trigo y de 150 kg N/ha para el maíz.

Otro de los inconvenientes de ampliar las rotaciones con leguminosas es que, en los climas más fríos, en los que solo se puede obtener una cosecha al año, la siembra de alfalfa o trébol impediría la plantación anual de un cultivo alimentario; mientras que en las regiones más templadas, con doble cosecha, reduciría la frecuencia de la recogida de cultivos alimentarios.[60] Aunque esta opción puede ser viable en países con poblaciones pequeñas y abundante terreno cultivable, reduciría de forma inevitable la capacidad de producción de alimentos en los lugares donde fuese común la doble cosecha, lo que incluiría gran parte de Europa y de la llanura del norte de China, la región que produce alrededor de la mitad del cereal del país.

La doble cosecha se practica ahora en más de un tercio del terreno cultivado de China, y más de una tercera parte del arroz proviene de las zonas del sur del país en las que se aplica este método.[61] En consecuencia, a este le resultaría imposible alimentar a sus ya más de 1.400 millones de personas sin este cultivo intensivo, que también exige niveles récord de aplicación de nitrógeno. Incluso en la agricultura tradicional china, famosa por su alto índice de reciclaje orgánico y sus complejas rotaciones, los granjeros de las regiones más intensamente cultivadas no podían proporcionar más de 120 a 150 kilogramos de nitrógeno por hectárea, lo cual requería una cantidad de trabajo extraordinaria; de este, la recolección y la aplicación de estiércol era (como ya he destacado) lo que llevaba más tiempo.

Aun así, estas granjas solo podían producir dietas mayoritariamente vegetarianas para 10 u 11 personas por hectárea. En contraste, las dobles cosechas más productivas de China dependen de fertilizantes nitrogenados sintéticos con un promedio de más de 400 kg N/ha, y pueden producir lo suficiente para alimentar a entre 20 y 22 personas cuyas dietas están formadas por alrededor de un 40 por ciento de proteína animal y un 60 por ciento de proteína vegetal.[62] El cultivo global que depende solo del laborioso reciclaje de desechos orgánicos y de las rotaciones más comunes es concebible para una población mundial de 3.000 millones de personas con dietas mayoritariamente vegetarianas, pero no para casi 8.000 millones con dietas mixtas: recordemos que los fertilizantes sintéticos proporcionan ahora más del doble de nitrógeno que todos los desechos reciclados de cultivos y estiércoles combinados (y, debido a las mayores pérdidas en las aplicaciones orgánicas, ¡el múltiplo efectivo está, de hecho, más próximo al triple!).

PASAR CON MENOS, Y PASAR SIN NADA

Pero nada de esto significa que no podamos realizar cambios importantes en nuestra dependencia de los combustibles fósiles para la producción de alimentos. En primer lugar, podríamos reducir nuestra producción de cultivos y de animales —y las aportaciones de energía asociadas a ello— si desperdiciásemos menos comida. En muchos países de bajos ingresos, el almacenamiento deficiente de las cosechas (lo que provoca que los cereales y los tubérculos sean vulnerables a roedores, insectos y hongos) y la ausencia de refrigeración (lo cual acelera la descomposición de los productos lácteos, el pescado y la carne) hacen que se desperdicie demasiada comida, incluso antes de llegar al mercado. Y, en los países prósperos, las cadenas de suministros son más largas, y las oportunidades para las pérdidas involuntarias de comida surgen en cada uno de sus eslabones.

Aun así, si se han documentado pérdidas de alimentos excesivas en todo el mundo se ha debido, sobre todo, a una injustificable diferencia entre la producción y las necesidades reales: los requisitos diarios per cápita de los adultos en poblaciones prósperas, mayoritariamente sedentarias, no superan las 2.000-2.100 kilocalorías, muy por debajo de la actual oferta, de 3.200-4.000.[63] Según la FAO, el mundo pierde casi la mitad de todos los tubérculos, frutas y hortalizas, alrededor de un tercio del pescado, el 30 por ciento de los cereales y una quinta parte de las semillas oleaginosas, la carne y los lácteos; esto es, al menos un 30 por ciento de la producción global de alimentos.[64] Y el Programa de Acción de Residuos y Recursos del Reino Unido (WRAP, por sus siglas en inglés) determinó que los desechos domésticos no comestibles (incluidas las pieles de frutas y verduras y los huesos) representan solo el 30 por ciento del total, lo que significa que el 70 por ciento de la comida desperdiciada era perfectamente comestible, y no se consumió porque se había estropeado un poco o porque se sirvió una cantidad excesiva.[65] La reducción de los desperdicios alimentarios puede parecer mucho más fácil que reformar complejos procesos de producción, y, sin embargo, esta proverbial y factible opción ha sido difícil de lograr.

La eliminación de desechos a todo lo largo de la compleja cadena de suministros —producción, procesamiento, distribución, venta al por mayor, venta al por menor y consumo (de los campos y establos a los platos)— es un desafío de gran dificultad. Los balances alimentarios en Estados Unidos muestran que el porcentaje nacional de comida desperdiciada ha permanecido estable durante los últimos 40 años, a pesar de los continuos llamamientos para efectuar mejoras.[66] Y en el caso de China, el desperdicio de alimentos ha aumentado con la mejora de la nutrición en el país, a medida que este pasaba del suministro precario de alimentos predominante hasta principios de la década de 1980 a un promedio per cápita más alto ahora que el de Japón.[67]

El aumento del precio de los alimentos debería conllevar un menor desperdicio, pero este no es un método recomendable para resolver el problema en los países de ingresos bajos, donde el acceso a la comida sigue siendo precario para muchas familias desfavorecidas, y donde los alimentos aún representan un alto porcentaje del gasto familiar; mientras, en los países prósperos, en los que la comida es relativamente asequible, esto exigiría aumentos sustanciales de los precios, una política que no tiene defensores muy entusiastas.[68]

En las sociedades acomodadas, una forma de reducir la dependencia de los combustibles fósiles por parte de la agricultura es fomentar la adopción de alternativas sanas y satisfactorias a las actuales dietas, que son excesivamente abundantes y cárnicas; las opciones más sencillas son el consumo moderado de carnes y la preferencia por aquellas que pueden criarse con un menor impacto medioambiental. La opción de un veganismo a gran escala está condenada al fracaso. Comer carne ha sido un componente tan significativo de nuestra herencia evolutiva como nuestro cerebro de gran tamaño (que evolucionó, en parte, por la incorporación de la carne a nuestra dieta), la bipedación y el lenguaje simbólico.[69] Todos nuestros antepasados homininos eran omnívoros, como lo son ambas especies de chimpancés (*Pan troglodytes* y *Pan paniscus*), los más próximos a nosotros en la conformación genética, que complementan su dieta vegetal cazando (y compartiendo) pequeños monos, cerdos salvajes y tortugas.[70]

La total expresión del potencial de crecimiento del ser humano en lo que se refiere a la población solo puede tener lugar cuando la dieta en la infancia y la adolescencia contiene cantidades suficientes de proteína animal, primero en forma de leche y, más tarde, en otros productos lácteos, huevos y carne; el incremento de la altura de los japoneses, los chinos y los surcoreanos después de 1950 como resultado del aumento de la ingesta de productos animales es un testimonio inequívoco de esta realidad.[71] A la inversa, la mayor parte de las personas que se hacen vegetarianas o veganas no siguen siéndolo durante el resto de su vida. La idea de que miles de millones de seres humanos —de todo el mundo, no solo en los países ricos de Occidente— dejarán voluntariamente de comer productos animales, o de que se apoyaría a los gobiernos que impusieran tal medida en un futuro cercano, es ridícula.

Pero eso no significa que no podamos comer mucha menos carne que el promedio de los países prósperos durante las dos últimas generaciones.[72] Expresado en términos de peso, el suministro anual de carne en muchos países de ingresos altos ha sido, de media, de 100 kg per cápita —cifra que incluso se ha superado—; pero el mejor consejo nutricional es que no necesitamos comer al año más carne que el peso equivalente de un adulto para obtener una cantidad adecuada de proteína de alta calidad.[73]

Aunque el veganismo es un desperdicio de valiosa biomasa (solo los rumiantes —esto es, ganado vacuno, ovino y caprino— pueden digerir tejidos vegetales celulósicos como la paja y los tallos), el radical carnivorismo no tiene ventajas nutricionales demostradas: desde luego, no suma años a la esperanza de vida, y es una fuente adicional de estrés medioambiental. El consumo de carne en Japón, el país del mundo con mayor longevidad, se ha calculado recientemente en menos de treinta kilogramos al año; y un hecho mucho menos reconocido es que índices de consumo similares se han convertido en algo bastante común en Francia, una nación por lo general con un alto consumo de carne. Para el año 2013, casi el 40 por ciento de los franceses adultos eran *petits consommateurs*, y solo comían pequeñas cantidades de carne que sumaban menos de 39 kg/año; mientras que los grandes consumidores, con un consumo medio de unos 80 kg/año, constituían menos del 30 por ciento de los adultos franceses.[74]

Obviamente, si todos los países de ingresos altos siguieran estos ejemplos, podrían reducir sus cosechas, porque la mayor parte del cereal que cultivan no está destinado directamente a la alimentación humana, sino a pienso para animales.[75] Pero no se trata de una opción universal: aunque el consumo de carne en muchos países prósperos se ha estado reduciendo y aún podría hacerlo en mayor medida, ha aumentado rápidamente en aquellos en fase de modernización como Brasil, Indonesia (donde se ha más que duplicado desde 1980) y China (donde se ha cuadruplicado en el mismo periodo).[76] Es más, hay miles de millones de personas en Asia y África cuyo consumo de carne sigue siendo mínimo, y que se beneficiarían de dietas con un mayor contenido cárnico.

Otras oportunidades para reducir la dependencia de los fertilizantes nitrogenados sintéticos vienen por el lado de la producción; por ejemplo, la mejora de la eficiencia de la captación de nitrógeno por parte de las plantas. Pero, de nuevo, estas oportunidades son limitadas. Entre 1961 y 1980 hubo un declive sustancial en el porcentaje de nitrógeno aplicado (del 68 al 45 por ciento), que de hecho se atribuyó a los cultivos, y este terminó por estabilizarse en, aproximadamente, el 47 por ciento.[77] Y en China, el primer consumidor mundial de fertilizantes nitrogenados, el arroz en realidad solo utiliza un tercio del nitrógeno aplicado; el resto se pierde en la atmósfera y en las aguas, tanto subterráneas como superficiales.[78] Dado que, para el año 2050, se esperan al menos 2.000 millones de habitantes más, y que más del doble de personas en los países de ingresos más bajos de Asia y África verán avances —tanto en cantidad como en calidad— en su suministro de alimentos, no hay perspectivas a corto plazo para reducir de manera sustancial la dependencia global de los fertilizantes nitrogenados sintéticos.

Hay oportunidades evidentes para el uso de maquinaria agrícola sin combustibles fósiles. La irrigación descarbonizada podría generalizarse con bombas alimentadas por electricidad solar o eólica, en lugar de por motores de combustión interna. Las baterías con una densidad energética mejorada y un coste menor permitirían convertir más tractores y camiones a tracción eléctrica.[79] Y en el próximo capítulo explicaré las alternativas a la predominante síntesis del amoniaco, basada en el gas natural. Pero ninguna de estas opciones se puede adoptar con rapidez o sin inversiones adicionales (y, generalmente, significativas).

En nuestros días, estos progresos aún quedan muy lejos. Dependerán de que una electricidad renovable asequible cuente con un almacenamiento a gran escala adecuado, una combinación que todavía no se ha comercializado (y aún no se ha inventado una alternativa al hidroalmacenamiento bombeado; para más detalles, véase el capítulo 3). Una solución ideal sería el desarrollo de cultivos de cereales u oleaginosas con las capacidades de los vegetales leguminosos; es decir, que sus raíces pudiesen alojar bacterias capaces de convertir el nitrógeno inerte de la atmósfera en nitratos. Los botánicos llevan décadas soñando con algo así, pero no se espera que aparezcan variedades comerciales de trigo o arroz capaces de fijar el nitrógeno en un futuro cercano.[80] Y tampoco es muy probable que todos los países ricos y las economías en vías de modernización más prósperas adopten reducciones voluntarias a gran escala en la cantidad y variedad de sus dietas típicas, o que los recursos (combustibles, fertilizantes y maquinaria) que se ahorren con esa desaceleración se transfieran a África para la mejora de la todavía desoladora situación en que se encuentra la nutrición en el continente.

Hace medio siglo, Howard Odum —en su estudio sistemático de la energía y el medioambiente— señaló que las sociedades modernas «no comprendían la energía implicada ni los diversos medios mediante los cuales las energías que entran en un sistema complejo retornan indirectamente en forma de aportaciones en todos los puntos de la red […]. El hombre industrial ya no come patatas hechas a partir de energía solar; ahora come patatas hechas, en parte, de petróleo».[81]

Cincuenta años más tarde, esta dependencia vital aún no se aprecia en la medida en que debiera, pero los lectores de este libro ya entienden que nuestros alimentos están hechos no solo de petróleo, sino del carbón que se utilizó para producir el coque con el que fundir el hierro necesario para fabricar maquinaria destinada a los campos, el transporte y el proceso de alimentos; del gas natural, que actúa como materia prima y también como combustible para la síntesis de fertilizantes nitrogenados; y de la electricidad generada por la quema de combustibles fósiles, indispensable para el procesado de cultivos, el cuidado de animales, y el almacenamiento y preparación de alimentos y pienso.

Si los altos rendimientos de la agricultura moderna se producen con una fracción del trabajo necesario hace solo una generación no es porque hayamos mejorado la eficiencia de la fotosíntesis, sino porque hemos proporcionado a los cultivos de las mejores variedades unas buenas condiciones para su crecimiento, al suministrar los nutrientes y el agua adecuados, reducir la cantidad de malas hierbas competidoras y protegerlos contra las plagas. Al mismo tiempo, la mayor captura de especies acuáticas ha dependido del alcance y la intensidad de la pesca, y el incremento de la acuicultura no habría sido posible si no hubiésemos aportado los recintos necesarios y una alimentación de alta calidad.

Todas estas intervenciones fundamentales han exigido contribuciones considerables —y cada vez mayores— de combustibles fósiles; e incluso si tratamos de cambiar el sistema alimentario global con rapidez dentro de nuestra capacidad real, seguiremos comiendo combustibles fósiles, ya sea en forma de pescado o de barras de pan, durante décadas.

3

Comprender el mundo material

Los cuatro pilares de la civilización moderna

Ordenar de más a menos importante lo que es realmente trascendental es imposible o, como mínimo, desaconsejable. El corazón no es más importante que el cerebro; la vitamina C no es menos indispensable para nuestra salud que la vitamina D. El suministro de alimentos y de energía, las dos necesidades vitales tratadas en los capítulos anteriores, sería imposible sin la movilización a gran escala de muchos materiales producidos por el ser humano —metales, aleaciones, materiales no metálicos y compuestos sintéticos—, y lo mismo vale para los edificios e infraestructuras, así como los medios de transporte y comunicación. Desde luego, esto no se sabría si tuviéramos que juzgar la importancia de estos materiales por la atención que reciben (o, más bien, que no reciben) no solo en las «noticias» de los medios de comunicación, sino también en los análisis económicos o pronósticos de la actualidad.

Todo lo que estas informaciones cubren trata, de forma aplastante, de fenómenos tan inmateriales e intangibles como el crecimiento porcentual anual del PIB (¡cómo se extasiaban los economistas occidentales con los índices de dos cifras de China!), el incremento de los cocientes de endeudamiento nacionales (irrelevantes en el mundo de la teoría monetaria moderna, cuyo suministro de dinero se percibe como ilimitado), el récord de dinero invertido en nuevas salidas a bolsa (con inventos tan esenciales para la existencia como videojuegos para móvil), las ventajas de una conectividad móvil sin precedentes (a la espera de las redes 5G, como si fueran algo parecido al segundo advenimiento) o las promesas de inteligencia artificial que transformarán nuestra vida de manera inminente (la pandemia ha sido una demostración excelente de la total vacuidad de tales afirmaciones).

Lo primero es lo primero. Podríamos haber tenido una civilización satisfactoria y razonablemente próspera que ofreciese suficiente alimento, comodidades materiales y acceso a educación y cuidados sanitarios sin semiconductores, microchips u ordenadores personales; la teníamos hasta, respectivamente, mediados de la década de 1950 (primeras aplicaciones comerciales de los transistores), principios de la de 1970 (microprocesadores de Intel) y principios de la de 1980 (inicio de la difusión a gran escala del ordenador personal).[1] Y nos las arreglamos, hasta la década de 1990, para integrar economías, movilizar las inversiones necesarias, construir las infraestructuras requeridas y conectar el mundo a través de redes de aviones de pasajeros, todo ello sin *smartphones*, redes sociales ni aplicaciones pueriles. Pero ninguno de estos avances en electrónica y comunicaciones habría sido posible sin un suministro garantizado de las energías y los materiales necesarios para fabricar la miríada de componentes, dispositivos y sistemas que consumen electricidad, desde minúsculos microprocesadores hasta ingentes centros de datos.

El silicio convertido en delgadas láminas (el sustrato básico de los microchips) es el material distintivo de la era electrónica, pero miles de millones de personas podrían vivir con prosperidad sin él; no es una de las condiciones vitales para la civilización moderna. La producción de grandes cristales de silicio de alta pureza (del 99,999999999 por ciento) que se cortan en placas es un proceso complejo que implica muchas fases y un consumo intensivo de energía: cuesta dos órdenes de magnitud más energía primaria que fabricar aluminio a partir de bauxita, y tres órdenes de magnitud más que fundir hierro y producir acero.[2] Pero la materia prima es extraordinariamente abundante (el silicio es el segundo elemento más común en la corteza terrestre, casi el 28 por ciento, comparado con el 49 por ciento del oxígeno) y la producción anual de silicio de calidad electrónica es muy pequeña en comparación con otros materiales indispensables: las cifras recientes son de diez mil toneladas en placas.[3]

Desde luego, el consumo anual de un material no es el mejor indicador de su carácter indispensable, pero en este caso el veredicto está claro: por muy útiles y transformadores que hayan sido los avances en electrónica después de 1950, no constituyen los cimientos materiales indispensables de la civilización moderna. Y, aunque no pretendo ordenar nuestras necesidades materiales basándonos en afirmaciones sobre su importancia, puedo ofrecer una lista justificable que tiene en cuenta el carácter imprescindible, la ubicuidad y el volumen de la demanda. Estos son los cuatro materiales que ocupan los primeros lugares de esta escala combinada, y conforman lo que he llamado los cuatro pilares de la civilización moderna: el cemento, el acero, los plásticos y el amoniaco.[4]

Física y químicamente, estos cuatro materiales se distinguen por una enorme diversidad de propiedades y funciones. Sin embargo, a pesar de estas diferencias en atributos y usos específicos, comparten algo más que su condición de ser indispensables para el funcionamiento de las sociedades modernas: se necesitan en cantidades mayores (cada vez más) que otros elementos esenciales. En 2019, el mundo consumió alrededor de 4.500 millones de toneladas de cemento, 1.800 millones de toneladas de acero, 370 millones de toneladas de plásticos y 150 millones de toneladas de amoniaco, y estos materiales no se pueden reemplazar fácilmente por otros (desde luego, no en un futuro cercano ni a una escala global).[5]

Como se señala en el capítulo 2, solo el imposible reciclaje completo de todas las evacuaciones de los animales de pasto junto con un cuasi total reciclaje del resto de las fuentes de nitrógeno orgánico podrían proporcionar la cantidad de nitrógeno que se aplica cada año a los cultivos en forma de fertilizantes con base de amoniaco. Al mismo tiempo, no hay otros materiales que puedan competir con la combinación de maleabilidad, resistencia y ligereza que ofrecen muchas clases de plásticos. Asimismo, aunque pudiéramos producir cantidades idénticas de madera para construcción o de piedra de cantera, estas no podrían igualar la fortaleza, la versatilidad y la durabilidad del hormigón armado. Podríamos construir pirámides y catedrales, pero no grandes puentes con elegantes arcos, gigantescas presas hidroeléctricas, carreteras de varios carriles o largas pistas de aeropuerto. Y el acero es ubicuo hasta tal punto que su distribución determina nuestra capacidad para extraer energía, producir alimentos y dar cobijo a poblaciones enteras, así como para garantizar el alcance y la calidad de todas las infraestructuras esenciales; ningún metal podría, siquiera remotamente, sustituirlo.

Otro punto clave que comparten estos cuatro materiales es particularmente reseñable si contemplamos un futuro sin carbono fósil: la producción a gran escala de todos ellos depende en gran medida de la quema de combustibles fósiles, algunos de los cuales también proporcionan materia prima para la síntesis de amoniaco y la fabricación de plásticos.[6] La fundición de mineral de hierro en altos hornos requiere coque producido a partir de carbón (y también gas natural); la energía para la producción de cemento procede sobre todo del polvo de carbón, el coque de petróleo y el fueloil pesado. La inmensa mayoría de moléculas simples, enlazadas en largas cadenas o ramas, que forman los plásticos se derivan del petróleo crudo y el gas natural. Y este es, en la moderna síntesis del amoniaco, tanto la fuente del hidrógeno como de la energía para llevar a cabo el proceso.

Por consiguiente, la producción global de estos cuatro materiales indispensables exige alrededor del 17 por ciento de la energía primaria del mundo, y genera el 25 por ciento de todas las emisiones de CO_2 que se originan en la quema de combustibles fósiles; y, hoy en día, no hay alternativas a gran escala fáciles de implementar y que permitan cambiar estos procesos establecidos.[7] Aunque no son escasas las propuestas y las técnicas experimentales para producir estos materiales sin depender del carbono fósil —desde nuevos procesos catalíticos para la síntesis del amoniaco hasta la fabricación de acero a partir de hidrógeno—, ninguna de estas alternativas se ha comercializado, y por mucho que se llevara a cabo una profunda investigación de opciones sin carbono, se tardarían décadas en desplazar aquellas que están produciendo, a precios asequibles, tasas anuales de cientos a miles de millones de toneladas.[8]

A fin de apreciar la auténtica importancia de estos materiales, explicaré sus propiedades y funciones básicas, destacaré brevemente las historias de los avances técnicos e inventos revolucionarios que los convirtieron en elementos abundantes y baratos, y describiré su enorme variedad de usos hoy en día. Empezaré por el amoniaco, ya que es indispensable para alimentar a un porcentaje cada vez mayor de la población, y seguiré, en orden de producción anual global, con los plásticos, el acero y el cemento.

AMONIACO: EL GAS QUE DA DE COMER AL MUNDO

De las cuatro sustancias (¡y a pesar de lo poco que me gustan las clasificaciones!), el amoniaco merece la primera posición como material más importante para la humanidad. Como ya expliqué en el capítulo anterior, sin su uso como principal fertilizante nitrogenado (directamente o como materia prima para la síntesis de otros compuestos nitrogenados), sería imposible alimentar a entre un 40 y un 50 por ciento de las ocho mil millones de personas que habitan este planeta. Dicho de manera simple: en 2020, casi cuatro mil millones de individuos no estarían vivos si no fuera por el amoniaco sintético. No hay ninguna condición existencial comparable que se pueda aplicar a los plásticos o al acero, ni al cemento necesario para fabricar hormigón (ni, como ya se ha señalado, al silicio).

El amoniaco es un compuesto inorgánico simple constituido por un nitrógeno y tres hidrógenos (NH_3), lo que significa que el primero representa hasta el 82 por ciento de su masa.[9] A presión atmosférica, es un gas invisible con un característico olor acre a inodoro sucio o a estiércol animal en descomposición. Al inhalarlo en bajas concentraciones provoca dolor de cabeza, náuseas y vómitos; en concentraciones más altas, irrita los ojos, la nariz, la boca, la garganta y los pulmones; y su inhalación en concentraciones muy altas puede ser letal al instante. En cambio, el amonio (NH_4^+, ion amonio), formado por la disolución del amoniaco en agua, no es tóxico ni penetra con facilidad en las membranas celulares.

La síntesis de esta molécula tan simple fue inesperadamente compleja. A veces, la historia de los inventos incluye destacados casos de descubrimientos accidentales; en este capítulo, que trata sobre materiales, la historia del teflón podría ser en ejemplo. En 1938, Roy Plunkett, un químico de la empresa DuPont, y su ayudante, Jack Rebok, formularon el tetrafluoroetileno como nuevo compuesto refrigerante. Después de almacenarlo en cilindros refrigerados, hallaron que su contenido sufría una inesperada polimerización y se convertía en politetrafluoroetileno, un polvo blanco, cerúleo y resbaladizo. Después de la Segunda Guerra Mundial, el teflón se convirtió en uno de los materiales sintéticos más conocidos, y quizá el único que pasó a formar parte de la jerga política en inglés (hay presidentes de teflón, pero al parecer no de baquelita, aunque sí hubo una Dama de Hierro).[10]

La síntesis del amoniaco a partir de sus elementos es lo opuesto, una clase de descubrimiento que los científicos mejor cualificados persiguieron con un objetivo claramente definido, y que, finalmente, alcanzó un investigador perseverante. La necesidad de esta innovación era obvia. Entre 1850 y 1900, la población total de los países en proceso de industrialización en Europa y Norteamérica creció de trescientos millones a quinientos millones, y la rápida urbanización impulsó la transición de la dieta, de un suministro apenas suficiente y dominado por los cereales a una ingesta de alimentos en general más energéticos, con un mayor contenido en productos animales y azúcar.[11] Los rendimientos siguieron estancados, pero una expansión sin precedentes de la superficie de terreno cultivado —entre 1850 y 1900, unos doscientos millones de hectáreas de praderas en América del Norte y del Sur, Rusia y Australia se convirtieron en campos de cereales— permitió llevar a cabo un cambio de la dieta.[12]

La maduración de la agronomía dejó claro que la única forma de garantizar una alimentación adecuada para las poblaciones crecientes del siglo XX era incrementar los rendimientos mediante el aumento del suministro de nitrógeno y fósforo, dos macronutrientes esenciales para las plantas. La extracción minera de fosfatos (primero en Carolina del Norte y después en Florida) y su tratamiento mediante ácidos abrió la puerta a un suministro regular de fertilizantes fosfatados.[13] Pero no había una fuente de nitrógeno que fuera comparable y estuviera garantizada. La minería del guano (excrementos de ave acumulados, más o menos ricos en nitrógeno) en islas tropicales durante la estación seca agotó rápidamente los depósitos más ricos, y el incremento de la importación del nitrato de Chile (este país poseía importantes estratos de nitrato sódico en sus áridas regiones septentrionales) era insuficiente para cubrir la demanda global en el futuro.[14]

El desafío consistía en garantizar que la humanidad pudiera obtener suficiente nitrógeno para mantener su crecimiento. Esta necesidad la explicó en 1898, con claridad, el químico y físico William Crookes a la Asociación Británica para el Avance de la Ciencia en su discurso presidencial, dedicado al llamado «problema del trigo». Advirtió de que «todas las naciones civilizadas corren el riesgo de no tener suficiente para comer», pero apuntaba una solución: la ciencia podía utilizar el prácticamente ilimitado nitrógeno de la atmósfera (presente en forma de la no reactiva molécula N_2) para convertirlo en compuestos asimilables por las plantas. Concluyó con acierto que este reto «se diferencia materialmente de otros descubrimientos químicos que están, por así decirlo, en el aire, pero aún no han madurado. La fijación del nitrógeno es vital para el progreso de la civilización. Otros descubrimientos se ocupan de aumentar nuestro bienestar intelectual, nuestro lujo o nuestra comodidad; sirven para hacer la vida más fácil, para acelerar la adquisición de riquezas o para ahorrar tiempo, salud o preocupaciones. La fijación del nitrógeno es una cuestión del futuro inmediato».[15]

La visión de Crookes se hizo realidad solo diez años después de su discurso. Fueron varios los químicos altamente cualificados (entre ellos Wilhelm Ostwald, que sería premio Nobel de Química en 1909) los que se dedicaron a buscar la síntesis del amoniaco a partir de sus elementos, el nitrógeno y el hidrógeno, pero en 1908 Fritz Haber —en aquel tiempo profesor de Fisicoquímica y Electroquímica en la Technische Hochschule de Karlsruhe—, trabajando junto con su asistente, el inglés Robert Le Rossignol, y con el soporte de BASF, la mayor empresa química de Alemania (y del mundo), fue el primero que lo logró.[16] Su solución dependía del uso de un catalizador (un compuesto que incrementa la velocidad de una reacción química sin modificar su propia composición) de hierro y de una presión sin precedentes en la reacción.

No era un reto pequeño convertir el éxito experimental de Haber en una iniciativa comercial. Bajo el liderazgo de Carl Bosch, un experto en ingeniería química y metalúrgica que se había unido a BASF en 1899, tardaron cuatro años en lograrlo. La primera planta de síntesis de amoniaco del mundo empezó a funcionar en Oppau en septiembre de 1913, y el término «proceso de Haber-Bosch» se ha seguido utilizando hasta nuestros días.[17]

Al cabo de un año, el amoniaco de la planta de Oppau se destinó a la producción del nitrato necesario para fabricar explosivos para el ejército alemán. En el año 1917, en Leuna, se completó la construcción de una nueva fábrica, mucho mayor, pero esto no logró impedir la derrota de Alemania. La expansión de la síntesis de amoniaco en la posguerra prosiguió a pesar de la crisis económica de la década de 1930, y continuó durante la Segunda Guerra Mundial, pero en el año 1950 el amoniaco sintético aún seguía siendo mucho menos común que el estiércol animal.[18]

En las dos décadas posteriores, la producción de amoniaco se multiplicó por ocho, alcanzando algo más de treinta millones de toneladas al año y dando paso a la revolución verde (iniciada durante la década de 1960): la adopción de variedades nuevas y superiores de trigo y arroz que, si se les suministraba el nitrógeno adecuado, tenían un rendimiento sin precedentes. Las innovaciones clave tras este incremento fueron el uso de gas natural como fuente de hidrógeno y la introducción de compresores centrífugos eficaces y de mejores catalizadores.[19]

En ese momento, como en muchos otros casos del desarrollo industrial moderno, la China post-Mao se puso a la cabeza. Mao fue el responsable de la hambruna más mortífera de la historia (1958-1961); cuando murió, en 1976, el suministro de alimentos per cápita del país apenas había mejorado desde que proclamó el Estado comunista en 1949.[20] El mayor acuerdo comercial de China después del viaje a Pekín del presidente Nixon en 1972 fue un pedido de trece de las más avanzadas plantas de amoniaco-urea del mundo a la empresa tejana M. W. Kellogg.[21] En 1984, el país terminó con el racionamiento de alimentos en las ciudades, y en el año 2000 su provisión de alimentos per cápita era mayor que la japonesa.[22] La única forma de conseguirlo fue romper la barrera de nitrógeno del país y elevar la cosecha anual de cereales a más de seiscientos cincuenta millones de toneladas.

Los informes más fiables sobre el uso de nitrógeno en la agricultura de China muestran que alrededor del 60 por ciento de los nutrientes destinados a los cultivos del país provienen del amoniaco sintético: la alimentación de tres de cada cinco habitantes de este país depende, pues, de la síntesis de este compuesto.[23] La media mundial es de alrededor del 50 por ciento. Esta dependencia justifica con facilidad por qué se califica la síntesis de HaberBosch del amoniaco como, quizá, el avance técnico más trascendental de la historia. Otros inventos, como bien juzgó William Crookes, se ocupan de aumentar el bienestar, la comodidad, el lujo, la riqueza o la productividad, y otros aun nos salvan de la muerte prematura o de la enfermedad crónica. Pero sin la síntesis del amoniaco no podríamos garantizar la mera supervivencia de la población de hoy y de mañana.[24]

No obstante, me apresuro a añadir que esa dependencia del 50 por ciento no es una aproximación inmutable. Teniendo en cuenta las dietas y las prácticas agrícolas predominantes, el nitrógeno sintético da de comer a la mitad de la humanidad; dicho de otra forma, si todo lo demás permanece sin cambios, la mitad de la población mundial no se podría alimentar sin los fertilizantes nitrogenados sintéticos. Pero la proporción sería menor si los países prósperos modificasen su dieta para que fuese como la de India, que en gran medida no incluye carne, y sería mayor si todos comiéramos como los chinos hoy en día, por no mencionar si adoptáramos la dieta estadounidense.[25] También podríamos reducir la dependencia de los fertilizantes nitrogenados si disminuyésemos el desperdicio de alimentos (como vimos antes), y si utilizásemos los fertilizantes de manera más eficiente.

Alrededor del 80 por ciento de la producción mundial de amoniaco se emplea para fertilizar cultivos; el resto se usa para fabricar ácido nítrico, explosivos, carburante para cohetes, tintes, fibras y limpiadores de cristales y de suelos.[26] Con las precauciones y el equipo adecuados, el amoniaco se puede aplicar directamente a los campos;[27] pero el compuesto se utiliza, sobre todo, como materia prima indispensable para producir fertilizantes nitrogenados, sólidos y líquidos. La urea, el fertilizante sólido con mayor contenido de nitrógeno (46 por ciento), es el que predomina.[28] En cifras recientes, ha supuesto alrededor del 55 por ciento de todo el nitrógeno aplicado a los campos en todo el mundo, y en Asia se utiliza ampliamente en los cultivos de arroz y trigo de China e India —las dos naciones más pobladas del mundo— y para garantizar buenas cosechas en otros cinco países asiáticos con más de cien millones de habitantes.[29]

Otros abonos nitrogenados menos importantes son el nitrato amónico, el sulfato amónico y el nitrato de calcio y amonio, así como diversas disoluciones líquidas. Una vez que los fertilizantes nitrogenados se han aplicado a los campos, es casi imposible controlar sus pérdidas naturales, debidas a la volatilización (de compuestos amónicos), filtración (los nitratos se disuelven con facilidad en agua) y desnitrificación (la conversión, fomentada por bacterias, de los nitratos en moléculas de nitrógeno que regresan al aire).[30]

En la actualidad, tan solo hay dos soluciones directas y eficaces contra la pérdida de nitrógeno en los campos: una es dispersar costosos compuestos de liberación lenta, y otra, más práctica, recurrir a la agricultura de precisión y aplicar fertilizantes solo cuando son necesarios, basándose en el análisis del suelo.[31] Como ya se ha señalado, las medidas indirectas —como el incremento del precio de los alimentos y la reducción del consumo de carne— podrían ser eficaces, pero bastante impopulares. En consecuencia, no es muy probable que una combinación realista de estas soluciones pueda generar un cambio radical en el consumo global de fertilizantes nitrogenados. Unas ciento cincuenta megatoneladas de amoniaco se sintetizan actualmente cada año, y alrededor del 80 por ciento se usa como fertilizante. Casi un 60 por ciento de este se aplica en Asia, alrededor de una cuarta parte en Europa y Norteamérica, y menos del 5 por ciento en África.[32] La mayoría de los países ricos sin duda podrían, y de hecho deberían, disminuir su elevado ritmo de aplicación (el suministro de alimentos medio per cápita en ellos ya es demasiado alto), y China e India —dos grandes usuarios— gozan de muchas oportunidades de reducir sus aplicaciones excesivas de fertilizante.

Pero África, el continente en el que la población crece con más rapidez, sigue privado del nutriente y es un importador de alimentos significativo. Cualquier esperanza de lograr la autosuficiencia alimentaria depende de un aumento del uso de nitrógeno: después de todo, el consumo reciente de amoniaco en este continente es de menos de un tercio de la media europea.[33] La mejor solución (que hace tiempo que se busca) para impulsar el suministro de nitrógeno sería dotar a las plantas no leguminosas con capacidades de fijación de este elemento, una promesa a la que la ingeniería genética todavía no ha dado respuesta, mientras que una opción no tan radical —inocular las semillas con una bacteria capaz de fijar el nitrógeno— es una innovación muy reciente cuyo alcance comercial no está aún del todo claro.

Plásticos: diversos, útiles y problemáticos

Los plásticos son un gran grupo de materiales orgánicos sintéticos (o semisintéticos) cuya cualidad común es su capacidad para ser moldeados. Su síntesis empieza con los monómeros, moléculas simples que pueden enlazarse en largas cadenas para formar polímeros. Los dos monómeros fundamentales, el etileno y el propileno, se producen por craqueo a vapor (calentamiento a entre 750 °C y 950 °C) de hidrocarburos que actúan como materias primas, los cuales también generan energía para alimentar las subsiguientes síntesis.[34] La maleabilidad de los plásticos permite darles forma mediante procesos de moldeado, prensado y extrusión, creando desde finas películas hasta robustas tuberías, y desde ligeras botellas hasta sólidos contenedores de desechos.

La producción mundial ha estado dominada por los termoplásticos, polímeros que se ablandan fácilmente al calentarlos y se endurecen de nuevo cuando se enfrían. El polietileno (PE) de baja y alta densidad representa ahora más del 20 por ciento de los polímeros plásticos de todo el mundo; el polipropileno (PP), alrededor del 15 por ciento; y el cloruro de polivinilo (PVC), más del 10 por ciento.[35] En cambio, los plásticos termoestables (como los poliuretanos, las poliimidas, la melamina y la ureaformaldehído) resisten el calor sin ablandarse.

Algunos termoplásticos combinan un peso específico bajo (son ligeros) con una dureza (durabilidad) relativamente alta. El aluminio es resistente y pesa solo una tercera parte que el acero al carbono, pero la densidad del PVC es menos de un 20 por ciento la del acero, y la del PP, un 12 por ciento; y, aunque la resistencia a la tracción del acero estructural alcanza los cuatrocientos megapascales, la del poliestireno, de cien megapascales, es el doble que la de la madera o el vidrio, y solo un 10 por ciento inferior a la del aluminio.[36]

Esta combinación de ligereza y gran resistencia ha hecho que los termoplásticos sean la opción favorita en conducciones y bridas, superficies antideslizantes y contenedores para sustancias químicas. Los polímeros termoplásticos han hallado una gran diversidad de usos en interiores y exteriores de coches (parachoques de PP, salpicaderos y piezas de PVC, lentes de faros de policarbonato); los termoplásticos ligeros que soportan altas temperaturas o ignífugos (policarbonato, mezclas de PVC y acrílico) dominan los interiores de los aviones modernos; y los plásticos reforzados con fibra de carbono (materiales compuestos) se utilizan ahora en la fabricación de fuselajes de aeronaves.[37]

Los primeros plásticos, en particular el celuloide, hecho a partir de nitrato de celulosa y alcanfor (que se convertiría más tarde en el altamente inflamable soporte de la industria cinematográfica, desplazado solo a partir de la década de 1950), se producían en cantidades reducidas durante las tres últimas décadas del siglo XIX, pero el primer material termoestable (moldeado a 150 °C o 160 °C) lo elaboró en 1907 Leo Hendrik Baekeland, un químico belga que trabajaba en Nueva York.[38] Su empresa, General Bakelite Company, fundada en 1910, fue el primer productor industrial de un plástico que se moldeaba en piezas, desde aisladores eléctricos hasta teléfonos de disco de color negro; y, durante la Segunda Guerra Mundial, se utilizó para fabricar piezas para armas ligeras. Mientras, Jacques Brandenberger inventó el celofán en 1908.

Durante el periodo de entreguerras llegó la primera síntesis a gran escala del PVC, descubierto mucho tiempo atrás, en 1838, pero nunca utilizado fuera del laboratorio, y la estadounidense DuPont, la británica Imperial Chemical Industries y la alemana IG Farben financiaron (con gran éxito) investigaciones dedicadas al descubrimiento de nuevos materiales plásticos.[39] Antes de la Segunda Guerra Mundial, esto tuvo como resultado la producción comercial de acetato de celulosa (que en la actualidad se utiliza en paños y toallitas absorbentes), neopreno (caucho sintético), poliéster (para ropa y tapicería), metacrilato de polimetilo (denominado también plexiglás, y ahora usado aún con más frecuencia gracias al resurgimiento de las pantallas protectoras a raíz de la epidemia de COVID-19). El nailon se fabrica desde 1938 (cerdas para cepillos de dientes y medias fueron los primeros productos comerciales; ahora se encuentra en artículos que van desde redes de pesca hasta paracaídas) y, como ya se ha señalado, también el teflón, un ubicuo revestimiento antiadherente. La producción asequible de estireno se inició asimismo en la década de 1930, y este material se utiliza en la actualidad, sobre todo, en forma de poliestireno, o PS, en materiales de embalaje y vasos y platos de un solo uso.

IG Farben introdujo los poliuretanos en 1937 (espuma para muebles, aislamientos); Imperial Chemical Industries (ICI) utilizó procesos de muy alta presión para sintetizar el polietileno (utilizado en embalajes y aislamiento) y empezó a producir el metacrilato de metilo (para adhesivos, revestimientos y pinturas) en 1933. El tereftalato de polietileno (PET) —tan perjudicial para el planeta desde la década de 1970 debido a las botellas desechadas— se patentó en 1941, y se ha producido en masa desde principios de la década de 1950 (la infernal botella de PET se patentó en 1973).[40] Las adiciones más conocidas después de la Segunda Guerra Mundial incluyen los policarbonatos (para lentes ópticas, ventanas, cubiertas rígidas), la poliimida (para tuberías de uso médico), los polímeros de cristal líquido (para electrónica, sobre todo), y marcas comerciales de DuPont tan famosas como Tyvek® (1955), Lycra® (1959) y Kevlar® (1971).[41] A finales del siglo XX había en el mercado mundial cincuenta tipos de plástico diferentes, y esta nueva diversidad —unida a un mayor requerimiento de los compuestos de uso más común (PE, PP, PVC y PET)— conllevó un crecimiento exponencial de la demanda.

La producción mundial se elevó desde solo unas veinte mil toneladas en 1925 a dos millones de toneladas en 1950, ciento cincuenta millones de toneladas en el año 2000 y unos trescientos setenta millones de toneladas en 2019.[42] La mejor forma de comprender la ubicuidad de los materiales plásticos en nuestra vida cotidiana es observar cuántas veces al día los tocamos, los vemos, descansamos sobre ellos o los pisamos: ¡es asombrosa la frecuencia de estos actos cotidianos! Mientras escribo estas palabras, las teclas de mi portátil Dell y un ratón inalámbrico sobre el que descansa la palma de mi mano derecha están hechos de acrilonitrilo butadieno estireno, estoy sentado en una silla giratoria tapizada con un tejido de poliéster cuyas ruedas, de nailon, reposan sobre una esterilla protectora de policarbonato que cubre una alfombra de poliéster...

Un sector que empezó suministrando pequeñas piezas industriales (un mango para la palanca de cambios en el modelo de 1916 de Rolls-Royce fue la primera aplicación) y diversos artículos domésticos se ha ampliado enormemente a partir de esos dos nichos comerciales (sobre todo, con la adición cada año, por parte del sector de la electrónica de consumo, de miles de millones de nuevos artículos que dependen del plástico) y ha llevado a cabo aplicaciones a gran escala, desde chasis de coches e interiores de aviones hasta tuberías de gran diámetro.

Pero los plásticos han hallado sus funciones más indispensables en la atención médica en general y en el tratamiento hospitalario de las enfermedades infecciosas en particular. En nuestros días, la vida empieza (en salas de maternidad) y termina (en unidades de cuidados intensivos) rodeados de plástico.[43] Y a las personas que no conocían el papel de este material en la atención médica moderna la COVID-19 les dio una lección. La pandemia nos lo ha enseñado, con frecuencia de manera drástica: el personal médico y de enfermería en Estados Unidos y Europa agotaron sus equipos de protección personal —guantes desechables, máscaras, pantallas, gorros, batas y cubrezapatos— y los gobiernos negociaban el transporte en avión de suministros limitados —y, con frecuencia, a precios exagerados— desde China, adonde los productores occidentales de equipos de protección personal, obsesionados con recortar costes, trasladaron la mayor parte de líneas de producción, creando peligrosos estados de escasez totalmente evitables.[44]

Los artículos de plástico de los hospitales están hechos, sobre todo, de distintas clases de PVC: tubos flexibles (utilizados para alimentar a pacientes, suministrar oxígeno y supervisar la presión sanguínea), catéteres, contenedores de sustancias intravenosas, bolsas para sangre, embalajes estériles, distintos tipos de bandejas y recipientes, orinales y barandillas, mantas térmicas e incontables piezas de material de laboratorio. El PVC es ahora el principal componente de más de una cuarta parte de todos los productos de atención sanitaria, y en las casas modernas está presente en revestimientos de paredes y techos, marcos de ventana, persianas, mangueras y conductos, aislamiento de cables, componentes electrónicos, una creciente variedad de material de oficina y juguetes; y en forma de tarjetas de crédito, que son empleadas para comprar todo lo anterior.[45]

En épocas recientes ha aumentado la inquietud por la contaminación causada por los plásticos en tierra y aún más en el océano, las aguas costeras y las playas. Volveré a estas cuestiones en el capítulo dedicado al medioambiente, pero este vertido irresponsable no es un argumento contra el uso apropiado de estos variados, y a menudo realmente indispensables, materiales sintéticos. Es más, si hablamos de microfibras, no es correcto asumir, como hacen muchas personas, que la mayor parte de su presencia en los océanos se debe al uso y desgaste de los tejidos sintéticos. Esos polímeros son ahora responsables de dos tercios de la producción global de fibras, pero un estudio de muestras de agua marina demostró que las fibras oceánicas tienen principalmente (más del 90 por ciento) un origen natural.[46]

ACERO: UBICUO Y RECICLABLE

Los aceros (es más exacto utilizar el plural, ya que existen más de tres mil quinientas variedades) son aleaciones en las que predomina el hierro (Fe).[47] El arrabio, el metal que se produce en los altos hornos, está constituido en general por entre un 95 y un 97 por ciento de hierro, de un 1,8 a un 4 por ciento de carbono, y de un 0,5 a un 3 por ciento de silicio, con meras trazas de algunos otros elementos.[48] Su alto contenido en carbono lo hace quebradizo, es poco dúctil (la ductilidad es la capacidad de estirarlo), y tiene una resistencia a la tracción (lo que aguanta sin romperse cuando se lo somete a tensión) inferior a la del bronce o el latón. El acero preindustrial se fabricaba en Asia y Europa utilizando una variedad de métodos artesanales —es decir, de forma laboriosa y cara— y, por tanto, no estaba disponible para su uso habitual.[49]

Los aceros modernos se producen a partir de arrabio, reduciendo su contenido en carbono a entre el 0,08 y el 2,1 por ciento de su peso.

Las propiedades físicas del acero superan sin problemas las de la piedra más dura, y también las de los otros dos metales más comunes. El granito tiene una resistencia similar a la compresión (la capacidad para soportar cargas que aplasten el material), pero su resistencia a la tracción es un orden de magnitud inferior: las columnas de granito soportan las cargas igual que las de acero, pero las vigas de acero pueden aguantar cargas de quince a treinta veces superiores.[50] La resistencia a la tracción típica de este material es unas siete veces superior a la del aluminio, y casi cuatro veces la del cobre; su dureza es, respectivamente, cuatro y ocho veces mayor; y también es resistente al calor: el aluminio se funde a 660 °C; el cobre, a 1.085 °C, y el acero llega a los 1.425 °C.

Hay cuatro categorías principales de acero.[51] Los aceros al carbono (el 90 por ciento de todos los del mercado son carbono con entre un 0,3 y un 0,95 por ciento) son muy utilizados, desde puentes hasta frigoríficos y desde engranajes hasta tijeras. Los aceros de aleación incluyen diversas proporciones de uno o más elementos (los más habituales son manganeso, níquel, silicio y cromo, pero también aluminio, molibdeno, titanio y vanadio), agregados con el fin de mejorar sus propiedades físicas (dureza, resistencia y ductilidad). El acero inoxidable (con entre un 10 y un 20 por ciento de cromo) se fabricó por primera vez en 1912 para utensilios de cocina, pero ahora es ampliamente utilizado en instrumental quirúrgico, motores, piezas de máquinas y construcción.[52] Los aceros para fabricar herramientas tienen una resistencia a la tracción de dos a cuatro veces mayor que los mejores aceros de construcción, y se usan para cortar aceros y otros metales destinados a fabricar troqueles (para estampado o extrusión de metales o plásticos), así como para corte y martilleo manuales. Y todos los aceros (con la excepción de algunas variedades de los inoxidables) son magnéticos y, por tanto, adecuados para fabricar maquinaria eléctrica.

El acero determina el aspecto visual de la civilización moderna y hace posibles sus funciones más fundamentales. Es el metal más utilizado, y forma parte de innumerables componentes esenciales, visibles e invisibles, del mundo actual. Además, casi todos los demás productos metálicos y no metálicos que utilizamos han sido extraídos, procesados, moldeados, acabados y distribuidos con herramientas y máquinas hechas de acero, y ningún medio de transporte masivo en la actualidad podría funcionar sin él. El acero desnudo es habitual en nuestros hogares y también fuera de ellos, lo encontramos tanto en artículos pequeños (cubiertos, cuchillos, cazuelas, sartenes, aparatos de cocina, herramientas de jardín) como grandes (electrodomésticos, cortadoras de césped, bicicletas, coches).

Antes de poder construir los grandes edificios de nuestras ciudades, enormes máquinas pilotadoras, hechas de acero, clavan barras de acero u hormigón armado para los cimientos, y el lugar está dominado durante meses por altas grúas de construcción de acero. En 1954, el edificio neoyorquino SoconyMobil fue el primer rascacielos recubierto por completo de acero inoxidable, y más recientemente, el Burj Khalifa, en Dubái, de 828 metros de altura, utiliza paneles tímpano de acero inoxidable con relieve y pernos de acero.[53] Este material es tanto el componente estructural esencial como el elemento de diseño destacado en muchos elegantes puentes en voladizo y suspendidos:[54] el acero del Golden Gate se está pintando de naranja continuamente;[55] el Akashi Kaikyō, en Japón, tiene el mayor vano central del mundo, de casi dos kilómetros, y sus torres de acero sostienen cables de acero trenzado con un diámetro de 1,12 metros.[56]

En las calles de las ciudades se alinean con regularidad farolas fabricadas con acero galvanizado en caliente y con revestimiento para darle resistencia ante la oxidación; las señales de tráfico y las estructuras de señalización sobre las carreteras están hechas de acero laminado, y el acero corrugado se usa para los quitamiedos. Torres de acero sostienen gruesos cables de acero para arrastrar a millones de esquiadores por las colinas, y para llevar a los turistas hasta los altos picos en teleférico. Las torres de radio y televisión (mástiles con anclaje) rompieron diversos récords de altura de estructuras artificiales, y los paisajes modernos contienen copias que casi parecen infinitas de torres de alta tensión. Podemos destacar también las vertiginosamente altas torres para la transmisión de las señales de telefonía móvil, y los campos de grandes turbinas eólicas, tanto en tierra como en el mar, así como las masivas estructuras de acero de las enormes torres de extracción de petróleo y gas que encontramos en el océano.[57]

En peso, el acero constituye, casi siempre, la parte mayor de los equipos de transporte. Los aviones de pasajeros son una importante excepción (en ellos predominan las aleaciones de aluminio y los compuestos de fibras) y el acero es alrededor del 10 por ciento del peso del avión (se encuentra en los motores y el tren de aterrizaje).[58] Un coche contiene alrededor de novecientos kilogramos de acero.[59] Con casi cien millones de vehículos a motor producidos al año, esto se traduce en noventa millones de toneladas de este metal, de las cuales alrededor del 60 por ciento es acero de alta resistencia, que hace que los vehículos sean entre un 26 y un 40 por ciento más ligeros que si se fabricasen con acero convencional.[60] Aunque los modernos trenes de alta velocidad (con carrocerías de aluminio e interiores de plástico) solo contienen alrededor de un 15 por ciento de acero (ruedas, ejes, cojinetes y motores), su funcionamiento requiere vías especializadas con raíles de acero más pesado de lo normal.[61]

Los cascos de los buques petroleros que transportan petróleo y gas licuado, así como el de aquellos que cargan minerales, granos o cemento, se fabrican doblando grandes placas de acero de alta resistencia hasta darles la forma deseada y soldándolas entre sí. Pero la mayor revolución en la construcción de barcos después de la Segunda Guerra Mundial ha sido el desarrollo de los portacontenedores (se detallará más en el capítulo 4). Estos buques transportan su carga en grandes cajas de acero de dimensiones estandarizadas, con una altura y anchura aproximadas de dos metros y medio (la longitud es variable), que se apilan dentro del casco y en cubierta a gran altura.[62] Es muy probable que todo lo que contienen estas cajas haya sido transportado al punto de venta en un contenedor de acero que inició su viaje en una fábrica de Asia.

¿Y cómo se fabricaron estas herramientas y máquinas? En su mayoría, las hicieron otras máquinas y cadenas de montaje, por lo general de acero, capaces de moldear, forjar, laminar, hacer fabricación sustractiva (tornear, fresar, ahuecar y perforar), plegar, soldar, afilar y cortar; operaciones estas últimas que son posibles gracias a los asombrosos aceros de herramienta, capaces de cortar los aceros al carbono como si fuesen mantequilla. Y las máquinas que fabrican otras máquinas están alimentadas, sobre todo, por electricidad, cuya generación (y, por tanto, todo el universo de la electrónica, la computación y las telecomunicaciones) sería imposible sin el acero: grandes calderas atestadas de tubos de acero y llenas de agua a presión; reactores nucleares contenidos en gruesos tanques presurizados; y vapor en expansión que hace girar grandes turbinas, cuyos largos ejes se mecanizan a partir del áspero y masivo acero forjado.

El acero que no se ve, que está bajo tierra, incluye los puntales fijos y móviles en las minas profundas, y millones de kilómetros de conducciones de prospección, revestimiento y producción en pozos de petróleo crudo y gas natural. El sector del petróleo y el gas también depende del acero enterrado cerca de la superficie (de uno a dos metros de profundidad) en gasoductos de recogida, transporte y distribución. Las líneas principales utilizan conducciones de diámetros superiores al metro, mientras que las de distribución de gas pueden tener solo cinco centímetros de diámetro.[63] Las refinerías de crudo son esencialmente bosques de acero: altas columnas de destilación, craqueadores catalíticos, grandes extensiones de conducción y recipientes de almacenamiento. Para terminar, debo mencionar cómo el acero salva vidas en hospitales (desde máquinas centrífugas y de diagnóstico hasta escalpelos, separadores quirúrgicos y retractores de acero inoxidable), y cómo también mata: los ejércitos y flotas, con su inmensa variedad de armas, no son más que enormes depósitos de acero dedicado a la destrucción.[64]

¿Podemos garantizar el necesario, y masivo, abastecimiento de acero, y darnos cuenta de la trascendencia de la producción global de este metal? ¿Tenemos el suministro adecuado de mineral de hierro para seguir fabricando acero durante muchas generaciones? ¿Podemos producirlo en cantidad suficiente para construir infraestructuras modernas y elevar los estándares de vida en los países de ingresos bajos, en los que el consumo per cápita de acero es aún menor de lo que lo era en las economías prósperas hace un siglo? ¿Es la fabricación de acero un proceso respetuoso con el medioambiente, o es excepcionalmente dañino? ¿Es posible producir el metal sin utilizar los combustibles fósiles?

La respuesta a la segunda pregunta es afirmativa. El hierro es el elemento dominante en la Tierra, en términos de masa, porque es un elemento pesado (casi ocho veces más que el agua) y porque constituye el núcleo del planeta.[65] Pero también es abundante en la corteza terrestre: solo tres elementos (oxígeno, silicio y aluminio) son más comunes; el hierro se sitúa en cuarta posición, con casi el 6 por ciento.[66] La producción anual de mineral de hierro —liderada por Australia, Brasil y China— es ahora de unos dos mil quinientos millones de toneladas; los recursos del mundo entero superan los ochocientos mil millones de toneladas, que contienen casi doscientos cincuenta mil millones de toneladas de este metal. Esto es una relación reservas/producción (R/P) de más de trescientos años, mucho más allá de cualquier horizonte de planificación concebible (esta cifra en el caso del petróleo crudo es de solo cincuenta años).[67]

Asimismo, el acero se puede reciclar fácilmente fundiéndolo en un horno de arco eléctrico (EAF, por sus siglas en inglés), un enorme contenedor cilíndrico resistente al calor, hecho de pesadas placas de acero revestidas de ladrillos de magnesio, y con una cúpula a modo de cubierta, movible y refrigerada por agua, a través de la cual se insertan tres colosales electrodos de carbono. Después de introducir la chatarra de acero, descienden los electrodos y una corriente eléctrica pasa a través de ellos, formando un arco cuya elevada temperatura (1.800 °C) funde fácilmente el metal.[68] Sin embargo, el consumo de electricidad es enorme: incluso los EAF más modernos y eficientes necesitan tanta electricidad cada día como una ciudad estadounidense de unos ciento cincuenta mil habitantes.[69]

Antes de reciclar un vehículo hay que someterlo a los procesos de drenaje de todos los líquidos, así como la extracción de la tapicería y de baterías, servomotores, neumáticos, radios y motores funcionales, y los componentes de plástico, goma, vidrio y aluminio. Las prensas aplanan entonces las carrocerías y las preparan para ser trituradas. Con diferencia, la operación de reciclaje más complicada es el desmantelamiento de los buques oceánicos, que se lleva a cabo mayoritariamente en playas de Pakistán (Gadani, al noroeste de Karachi), India (Alang, en Guyarat) y Bangladesh (cerca de Chittagong). Los cascos desnudos, hechos de pesadas planchas de acero, se cortan con sopletes de gas o de plasma, un trabajo peligroso y contaminante que, con demasiada frecuencia, llevan a cabo personas que trabajan sin los equipos protectores adecuados.[70]

Las economías prósperas reciclan ahora la práctica totalidad de su chatarra automovilística, tienen un índice similar (de más del 90 por ciento) de reutilización de vigas y planchas de acero estructurales, y un índice solo algo más bajo de reciclaje de electrodomésticos; Estados Unidos ha reciclado recientemente más del 65 por ciento de las barras de acero del hormigón armado, un índice similar al del reciclaje de latas de alimentos y bebidas.[71] La chatarra de este metal se ha convertido en uno de los productos de exportación más valiosos del mundo, y países con un largo historial de fabricación y gran cantidad de chatarra acumulada venden el material a países productores en expansión. La Unión Europea es el mayor exportador, seguida por Japón, Rusia y Canadá; y China, India y Turquía son los mayores compradores.[72] El acero reciclado representa casi el 30 por ciento de la producción anual total del metal, con porcentajes nacionales que van desde el 100 por ciento en el caso de pequeños productores hasta casi el 70 por ciento en Estados Unidos, alrededor del 40 por ciento en la Unión Europea, y menos del 12 por ciento en China.[73]

Esto significa que la fabricación primaria de acero aún predomina, y produce más del doble del metal que se recicla cada año, casi mil trescientos millones de toneladas en 2019. El proceso empieza en los altos hornos (enormes estructuras de hierro y acero revestidas de materiales resistentes al calor), que producen hierro líquido fundiendo mineral de hierro, coque y piedra caliza.[74] La segunda fase, reducir el alto contenido en carbono del arrabio y producir acero, tiene lugar en un horno de oxígeno básico (el adjetivo «básico» hace referencia a las propiedades químicas de la escoria resultante). El proceso se inventó en la década de 1940 y se comercializó rápidamente a finales de la de 1950.[75] Los hornos de oxígeno básico actuales son grandes recipientes en forma de pera abiertos por arriba, por donde se introducen hasta trescientas toneladas de hierro caliente, que recibe una corriente de oxígeno de arriba abajo. La reacción reduce el contenido de carbono del metal (hasta una cifra tan baja como el 0,04 por ciento) en unos treinta minutos. La combinación del alto horno y el horno de oxígeno básico es la base de la fabricación integrada de acero moderna. Los últimos pasos incluyen transferir el acero caliente a máquinas de colada continua para producir losas, palanquillas (cuadradas o rectangulares) y cintas de acero que acaban por convertirse en los productos definitivos.

La fabricación de hierro requiere una gran cantidad de energía; alrededor del 75 por ciento del consumo total viene de los altos hornos. Con el uso de las prácticas recomendadas en nuestros días, el consumo combinado es de solo diecisiete a veinte gigajulios por tonelada de producto acabado; operaciones menos eficientes requieren de veinticinco a treinta.[76] Obviamente, el coste energético del acero secundario elaborado en un EAF es muy inferior al de la producción integrada: el rendimiento actual más eficiente es de poco más de 2 GJ/t. A esto se deben sumar los costes energéticos de laminar el acero (en general de 1,5 a 2 GJ/t), por lo que los costes energéticos totales pueden ser de unos 25 GJ/t para la fabricación de acero integrada y de 5 GJ/t para el acero reciclado.[77] El consumo energético total de la producción de acero de todo el mundo en 2019 fue de unos 34 exajulios, o alrededor del 6 por ciento del suministro de energía primaria del mundo.

Dada la dependencia del carbón de coque y el gas natural por parte de la industria, la fabricación de acero ha sido también un factor fundamental en la generación antropogénica de gases de efecto invernadero. La Asociación Mundial del Acero sitúa el índice medio global en quinientos kilogramos de carbono por tonelada; la fabricación más actual de acero primario emite alrededor de novecientas megatoneladas de carbono al año, o del 7 al 9 por ciento de las emisiones directas por la quema de combustibles fósiles en el mundo.[78] Pero el acero no es el único de los materiales importantes responsable de una proporción significativa de las emisiones de CO_2: el cemento hace un uso de la energía mucho menos intensivo; no obstante, como su producción mundial es casi tres veces superior a la del acero, es responsable de una proporción muy similar (alrededor del 8 por ciento) del carbono emitido.

HORMIGÓN: UN MUNDO CREADO CON CEMENTO

El cemento es el componente indispensable del hormigón, y se produce calcinando (hasta al menos 1.450 °C) piedra caliza molida (una fuente de calcio) y arcilla, pizarra o materiales de desecho (fuentes de silicio, aluminio y hierro) en grandes hornos (cilindros metálicos de cien a doscientos veinte metros de largo e inclinados).[79] Este sinterizado de alta temperatura produce clínker (caliza fundida y aluminosilicatos) que se muele para obtener un polvo fino, el cemento.

El hormigón consiste en su mayor parte (del 65 al 85 por ciento) de agregados, y también de agua (del 15 al 20 por ciento).[80] Los agregados más finos, como la arena, dan como resultado un hormigón más fuerte, pero necesitan más agua en la mezcla que los agregados más gruesos, que utilizan grava de distintos tamaños. La mezcla se mantiene unida por el cemento —generalmente, del 10 al 15 por ciento de la masa final del hormigón—, cuya reacción con el agua primero fragua la mezcla y luego la endurece.

El resultado es el material más utilizado de la civilización moderna, duro, pesado y capaz de resistir décadas de uso, especialmente cuando se refuerza con acero. El hormigón corriente tiene un buen comportamiento en cuanto a compresión (y las mejores variedades de la actualidad son cinco veces más fuertes que las de hace dos generaciones), pero no tanto respecto a tensión.[81] La resistencia a la tensión del acero estructural es hasta cien veces superior, y se han usado distintos tipos de refuerzos (mallas y barras de acero, fibra de vidrio o de acero, PP) para reducir esta enorme diferencia.

Desde 2007, la mayoría de la humanidad vive en ciudades que el hormigón ha hecho posibles. Desde luego, los edificios urbanos contienen muchos otros materiales: los rascacielos tienen esqueletos de acero recubiertos de vidrio o metal; las casas unifamiliares de los suburbios norteamericanos están hechas de madera (travesaños, contrachapado, tableros de aglomerado) y placas de yeso laminado (que a menudo presentan un recubrimiento de ladrillo o piedra); y ahora también se utiliza madera mecanizada para construir edificios de apartamentos de varios pisos.[82] Pero los rascacielos y los edificios de apartamentos más altos descansan sobre pilares de hormigón, que no solo está presente en los cimientos y estructuras subterráneas, sino también en muchas paredes y techos, así como en todas las infraestructuras urbanas: desde redes de conducciones subterráneas (grandes tuberías, canales para cable, alcantarillado, cimientos de redes de metro, túneles) hasta infraestructuras de transporte en superficie (aceras, carreteras, puentes, muelles, pistas aeroportuarias). Las ciudades modernas —desde São Paulo y Hong Kong (con sus altísimas torres de apartamentos) hasta Los Ángeles y Pekín (con sus extensas redes de autopistas)— son materializaciones del hormigón.

El cemento romano era una mezcla de yeso, cal viva y arena volcánica, y demostró ser un material excelente y duradero para construir grandes estructuras, incluidas las amplias bóvedas. El Panteón, intacto después de casi dos milenios (se completó en el año 126 e. c.), es aún mayor que ninguna otra estructura hecha de hormigón no armado.[83] Pero la preparación del cemento moderno no se patentó hasta 1824, por parte de Joseph Aspdin, un albañil inglés. Su mortero hidráulico se fabricaba calentando piedra caliza y arcilla a altas temperaturas: la cal, el sílice y la alúmina presentes en estos materiales se vitrifican, esto es, se transforman en una sustancia similar al vidrio que, al molerla, produce el cemento Portland.[84] Aspdin eligió ese nombre (que se sigue utilizando en la actualidad) porque, una vez endurecido, y después de reaccionar con agua, el vítreo clínker mostraba un color similar al de la piedra caliza de la isla de Portland, en el canal de la Mancha.

Como ya se ha mencionado, el nuevo material tenía un comportamiento excelente en compresión, y los mejores hormigones actuales pueden soportar presiones de más de cien megapascales, el peso aproximado de un elefante macho africano en equilibrio sobre una moneda.[85] La tensión es otra cosa: una fuerza de tracción de solo dos a cinco megapascales (menos de la que se necesita para rasgar la piel de un ser humano) puede romper el hormigón. Por eso, la comercialización generalizada del hormigón en la construcción solo tuvo lugar después de que avances graduales en el refuerzo con acero lo hiciesen adecuado para su uso en partes estructurales sometidas a tensiones muy altas.

Durante las décadas de 1860 y 1870 se presentaron en Francia las primeras patentes de refuerzo por parte de François Coignet y Joseph Monier (este, que era jardinero, empezó a utilizar malla de hierro para reforzar sus jardineras), pero el verdadero avance no llegó hasta 1884, con el refuerzo mediante barras de acero introducido por Ernest

Ransome.[86] Los primeros diseños modernos de hornos rotatorios de cemento, donde los minerales son vitrificados a temperaturas de hasta 1.500 °C, aparecieron durante la década de 1890, y permitieron utilizar un hormigón de precio asequible en grandes proyectos. El edificio Ingalls, en Cincinati, de dieciséis pisos, se convirtió en el primer rascacielos de hormigón armado en 1903.[87] Solo tres años más tarde, Thomas Edison se convenció de que el hormigón debía sustituir a la madera en la construcción de viviendas unifamiliares en Estados Unidos, así que empezó a diseñar y moldear *in situ* casas de hormigón armado en New Jersey; en 1911, trató de revivir el fallido proyecto ofreciendo también muebles baratos del mismo material, incluidos dormitorios enteros, e incluso produjo un fonógrafo, uno de sus inventos favoritos, de hormigón.[88]

Al mismo tiempo, en contraste con el fracaso de Edison, Robert Maillart, un ingeniero suizo, inició una tendencia en la construcción que se sigue empleando con frecuencia en nuestros días: los puentes de hormigón armado, empezando por los relativamente cortos puentes de Zuoz, en 1901, y de Tavanasa, en 1906. Su diseño más famoso, el audaz arco de Salginatobel, sobre una garganta de los Alpes, se completó en 1930 y es ahora un monumento histórico internacional de ingeniería civil.[89] Los primeros diseños con hormigón fueron también propiciados por los arquitectos Auguste Perret, en Francia (elegantes edificios de apartamentos y el Théâtre des Champs-Élysées), y Frank Lloyd Wright, en Estados Unidos. Los trabajos más famosos de este último en el periodo de entreguerras fueron el hotel Imperial de Tokio, terminado justo antes de que el terremoto de 1923 derruyera parte de la ciudad y dañase la estructura, y la casa de la cascada, en Pensilvania, completada en 1939. El museo Guggenheim de Nueva York fue su último diseño famoso en hormigón, y se completó en 1959.[90]

La resistencia a la tracción del acero reforzado mejoró aún más en configuraciones cuyos cables o barras eran sometidos a tensión justo antes de verter el hormigón (el pretensado, con anclajes en los extremos que se utilizan para tensar el acero y se sueltan una vez que el hormigón se adhiere al metal) o después (el postensado, con tendones de acero fijados en el interior de armaduras de protección). El primer diseño importante con hormigón pretensado, el puente de Plougastel, de Eugène Freyssinet, se terminó en 1930.[91] Con su atrevido diseño blanco con forma de vela, la Ópera de Sídney, de Jørn Utzon (construida entre 1959 y 1973), es quizá la estructura de hormigón pretensado más famosa del mundo.[92] Este proceso es ahora algo habitual, y los puentes de hormigón armado más largos no cruzan ya ríos o gargantas, sino que son grandes viaductos ferroviarios para trenes de alta velocidad. El récord se lo lleva el Gran Puente Danyang-Kunshan, de 164,8 kilómetros, en China (completado en 2010), parte de la línea de ferrocarril de alta velocidad Pekín-Shanghái.[93]

El hormigón armado se halla actualmente en todos los grandes edificios e infraestructuras de transporte, desde muelles hasta anillos segmentarios instalados por las modernas tuneladoras (bajo el canal de la Mancha o los Alpes). La configuración estándar del Sistema de Autopistas Interestatales de Estados Unidos consiste en una capa de unos veintiocho centímetros de hormigón no armado sobre una capa del doble de grosor de agregados naturales (piedras, grava, arena). El sistema entero contiene unos cincuenta millones de toneladas de cemento, mil quinientos millones de toneladas de agregados y solo unos seis millones de toneladas de acero (para apoyo estructural y tuberías de drenaje).[94] Las pistas de aeropuerto (con una longitud de hasta tres kilómetros y medio) tienen cimientos de hormigón armado, más profundos (hasta un metro y medio) en la zona de toma de contacto, para enfrentarse al repetitivo castigo de cientos de miles de aterrizajes al año de aviones que pueden llegar a pesar trescientas ochenta toneladas (como el Airbus 380). Por ejemplo, la pista más larga de Canadá (de 4,27 kilómetros, en Calgary) precisó más de ochenta y cinco mil metros cúbicos de hormigón y dieciséis mil toneladas de acero para reforzarla.[95]

Pero, con diferencia, las estructuras de mayor magnitud construidas con hormigón armado son las presas más grandes del mundo. La era de estas megaestructuras dio comienzo en la década de 1930, con la construcción de la presa Hoover, en el río Colorado, y la presa Grand Coulee, en el río Columbia. La primera, situada en una garganta al sudeste de Las Vegas, precisó de unos 3,4 millones de metros cúbicos de hormigón y veinte mil toneladas de acero de refuerzo, el doble de esta cantidad en placas y tuberías de acero, y ocho mil toneladas de acero estructural.[96] Se construyeron centenares de estas obras masivas durante la segunda mitad del siglo xx, y la mayor presa del mundo —la presa Sanxia (Tres Gargantas), en China, en el río Yangtsé, que genera electricidad desde el año 2011— contiene casi veintiocho millones de metros cúbicos de hormigón, reforzado con 256.500 toneladas de acero.[97]

El consumo anual de cemento en Estados Unidos se incrementó en un factor diez entre 1900 y 1928, cuando llegó a los treinta millones de toneladas, y el auge de la construcción durante la posguerra —incluida la construcción del Sistema de Autopistas Interestatales y la expansión de los aeropuertos del país— se triplicó para finales de siglo. El pico se alcanzó en 2005, con unos 128 millones de toneladas, y cifras recientes se sitúan en alrededor de los cien millones de toneladas al año.[98] Esta es ahora una pequeña fracción de la demanda anual del primer consumidor mundial de cemento, China. En 1980, al principio de su periodo de modernización, producía menos de ochenta millones de toneladas de este material. En 1985 sobrepasó a Estados Unidos y se convirtió en el primer productor del mundo, y en 2019 fabricaba unos 2.200 millones de toneladas, un poco más de la mitad del total mundial.[99]

Quizá el más asombroso de los resultados de este incremento sea que, en solo dos años —2018 y 2019—, China ha producido casi tanto cemento (unos 4.400 millones de toneladas) como Estados Unidos durante todo el siglo xx (4.560 millones de toneladas). No es de extrañar que el país tenga ahora la red más extensa de autopistas, trenes de alta velocidad y aeropuertos del mundo, así como el mayor número de centrales hidroeléctricas y de nuevas ciudades con una población de varios millones de habitantes. Y otro dato sorprendente: a nivel mundial se consume ahora en un año más cemento que en toda la primera mitad del siglo xx. No obstante, por suerte o por desgracia, estas enormes masas de hormigón no durarán tanto como ha durado la cúpula encofrada del Panteón.

El hormigón de construcción ordinario no es un material de gran durabilidad, y está sujeto a numerosas agresiones medioambientales.[100] Las superficies expuestas sufren el ataque de la humedad, la congelación, el crecimiento de bacterias y algas (en especial, en los trópicos), la lluvia ácida y las vibraciones. Las estructuras de hormigón subterráneas sufren presiones que provocan grietas y daños causados por los compuestos reactivos que se filtran desde la superficie. La alta alcalinidad del hormigón (el material recién vertido tiene un pH de aproximadamente 12,5) es una protección eficaz contra la corrosión del acero de refuerzo, pero las grietas y la exfoliación exponen el metal a la corrosión y posterior desintegración. Los cloruros deterioran el hormigón sumergido en agua marina y el de las carreteras donde se utiliza sal para descongelar.

Entre 1990 y 2020, la «hormigonización» a gran escala del mundo moderno ha sembrado casi setecientos mil millones de toneladas de un material duro pero que, poco a poco, se va desmenuzando. La durabilidad de las estructuras de hormigón es muy variable: aunque es imposible ofrecer una cifra media de su longevidad, muchas de ellas se deteriorarán gravemente al cabo de solo dos o tres décadas, mientras que otras durarán sin problema de sesenta a cien años. Esto significa que, durante el siglo XXI, nos enfrentaremos a problemas de deterioro, renovación y eliminación de hormigón (que, sin duda, serán peores en China), a medida que haya que demoler las estructuras —a fin de sustituirlas o destruirlas— o abandonarlas. Podemos demoler las construcciones de hormigón poco a poco, se puede separar el acero de refuerzo y reciclar ambos materiales: no es barato, pero es perfectamente posible. Después de triturarlo y cribarlo, el agregado se puede incorporar en hormigón nuevo, y el acero de refuerzo puede reciclarse.[101] En la actualidad se necesita en todas partes hormigón de sustitución y hormigón nuevo.

En los países prósperos con un bajo crecimiento de la población, la principal necesidad es reparar las estructuras que se van deteriorando. Los últimos informes en Estados Unidos otorgan unas calificaciones muy pobres a todos los sectores en los que predomina el hormigón; las presas, las carreteras y la aviación obtienen un aprobado raspado y la media general es de poco más de un aprobado.[102] Esta evaluación ofrece una somera idea de lo que le espera a China (desde los puntos de vista de la masa y monetario) para el año 2050. En contraste, los países más pobres necesitan infraestructuras esenciales, y el requisito más básico para muchos hogares de África y Asia es sustituir los suelos de tierra por otros de hormigón para mejorar la higiene y reducir la incidencia de enfermedades parasitarias en casi un 80 por ciento.[103]

Con el envejecimiento de la población, la migración a las ciudades, la globalización económica y la decadencia regional generalizada, se abandonarán cada vez con mayor frecuencia las estructuras de hormigón en todo el mundo. Las ruinas de las fábricas de coches en Detroit, las empresas desiertas de las antiguas zonas industriales europeas y todas esas instalaciones y monumentos, ahora descuidados, construidos por los funcionarios soviéticos en las llanuras rusas y en Siberia son solo las primeras oleadas de esta tendencia.[104] Otras reliquias de hormigón comunes y destacadas son los búnkeres defensivos de gruesos muros, como los de Normandía y la línea Maginot, así como los inmensos silos de hormigón que alojaban misiles nucleares y que ahora yacen vacíos en las Grandes Llanuras de Estados Unidos.

Perspectivas materiales: aportaciones antiguas y nuevas

Durante la primera mitad del siglo XXI —que vio una ralentización del crecimiento mundial de la población y cifras estancadas, e incluso en declive, en muchos países prósperos—, las economías no deberían tener problemas para cubrir las demandas de acero, cemento, amoniaco y plásticos, en especial con el incremento del reciclaje. Pero es poco probable que, para el año 2050, todas estas industrias dejen de depender de los combustibles fósiles y de ser actores significativos en las emisiones globales de CO_2. Esto es especialmente improbable en los países de bajos ingresos en vías de modernización, cuyas inmensas necesidades, tanto para infraestructuras como para consumidores, requerirán un incremento a gran escala de todos los materiales básicos.

Repetir la experiencia china posterior a 1990 en estos países se traduciría en multiplicar por quince la producción de acero, por más de diez la de cemento, incrementar más del doble la síntesis de amoniaco y más de treinta veces la producción de plásticos.[105] En efecto, aunque otros países en vías de desarrollo alcanzaran la mitad, o incluso una cuarta parte, de los recientes avances materiales de China, el nivel actual de uso de estos materiales se multiplicaría. La necesidad de carbono fósil ha sido —y lo seguirá siendo durante décadas— el precio que pagamos por las ventajas que obtenemos de nuestra dependencia del acero, el cemento, el amoniaco y los plásticos. Y, a medida que sigamos ampliando las conversiones a energías renovables, necesitaremos mayores cantidades de los antiguos materiales, así como proporciones ingentes de aquellos que antes no precisábamos en grandes cuantías.[106]

Dos destacados ejemplos ilustran el despliegue de la dependencia de estos materiales. No hay ninguna estructura que sea más simbólica de la generación de electricidad «verde» que las grandes turbinas eólicas; pero estas inmensas pilas de acero, cemento y plásticos son también materializaciones de los combustibles fósiles.[107] Sus cimientos son de hormigón armado; sus torres, góndolas y rotores están formados de acero (en conjunto, unas doscientas toneladas de este material por cada megavatio de capacidad de generación instalado), y sus enormes palas están hechas de resinas plásticas (unas quince toneladas por turbina de tamaño medio), que precisan de gran cantidad de energía para su producción y son difíciles de reciclar. Hay que transportar todas estas piezas gigantescas a los lugares de instalación con enormes camiones y levantarlas con grandes grúas de acero, además de lubricar continuamente los engranajes de las turbinas. Si multiplicamos todo esto por los millones de turbinas que serían necesarias para eliminar la electricidad a partir de combustibles fósiles, nos podemos hacer una idea de lo falaz que es hablar de la futura desmaterialización de las economías verdes.

Los vehículos eléctricos ofrecen quizá el mejor ejemplo de las nuevas y enormes dependencias materiales. Una batería típica de litio para coche, que pesa unos 450 kg, contiene unos 11 kg de litio, casi 14 kg de cobalto, 27 kg de níquel, más de 40 kg de cobre y 50 kg de grafito, aparte de unos 181 kg de acero, aluminio y plásticos. El suministro de estos materiales para un único vehículo requiere procesar unas cuarenta toneladas de minerales; y, dada la baja concentración de muchos elementos en ellos, es necesario extraer y procesar alrededor de 225 toneladas de materia prima.[108] De nuevo, tendríamos que multiplicar esta cifra por cerca de cien millones de unidades, que es la producción mundial anual de vehículos de combustión interna que tendrían que ser sustituidos por los de motor eléctrico.

Hay una gran incertidumbre sobre los índices futuros de adopción de vehículos eléctricos, pero una evaluación detallada de las necesidades materiales, basada en dos escenarios posibles (suponiendo que, para el año 2050, el 25 o el 50 por ciento de la flota global serán vehículos eléctricos), llegó a los siguientes resultados: de 2020 a 2050, la demanda de litio aumentaría de un factor 18 a 20; la de cobalto, de 17 a 19; la de níquel, de 28 a 31; y factores de 15 a 20 se aplicarían a la mayor parte de otros materiales a partir de 2020.[109] Obviamente, esto requeriría no solo un incremento sustancial en la extracción y procesado de litio, cobalto (una parte importante del cual proviene de las profundas y peligrosas galerías excavadas a mano y la generalizada mano de obra infantil del Congo) y níquel, sino también una búsqueda exhaustiva de nuevos recursos. Y esto, a su vez, no podría suceder sin otras conversiones enormes de combustibles fósiles y electricidad. Hacer pronósticos a partir de un suave incremento en el uso de vehículos eléctricos es una cosa; suministrar estos materiales a gran escala y en todo el mundo es otra completamente distinta.

Las economías modernas estarán siempre ligadas a los grandes flujos de materiales, ya sean de fertilizantes basados en el amoniaco para alimentar a la creciente población mundial; plásticos, acero y cemento, necesarios para la fabricación de herramientas, máquinas, estructuras e infraestructuras; o nuevas aportaciones con que producir células solares, turbinas eólicas, coches eléctricos y acumuladores. Y, mientras toda la energía necesaria para extraer y procesar estos materiales indispensables no provenga de conversiones renovables, la civilización moderna seguirá dependiendo fundamentalmente de los combustibles fósiles. No hay inteligencia artificial, aplicación de móvil ni mensajería electrónica capaces de cambiar esta situación.

4

Comprender la globalización

Motores, microchips y más

La globalización se manifiesta en multitud de formas en nuestro día a día. Los barcos cargados con miles de contenedores de acero transportan aparatos electrónicos y utensilios de cocina, calcetines y pantalones, herramientas de jardín y material deportivo de Asia a los núcleos comerciales de Europa y Norteamérica, pero también a los vendedores ambulantes de ropa barata y menaje de África y Latinoamérica. Gigantescos buques cisterna mueven el petróleo crudo de Arabia Saudí a refinerías en India y Japón, y gas natural licuado de Texas a depósitos de almacenamiento en Francia y Corea del Sur. Grandes graneleros cargados de mineral de hierro salen de Brasil hacia China y regresan vacíos (como los petroleros) a sus puertos de origen. Los iPhones de Apple, diseñados en Estados Unidos, se montan en una fábrica de propiedad taiwanesa (Hon Hai Precision, con el nombre comercial Foxconn) en Shenzhen, en la provincia china de Cantón, con piezas que vienen de más de una docena de países, y los teléfonos se distribuyen después por todo el mundo en una complicada coreografía sincronizada de ingeniería y marketing.[1]

Las migraciones internacionales incluyen familias del Punyab o de Líbano que llegan a Toronto y Sídney en vuelos regulares; migrantes que arriesgan su vida en botes hinchables tratando de llegar a Lampedusa o Malta; y jóvenes en busca de una educación superior en Londres, en París o en pequeñas universidades de Iowa y Kansas.[2] Los viajes de placer han llegado a niveles tales que, en muchos casos, la etiqueta prepandémica de «sobreturismo» no describía lo que sucedía en la basílica de San Pedro, en Roma, abarrotada de turistas armados con palos de selfi que habían contratado un viaje organizado por Europa, o en playas asiáticas, que se han degradado hasta el punto de tener que cerrarlas a los visitantes.[3] La aparición de la pandemia de la COVID-19 provocó nuevas crisis debidas al sobreturismo, donde cientos de personas de la tercera edad se quedaron encerradas en cruceros junto a las costas de Japón o de Madagascar a principios de la primavera de 2020; y sin embargo, antes de que terminara el año, con nuevas oleadas de la infección azotando todo el mundo, las grandes compañías turísticas anunciaban nuevos cruceros en megabuques para el año 2021 (¡tal es la impaciencia de los tiempos modernos!).

Las estadísticas relativas a los movimientos de dinero pasan por alto en muchas ocasiones los flujos monetarios reales (que incluyen enormes cantidades ilegales). El comercio global de mercancías está ahora próximo a los veinte billones de dólares al año, y el valor anual de los servicios comerciales globales es de cerca de seis billones de dólares.[4] La inversión extranjera directa en el mundo se duplicó entre 2000 y 2019, y es ahora de casi 1,5 billones de dólares al año, mientras que, en 2020, el tráfico mundial de divisas totalizó casi siete billones de dólares al día.[5] Y las cifras que describen los flujos globales de información son varios órdenes de magnitud mayores que los de las transferencias monetarias, y se computan no solo en terabytes o petabytes, sino en exabytes (10^{18}) y yottabytes (10^{24}) de datos.[6]

Desde luego, comprender cómo funciona el mundo moderno es imposible si no se aprecia la evolución, el ámbito y las consecuencias de este polifacético proceso que es la globalización, que implica (según lo que, en mi opinión, es la definición más concisa) «la creciente interdependencia de las economías, culturas y poblaciones del mundo, propiciada por el comercio transfronterizo de bienes y servicios, tecnología y flujos de inversión, personas e información».[7] A diferencia de lo que se suele creer, el proceso no es nuevo; mover empleos a países con bajos costes laborales es solo uno de sus diversos factores; y su futura expansión e intensificación no tiene nada de inevitable. Quizá el mayor de los malentendidos sobre la globalización es que se trata de una necesidad histórica predeterminada por la evolución económica y social. Pero esto no es así; no es, como afirmaba un antiguo presidente de Estados Unidos, «el equivalente económico de una fuerza de la naturaleza, como el viento o el agua»; en realidad solo es otro constructo humano, y actualmente hay un consenso cada vez mayor de que, en cierto modo, ya ha llegado demasiado lejos y es necesario reajustarlo.[8]

En este capítulo voy a demostrar que la globalización es un proceso con una larga historia (aunque, en el pasado, los flujos de mercancías, inversiones y personas no llevaban esa etiqueta), y la reciente atención al fenómeno ha aumentado debido a su magnitud, no a su novedad. Los gráficos del Ngram Viewer de Google ofrecen un excelente ejemplo de las tendencias a largo plazo sobre la atención prestada a los avances más notables. El gráfico de la globalización es una línea horizontal cercana a cero hasta mediados de la década de 1980, seguida por un pronunciado incremento durante las dos décadas siguientes —un aumento de la frecuencia en un factor 40 entre 1987 y 2006, cuando el interés llega al máximo—, y a continuación un declive del 33 por ciento en el año 2018.

Si los bajos costes laborales fueran la única razón para localizar las nuevas fábricas en el extranjero —como muchas personas parecen creer, erróneamente—, la opción más obvia sería el África subsahariana, e India sería casi siempre preferible a China. Pero durante la segunda década del siglo XXI China ha recibido, en promedio, unos 230.000 millones de dólares al año en inversión extranjera directa, comparado con los menos de 50.000 millones para India y solo unos 40.000 millones para toda el África subsahariana (excluyendo Sudáfrica).[9] China proporcionó una combinación de otros atractivos —sobre todo, un Gobierno monopartidista centralizado, que podía garantizar estabilidad política y condiciones de inversión aceptables; una gran población, muy homogénea y alfabetizada; y un enorme mercado doméstico— que la convertían en una opción preferible a Nigeria, Bangladesh e incluso India, lo que resultó en una sorprendente connivencia entre el mayor Estado comunista del mundo y la casi completa agrupación de las principales empresas capitalistas del planeta.[10]

La globalización se ha asociado, favorablemente, con las ventajas, los beneficios, la destrucción creativa, la modernidad y el progreso que ha conllevado para países enteros. China ha sido, de lejos, su mayor beneficiario, ya que la reintegración del país en la economía mundial contribuyó a reducir el número de personas que vivían en situación de pobreza extrema en un 94 por ciento entre 1980 y 2015.[11] Pero estas ventajas y elogios coexisten con diversos grados de descontento e indignación, incluso de total rechazo, que han resultado de la pérdida de empleos bien pagados debido a la deslocalización (que, después del año 2000, han producido pérdidas especialmente destacadas en diversos sectores de la economía estadounidense), a la decadencia a causa de la reducción de los sueldos por la eliminación de barreras al comercio internacional, y al crecimiento de las desigualdades y de las nuevas clases de empobrecimiento.[12]

Aunque se puede estar muy de acuerdo o en desacuerdo con diversos aspectos de estos análisis y reacciones, este capítulo no va a recoger los argumentos que han expuesto las publicaciones sobre economía durante las últimas dos generaciones, ni polemizará sobre la conveniencia de este fenómeno. Mi objetivo es explicar cómo los factores técnicos —sobre todo, los nuevos motores primarios (motores, turbinas) y los nuevos medios de comunicación e información (almacenamiento, transmisión y recuperación)— han posibilitado las sucesivas oleadas de globalización, y después señalar cómo estos avances técnicos han estado supeditados a las condiciones políticas y sociales existentes en cada momento. Por consiguiente, no tiene nada de inevitable la continuación e intensificación del proceso, y su retroceso a partir de 1913, así como los recientes reveses y preocupaciones sobre la seguridad de las actuales cadenas de suministro, son advertencias evidentes de esta realidad.

LOS DISTANTES ORÍGENES DE LA GLOBALIZACIÓN

En su forma física más fundamental, la globalización es, y seguirá siendo, simplemente un movimiento de masa —materias primas, alimentos, productos y personas—, la transmisión de información (avisos, instrucciones, noticias, datos, ideas) y la inversión dentro de los continentes y de un continente a otro, facilitada por técnicas que posibilitan esas transferencias a gran escala de formas asequibles y fiables.

Evidentemente, estas transferencias comportan conversiones de energía; y, aunque el movimiento de masa y la transmisión de información pueden llevarse a cabo utilizando fuerza humana y animal (acarreando cargas, enviando mensajeros a caballo), estos motores primarios animados tienen una potencia, una resistencia y un alcance muy limitados; y, por supuesto, son incapaces de atravesar los mares.

Las velas, que se remontan al Egipto de hace más de cinco mil años, fueron los primeros conversores de energía inanimados en hacer posibles estas travesías, pero solo las máquinas de vapor, con la ayuda de mejores medios de navegación, las pudieron realizar de un modo seguro, a gran escala y con bajo coste; y tras la popularización, después del año 1900, de los motores de combustión interna (para tierra, mar y aire) y la incorporación, después de 1955, de los sistemas electrónicos (semiconductores), el proceso de la globalización creció hasta niveles sin precedentes. Pero estas innovaciones solo lo intensificaron, no lo iniciaron. Este proceso (a diferencia de su aumento de popularidad después de 1985) no es un fenómeno nuevo, y en este capítulo rastrearé tanto la cronología como el ámbito de sus oleadas pasadas, y los límites de su alcance e intensidad.

La globalización dio comienzo hace ya mucho tiempo, pero sus primeras fases fueron intrínsecamente limitadas. Las rutas de comercio de obsidiana durante la prehistoria en algunas partes del Viejo Mundo, hace más de seis mil años, no son, como se ha afirmado recientemente, un ejemplo de globalización;[13] pero antes del «descubrimiento» europeo de América había vínculos bastante profundos entre continentes. Los barcos navegaban con regularidad desde Berenice, el puerto del Egipto romano en el mar Rojo, hasta India, así como desde Basora: Dion Casio escribió en 116 c. e. cómo el emperador Trajano, durante su ocupación temporal de Mesopotamia, mientras miraba un barco partir hacia India desde la orilla del golfo Pérsico, deseaba ser tan joven como Alejandro, que había conducido sus ejércitos hasta aquel lejano país.[14] La seda china, atravesando el Imperio parto, llegaba hasta Roma, igual que los cargamentos regulares de cereales y de antiguos obeliscos de Egipto, extraordinariamente pesados, y de animales salvajes procedentes de la provincia de Mauritania Tingitana (al norte de Marruecos).[15]

Pero los pocos vínculos entre partes de Europa, Asia y África quedaban muy lejos de suponer un verdadero ámbito global. Tras la inclusión del Nuevo Mundo (a partir de 1492) y la primera circunnavegación de la Tierra (1519) se empezó a consumar esa idea, y tan solo un siglo más tarde los intercambios comerciales unían los estados europeos con el interior de Asia, India y el Extremo Oriente, así como con las zonas costeras de África y ambas Américas; únicamente Australia quedaba al margen. Algunos de estos primeros vínculos fueron tan duraderos como transformadores. La Compañía de las Indias Orientales, con sede en Londres, que operó entre 1600 y 1874, comerciaba con una amplia gama de artículos —sobre todo en el subcontinente indio—, desde materias textiles y metales hasta especias y opio. La Compañía Holandesa de las Indias Orientales importaba especias, telas, gemas y café, principalmente del Sudeste Asiático; conservó su monopolio ininterrumpido del comercio con Japón durante dos siglos (entre 1641 y 1858), y el dominio holandés en las Indias Orientales se extendió hasta 1945.[16]

Al mismo tiempo, las capacidades técnicas limitaban claramente la frecuencia y la magnitud de estos primeros intercambios, por lo que utilizaré sus marcadores fundamentales —la potencia y velocidad máximas de los medios de transporte específicos, y la capacidad para comunicarse a grandes distancias de forma cada vez más rápida y fiable— para rastrear las cuatro etapas distintas de la globalización.

La globalización incipiente llegó a conectar el mundo con intercambios a largas distancias, pero no muy frecuentes, mediante embarcaciones de vela. Los motores de vapor los hicieron más comunes, más intensivos y mucho más predecibles, mientras que el telégrafo supuso el primer medio realmente global y casi instantáneo de comunicación. La combinación de los primeros motores diésel, las aeronaves y la radio intensificaron y aceleraron estos elementos propiciadores de la globalización. Y los grandes motores diésel (en navegación marina), las turbinas (en aviones), los contenedores (que facilitaron el transporte intermodal) y los microchips (que permitieron niveles de control sin precedentes gracias a la velocidad de transmisión de datos) han llevado la globalización a su fase más avanzada.

LA GLOBALIZACIÓN IMPULSADA POR EL VIENTO

Si empezamos por el principio, es sencillo establecer cuáles son los límites de la globalización dependientes tan solo de la potencia animada. La fuerza humana y animal eran el único motor primario en el medio terrestre, lo que restringía el peso que podía ser transportado, bien por porteadores (máximos de 40 a 50 kilogramos), bien por caravanas de animales (caballos o camellos, con cargas de 100 a 150 kilogramos por animal), y limitaba su avance diario.[17] Las caravanas de la Ruta de la Seda (de Tanais, en el mar Negro, hasta Pekín, vía Sarái) tardaban un año en completar su recorrido, lo que significaba un promedio de unos veinticinco kilómetros al día. Los barcos de vela de madera capaces de viajar largas distancias no eran en absoluto numerosos, su capacidad era reducida, se desplazaban con lentitud, no tenían medios precisos de navegación y, con frecuencia, no llegaban a completar sus viajes.

Registros detallados de expediciones holandesas a Asia documentan estas limitaciones.[18] La duración media de un viaje a Batavia (actual Yakarta) era de 238 días (ocho meses) durante el siglo XVII, y otro mes para llegar de Batavia a Dejima, el pequeño puesto avanzado holandés en el puerto de Nagasaki. Y la velocidad media durante el siglo XVIII era ligeramente más lenta: los viajes duraban 245 días. Dada la distancia de 15.000 millas náuticas (27.780 kilómetros) entre Ámsterdam y Batavia, esto implica una velocidad media de 4,7 km/h, ¡el equivalente de dar un paseo a pie! Esa media tan baja es el resultado de velocidades bastante respetables cuando se navegaba a favor del viento (es decir, que soplaba desde la parte de atrás del buque), de otros días en que los barcos se ralentizaban en la zona de calmas ecuatoriales, y de cuando largos periodos de viento fuerte exigían laboriosas viradas, o bien abandonar los esfuerzos y esperar a que el viento cambiase.

Durante los siglos XVII y XVIII, los holandeses construyeron 1.450 nuevos barcos para el comercio asiático (una media de siete al año), con capacidades de solo 700 a 1.000 toneladas. Eso bastaba para obtener beneficios del tráfico de cargas de gran valor, como especias, té y porcelana, pero era totalmente antieconómico para comerciar con bienes de gran volumen (el valioso cobre japonés era la principal excepción). Y, mientras que la navegación a Batavia estaba limitada por la disponibilidad de barcos y los riesgos del viaje, la navegación a Japón era restringida por los *shōgun* de la dinastía Tokugawa a un máximo de entre 2 a 7 barcos al año, y solo uno durante la década de 1790. Y, gracias a que la Compañía Holandesa de las Indias Orientales mantenía registros detallados, sabemos también el número de personas que iban a bordo de los más de 4.700 barcos que hicieron el viaje de Holanda a las Indias Orientales: casi un millón entre 1595 y 1795, pero eso supone solo 5.000 al año, y alrededor de un 15 por ciento de ellos murieron antes de llegar a Ceilán o Batavia.[19]

Aun así, durante el segundo siglo de la Edad Moderna (de 1500 a 1800), los intercambios a gran distancia tuvieron una enorme influencia sobre las sociedades al frente de esta etapa de la globalización, aún modesta pero en auge.[20] No es de extrañar, pues, que, dadas sus riquezas recién adquiridas y el contacto con otros continentes, la vida de las élites urbanas durante la edad dorada de la república holandesa (de 1608 a 1672) ofrezcan quizá los mejores ejemplos de estos nuevos beneficios. Su gama de posesiones y experiencias cada vez mayor era la señal evidente de las ganancias derivadas del comercio y de los intercambios materiales y culturales, y muchos pintores famosos ofrecen un fascinante testimonio de esta incipiente prosperidad.

Obras de Dirck Hals, Gerard ter Borch, Frans van Mieris, Jan Vermeer van Delft y otros muchos maestros menores dan muestra de estas nuevas riquezas convertidas en suelos embaldosados, ventanas de cristal, elaborados muebles, gruesos manteles e instrumentos musicales.[21] Se ha dicho, no obstante, que todo esto puede no ser cierto, pues este género de pintura representaba un mundo fantástico que nunca existió en la realidad.[22] La exageración y la estilización estaban, no cabe duda, presentes, pero tal como deja claro el historiador Jan de Vries, lo que él llama el «nuevo lujo» (generado por la sociedad urbana) era real: no perseguía la magnificencia y el exceso, sino que se manifestaba en productos de artesanía fina —de muebles a tapices, de mosaicos de Delft a utensilios de plata—, incluidos unos tres millones de cuadros propiedad de familias holandesas en la década de 1660.[23]

Había otras pruebas más directas de esos contactos y aportaciones: la presencia de africanos en Ámsterdam, la popularización de los mapas, el rentable negocio de recopilarlos y editar atlas, el consumo de azúcar y frutas exóticas, la importación de especias (la colonización holandesa de las Indias Orientales se inició en 1607 con la invasión de Ternate, el mayor productor de clavo, seguida poco después por las islas Banda, donde se cultivaba nuez moscada), y el consumo de té y café.[24]

Sin embargo, estos primeros intercambios tuvieron un impacto económico limitado, ya que nunca fueron más que pequeños sectores de la población los que sacaron provecho de aquellos nuevos negocios. El mundo rural siguió con sus tradiciones. Era una globalización incipiente, selectiva y limitada, sin un impacto sustancial para el país, y desde luego sin consecuencias reales para el mundo. Por ejemplo, el economista Angus Maddison calculó que, en el periodo de 1698 a 1700, las exportaciones de bienes desde las Indias Orientales representaban solo el 1,8 por ciento del PIB holandés, y que el beneficio correspondiente a la exportación desde Indonesia suponía un mero 1,1 por ciento de ese valor; casi un siglo más tarde (entre 1778 y 1780), ambos porcentajes seguían sin sumar más que un 1,7 por ciento.[25]

Máquinas de vapor y telégrafo

El primer salto cuantitativo en el proceso de la globalización no llegó hasta la combinación de una navegación más fiable, la energía a vapor (lo que resultaba en una mayor capacidad de los buques y una mayor velocidad) y el telégrafo, el primer medio de comunicación (casi) instantáneo a larga distancia. La navegación llegó antes, en 1765, con el cuarto cronómetro marino de alta precisión de John Harrison, que permitía determinar la longitud de manera exacta. Pero el gran salto en la velocidad y la capacidad tuvo que esperar hasta que los motores de vapor desplazaron a las velas en la navegación intercontinental, cuando las hélices dejaron obsoletas las ruedas de paletas y empezaron a predominar los barcos con casco de acero.[26]

Las primeras travesías transatlánticas a vapor hacia el oeste tuvieron lugar en 1838, pero los barcos de vela siguieron siendo competitivos durante otras cuatro décadas. Con el viento como motor primario, el coste de transportar una unidad de carga por unidad de distancia en un barco de vela era, en gran parte, independiente de la duración del viaje; en cambio, cuanto mayor fuese la distancia cubierta por un barco de vapor, una mayor proporción del tonelaje del buque tenía que moverse con carbón para alimentar unos motores relativamente ineficientes, lo que dejaba menos espacio para transportar carga. Los puestos de reabastecimiento de combustible reducían esta desventaja, pero no la eliminaban.[27]

Esta prolongada coexistencia de las velas y el vapor y la transición entre ellos está bien documentada en Alemania: en el año 1873, los barcos de vela habían perdido su ventaja en las rutas intraeuropeas, mientras que la mantuvieron hasta 1880 en las intercontinentales, pero, a partir de esa fecha, gracias a la adopción de motores más eficientes, se desvaneció enseguida.[28]

Los primeros barcos de vapor en cruzar el Atlántico iban propulsados por ruedas de paletas, pero en la década de 1840 se comercializó la propulsión de hélice; y, en 1877, el Lloyd's Register of Shipping aprobó el acero como material de construcción asegurable, al tiempo que los nuevos métodos de producción lo convertían en un metal abundante y asequible (véase el capítulo 3). Los cascos y las hélices de acero, así como las grandes máquinas de vapor permitieron alcanzar, de manera fiable, a los 30 km/h y, luego, a los 40 km/h —en comparación, los clíperes más rápidos de la década de 1850 alcanzaban una media de 20 km/h—; y la navegación de larga distancia ganó también nuevos mercados con las exportaciones de ganado vivo y —a partir de la década de 1870— de carne congelada (que transportaban casi exclusivamente los transatlánticos de pasajeros), así como de mantequilla desde Estados Unidos, Australia y Nueva Zelanda.[29]

Un telégrafo realmente práctico se desarrolló a finales de la década de 1830 y principios de la de 1840; el primer —y efímero— cable transatlántico se tendió en 1858, y, a finales de siglo, estos cables conectaban todos los continentes.[30] Por primera vez en la historia, la actividad comercial podía tomar en consideración la demanda y los precios en distintos lugares del mundo, y la disponibilidad de un nuevo motor primario podía traducir esta información en rentables intercambios internacionales: por ejemplo, cuando el precio de la carne de vacuno en Iowa era menor que el de la carne británica, de inferior calidad, y se dispuso de nuevas técnicas de refrigeración, las exportaciones de vacuno estadounidense crecieron con rapidez (más de cuatro veces entre finales de la década de 1870 y la de 1900).

Durante esta época de globalización impulsada por el vapor, el rol del teléfono —un dispositivo muy superior al telégrafo para la comunicación personal directa— siguió siendo limitado.[31] A su patente y primera exposición pública, en 1876, le siguió una lenta difusión del servicio propiciada por los intercambios manuales. El número de teléfonos en Estados Unidos se incrementó de menos de 50.000 en 1880 a 1,35 millones en el año 1900 (un teléfono por cada 56 estadounidenses); las distancias de llamada aumentaron de forma gradual (hablar entre Nueva York y Chicago solo fue posible en 1892); las primeras comunicaciones transcontinentales a San Francisco (a través de múltiples intercambios) llegaron en 1915; y una conversación de tres minutos costaba alrededor de 20 dólares, o el equivalente de más de 500 dólares en 2020. La primera llamada intercontinental —de Estados Unidos al Reino Unido— no tuvo lugar hasta 1927, e incluso este monopolizado servicio siguió siendo relativamente caro para los usuarios domésticos durante dos generaciones.[32]

Pero los avances en transporte intercontinental, junto con la rápida construcción de vías férreas a partir de 1840 —por toda Europa y Norteamérica, así como India, otras regiones de Asia y Latinoamérica—, crearon la primera etapa de la verdadera globalización a gran escala. El volumen total del comercio mundial se cuadruplicó entre 1870 y 1913; la parte correspondiente a las exportaciones e importaciones en el producto económico global creció de alrededor del 5 por ciento en 1850 al 9 por ciento en 1870, y al 14 por ciento en 1913; y los cálculos más fidedignos para un conjunto de trece países (que incluyen Australia, Canadá, Francia, Japón, México y el Reino Unido) muestran un incremento de su porcentaje combinado del 30 por ciento en 1870 al 50 por ciento justo antes de la Primera Guerra Mundial.[33]

Los pasajeros también podían viajar a una escala sin precedentes en grandes transatlánticos de vapor. Durante la era de la navegación a vela, los paquebotes transportaban de 250 a 700 personas; en la primera década del siglo XX, un transatlántico de vapor podía llevar más de 2.000.[34] Los viajes de placer, una forma de migración temporal que antes estaba reservada a las clases privilegiadas, crecieron rápidamente en sus muchas manifestaciones con los trenes y barcos de vapor. Con Thomas Cook al frente en 1841, las agencias de viajes ofrecían paquetes turísticos, y las vacaciones en balnearios y en la playa se pusieron de moda. La gente empezó a visitar Baden-Baden, Karlsbad y Vichy, y viajaba a Trouville-sur-Mer, en la costa atlántica francesa, o a Capri.

Algunos de estos viajes eran transcontinentales: las familias rusas más pudientes tomaban trenes desde Moscú y San Petersburgo hasta la Costa Azul. Algunos viajeros buscaban desafíos físicos (la nueva moda del montañismo en los Alpes), mientras que otros emprendían peregrinajes religiosos (más asequibles).[35] Esta nueva movilidad tenía también una dimensión política, pues los exiliados —que viajaban en tren y en barco— buscaban refugio en países extranjeros; como más notables, los que serían los líderes bolcheviques más famosos (Lenin, León Trotsky, Nikolái Bujarin, Grigory Zinóviev) pasaron muchos años en Europa y Estados Unidos.[36]

Creo que es razonable aducir que la globalización propiciada por el vapor ayudó también a crear una nueva clase de sensibilidad literaria, de la que Joseph Conrad (Józef Korzeniowski) fue su representante. Los protagonistas de sus tres grandes novelas se hallan lejos de su hogar gracias al comercio masivo y a los viajes de su época (Nostromo en Sudamérica, Jim en Asia, Marlow en África), y sus vidas y desventuras están ligadas a barcos de vapor: a Nostromo, en la novela homónima, se le denomina Capataz de Cargadores); la vida de Jim da un giro trágico cuando está ayudando a transportar peregrinos musulmanes desde La Meca en *Lord Jim*; y la transformación de Marlow no podría haber tenido lugar sin el transporte de mercancías occidentales a lo más profundo de la cuenca del Congo en *El corazón de las tinieblas*.

Los primeros motores diésel, los primeros vuelos y la radio

El siguiente avance fundamental en los impulsores primarios, que incrementó la capacidad del transporte a larga distancia, fue la sustitución de los motores de vapor por motores diésel, máquinas de mayor eficiencia y fiabilidad.[37] Otros dos procesos simultáneos que facilitaron aún más la globalización fueron la invención de los aeroplanos impulsados por motores de pistones y las comunicaciones por radio. Los primeros, y breves, vuelos —llevados a cabo por los hermanos Wright— tuvieron lugar a finales de 1903; durante la Primera Guerra Mundial, centenares de aviones entraron en combate; y la primera línea aérea, la holandesa KLM, se fundó en 1921.[38] La primera señal de radio transatlántica llegó en diciembre de 1901; el ejército francés implementó los transmisores portátiles para la comunicación aire-tierra en 1916; y las emisoras de radio comerciales empezaron a emitir a principios de la década de 1920.[39]

Rudolf Diesel se dispuso a diseñar un impulsor primario nuevo y más eficiente, y en el año 1897 su primer motor (pesado y estacionario) había alcanzado una eficiencia del 30 por ciento, el doble que el mejor de los motores de vapor.[40] Pero en el ámbito marino no se instalaron hasta 1912, en el Christian X, un buque de transporte danés. Los barcos con motor diésel cargaban con mucho menos combustible que los de vapor, que utilizaban carbón, y podían viajar a mayor distancia sin repostar porque los nuevos motores eran casi el doble de eficientes y porque, por unidad de masa, el diésel contiene casi el doble de energía. Un ingeniero estadounidense, al ver el primer barco con motor diésel en su viaje inaugural a Nueva York, en 1912, llegó a la conclusión de que «con el advenimiento del motor diésel se está escribiendo la historia de los viajes por mar».[41]

En la década de 1930, cuando los motores diésel conquistaron el mercado del transporte, la industria de la aviación, que maduraba con rapidez, empezó a producir los primeros aeroplanos capaces de recorrer largas distancias de manera rentable. En 1936 llegaron los Douglas DC-3, un avión bimotor capaz de llevar hasta 32 pasajeros un poco más rápido que la velocidad a la que aterrizan los aviones de pasajeros a reacción modernos.[42] Tres años más tarde llegaría el

Boeing 314 Clipper, un hidroavión de canoa de largo alcance, que podía recorrer unos impresionantes 5.633 kilómetros, lo que aún no bastaba para cruzar el Pacífico, pero era más que suficiente para llegar a Honolulú desde San Francisco antes de continuar hacia Midway, Wake, Guam y Manila para alcanzar Asia.

El Clipper no iba falto de comodidades para sus 74 pasajeros, incluidos camarotes, vestidores y asientos que se convertían en camas, pero era imposible eliminar el ruido y la vibración de los motores de pistones, y la altitud de crucero máxima (5,9 kilómetros) aún era demasiado baja para superar las capas atmosféricas más turbulentas. Realizando tres paradas, tardaba quince horas y media de Nueva York a Los Ángeles, y el primer enlace de Londres a Singapur, en 1934, empleó ocho días, con veintidós escalas, que incluían Atenas, El Cairo, Bagdad, Basora, Sharjah, Jodhpur, Calcuta y Rangún.[43] Pero, por largo que fuera el trayecto, suponía un avance considerable sobre los aproximadamente treinta días que se necesitaban para viajar en barco desde Southampton a través del canal de Suez.

La radio tuvo una importancia esencial en la mejora de la navegación aérea y marítima; y, comparada con el telégrafo, era una herramienta superior en la difusión de información al instante y a gran escala. Las comunicaciones por radio se implementaron por primera vez en los grandes transatlánticos; gracias al mensaje de socorro del Titanic —«CQD Titanic 41.44 N 50.24 W», enviado a las 12.15 de la madrugada del 15 de abril de 1912— el Carpathia rescató a 700 personas en botes salvavidas.[44] La navegación por radio avanzó en gran medida durante la década de 1930 con la introducción de emisoras de rango: los aviones que llevaban el rumbo correcto hacia un aeropuerto oían un tono continuo; los que se desviaban a la izquierda oían una N en código morse (–•), y una A (•–) cuando lo hacían a la derecha.[45]

Las emisiones inalámbricas no requerían caros cables submarinos, y podían cubrir amplias áreas y ofrecer un acceso universal, pues cualquiera que tuviera un simple receptor podía escucharlas. No es de extrañar, entonces, la rápida popularización de los receptores de radio: al cabo de una década desde que fueron introducidos, el 60 por ciento de las familias de Estados Unidos disponía de uno, un ritmo de adquisición casi tan rápido como el de los televisores en blanco y negro (que también tuvieron su origen en la década de 1920) después de la Segunda Guerra Mundial, y más rápido que la subsiguiente difusión de la televisión en color, que en el país norteamericano despegó como un rayo a principios de la década de 1960.[46]

Los motores diésel marinos y los de pistones en las aeronaves siguieron siendo los agentes técnicos que propiciaron la globalización durante las dos décadas de entreguerras, y su implementación a gran escala supuso una contribución decisiva al desenlace de la Segunda Guerra Mundial. Cuando terminó el conflicto, Estados Unidos había construido casi 296.000 aeroplanos, comparados con los aproximadamente 112.000 de Alemania y 68.000 de Japón.[47] En 1945, Estados Unidos emergió como la mayor potencia del mundo, y la recuperación económica de Europa occidental fue rápida. Con la ayuda de las inversiones estadounidenses (el Plan Marshall, en 1948), en el año 1949 todos los países de la región habían superado los niveles de producción industrial de preguerra (1934-1938), mientras que la recuperación de Japón se vio acelerada por la contribución de la industria nacional en la guerra de Corea.[48]

El escenario quedó, pues, preparado para un periodo de crecimiento e integración sin precedentes, así como para una interacción social y cultural generalizada. Las economías comunistas, con la URSS y China a la cabeza, eran las excepciones más notables: aunque, según sus propios informes, su crecimiento económico era impresionante, eran economías profundamente autárquicas y con un comercio internacional escaso más allá de los países de su bloque (además, impedían que sus ciudadanos viajasen al extranjero).

GRANDES DIÉSELES, TURBINAS, CONTENEDORES Y MICROCHIPS

El marcado e intenso (aunque ni mucho menos universal) periodo de globalización que tuvo lugar después de 1950 —y que llegó a su fin entre 1973 y 1974, con las dos rondas de incremento de precios del petróleo por parte de la OPEP, seguidas de quince años de relativo estancamiento— fue posible gracias a una combinación de cuatro avances técnicos fundamentales: la rápida adopción de motores diésel mucho más potentes y eficientes; la introducción (y aún más rápida difusión) de un nuevo motor primario —la turbina de gas utilizada para los aviones de reacción comerciales—; diseños superiores para el transporte intercontinental (gigantescos buques para la carga de líquidos y sólidos, y la contenedorización para otras), y los saltos cualitativos en computación y procesamiento de información.

Estos avances se desarrollaron con rapidez a partir de la aparición de los primeros ordenadores electrónicos —que empleaban tubos de vacío voluminosos y poco fiables, y se construyeron durante la Segunda Guerra Mundial y poco después—, y su progreso se convirtió en revolución con la patente (1947-1949) y comercialización (a partir de 1954) de los primeros transistores, dispositivos que siguen constituyendo la base de los actuales sistemas electrónicos. La fase siguiente (finales de la década de 1950 y principios de la de 1960) consistió en concentrar cada vez más transistores en un solo microchip para crear circuitos integrados, y en 1971 Intel lanzó su 4004, el primer microprocesador del mundo. Contenía 2.300 transistores, que formaban una unidad central de procesamiento completa y polivalente, adecuada para muchas aplicaciones programables.

A pesar de las recientes percepciones acerca de la naturaleza transformadora de las capacidades técnicas que han aparecido desde el principio del siglo XXI (sobre todo, los avances en inteligencia artificial y biología sintética), nuestro mundo sigue en deuda con esos esenciales logros anteriores a 1973. Es más, como no hay alternativas que puedan implementarse inmediatamente para las mismas tareas y a una escala similar, seguiremos dependiendo de esas técnicas —ya sean los gigantescos motores diésel, los buques portacontenedores o los aviones comerciales de fuselaje ancho— durante las próximas décadas. Y es también por ello que estas técnicas merecen un estudio con mayor detalle.

La escala del crecimiento económico mundial entre 1950 y 1973 queda patente, sobre todo, en la expansión de los cuatro materiales fundamentales de la civilización moderna (para su evaluación, véase el capítulo 3) y por la creciente demanda energética del mundo (véase el capítulo 1).[49] La producción de acero casi se cuadruplicó (desde alrededor de 190 a 698 megatoneladas al año); la de cemento casi se

142

multiplicó por seis (de 133 a 770 megatoneladas); la síntesis de amoniaco, casi por ocho (de menos de 5 a 37 megatoneladas de nitrógeno), y la de plástico era más de 26 veces superior (de menos de 2 a 45 megatoneladas). La producción de energía primaria estuvo cerca de triplicarse, y el consumo de petróleo crudo se incrementó aproximadamente seis veces, al tiempo que el mundo dependía cada vez más del petróleo de Oriente Próximo. En consecuencia, no hay duda sobre cuál de las técnicas ha supuesto una mayor contribución al permitir el transporte a gran escala en la economía global: sin los motores diésel, el comercio intercontinental de graneleros —que cargan desde cereales hasta petróleo crudo— solo habría representado un porcentaje nimio del transporte reciente.

Después de la Segunda Guerra Mundial, los petroleros fueron los primeros buques cuya capacidad se incrementó con el rápido crecimiento económico de Europa occidental y Japón, que coincidía con la disponibilidad de los gigantescos yacimientos petrolíferos recién descubiertos en Oriente Próximo (el de Ghawar, en Arabia Saudí, el mayor del mundo, fue hallado en 1948 y empezó a ser explotado en 1951), y las exportaciones de este combustible barato (hasta 1971 costaba menos de 2 dólares por barril) requerirían buques de cada vez mayor capacidad. Los petroleros comunes anteriores a 1950 podían cargar solo 16.000 toneladas de peso muerto (en su mayor parte, la carga, pero también combustible, balasto, provisiones y tripulación). El primer petrolero de más de 50.000 toneladas de peso muerto se botó en 1956, y a mediados de la década de 1960 los astilleros japoneses empezaron a botar petroleros de muy gran tamaño (VLCC, por sus siglas en inglés), con capacidades de entre 180.000 y 320.000 toneladas de peso muerto. Luego vinieron los ultrapetroleros (ULCC, por sus siglas en inglés), y en la década de 1970 se botaron siete buques de más de 500.000 toneladas de peso muerto, demasiado grandes para rutas flexibles y que solo podían anclar en los puertos más profundos.[50] Esta flota creciente permitió incrementar los envíos de petróleo desde Oriente Próximo de menos de 50 megatoneladas en 1950 a unas 850 megatoneladas para el año 1972.[51]

Incluso con el gran aumento de las exportaciones de crudo durante finales de la década de 1950 y principios de la de 1960, no había forma de transportar gas natural, un combustible más limpio que el carbón o los derivados del petróleo refinado y apropiado para usos industriales, así como para la generación de electricidad con alta eficiencia. La introducción de los primeros buques de transporte de gas licuado, que cargaban el combustible en contenedores aislados a −162 °C, hizo posible el transporte intercontinental de gas natural. Esto dio inicio a las exportaciones de Argelia a Reino Unido a partir de 1964 y de Alaska a Japón desde 1969.[52] No obstante, durante dêcadas la capacidad de los buques era escasa, y el mercado estaba limitado por contratos a largo plazo con un reducido número de compradores.

El crecimiento del comercio intercontinental requería nuevos modos de transporte especializado. Los grandes buques, con compartimentos de gran tamaño e inmensas compuertas estancas, estaban diseñados para llevar carbón, cereales, minerales, cemento y fertilizante, y se podían cargar y descargar con rapidez. Pero la mayor innovación en el transporte llegaría en 1957, cuando el camionero de Carolina del Norte Malcolm McLean logró transformar en una realidad comercial la idea que se le había ocurrido antes de la Segunda Guerra Mundial: trasladar la mercancía en cajas de acero de tamaño uniforme, fáciles de cargar mediante grandes grúas portuarias en camiones o trenes listos para ello o de apilar temporalmente para su posterior distribución.

En octubre de 1957, el Gateway City, un carguero cuyas bodegas estaban adaptadas con compartimentos individuales con el fin de albergar 226 contenedores, se convirtió en el primer buque portacontenedores del mundo, y la naviera McLean's Sea-Land inició un servicio regular de contenedores a Europa (de Newark a Róterdam) en abril de 1966, y a Japón en 1968.[53] También se precisaban nuevos buques para la expansión de las exportaciones intercontinentales de coches. El mercado estadounidense se abrió por primera vez al Escarabajo de Volkswagen (el primer coche importado, ya en 1949) y luego a pequeños diseños japoneses (el Toyopet desde 1958, el Honda N600 desde 1969 y el Honda Civic desde 1973), y se diseñaron los nuevos barcos Ro-Ro (del inglés *roll-on* y *roll-off*), generalmente con rampas retráctiles incorporadas, para cubrir estas necesidades. Al cabo de años de lenta incorporación, las ventas de Volkswagen alcanzaron un máximo de 570.000 unidades en 1970, y los diseños japoneses siguieron haciéndose con una mayor cuota de mercado en Estados Unidos a lo largo de las décadas siguientes.[54]

Por suerte, no hubo problemas a la hora de satisfacer las necesidades de propulsión de estos nuevos buques de gran tamaño. Las medidas de los motores diésel anteriores a la Segunda Guerra Mundial crecieron a más del doble a finales de la década de 1950 —llegando a más de 10 megavatios—, con un aumento de su eficiencia de casi un 50 por ciento.[55] Más adelante, la potencia máxima de estos gigantescos motores multicilindro se elevó a 35 megavatios a finales de la década de 1960, y a más de 40 megavatios en 1973. Cualquier motor diésel por encima de los 30 megavatios es capaz de impulsar el mayor de los ULCC, por lo que el tamaño de estas embarcaciones nunca se ha visto limitado por la disponibilidad de motores primarios adecuados.

La búsqueda de una turbina de gas práctica, un motor primario radicalmente nuevo en el que el combustible se pulveriza en un flujo de aire comprimido a fin de generar un gas a alta temperatura que se expanda y salga de la máquina a gran velocidad, dio como resultado la primera turbina estacionaria (para generar electricidad) en 1938, justo cuando aparecieron los iniciales diseños prácticos de motores a reacción —de forma independiente y casi al mismo tiempo— en la Inglaterra y la Alemania de preguerra.[56] Los ingenieros Frank Whittle y Hans von Ohain hicieron pioneras pruebas con turbinas lo bastante eficientes y fiables para impulsar aeroplanos militares. Un pequeño número de estos aviones de reacción se utilizaron en combate a finales de 1944, demasiado tarde como para tener efecto alguno en el ya predeterminado rumbo de la guerra. Pero, una vez que terminó, la industria británica sacó partido de su ventaja y, en 1949, el Comet, impulsado por cuatro motores turbojet de Havilland Ghost, se convirtió en el primer avión comercial de reacción.[57]

Por desgracia, en el año 1954, una serie de accidentes fatales (no relacionados con los motores) obligaron a que se retirase este avión del servicio; y, cuando un Comet rediseñado regresó en 1958, fue rápidamente eclipsado por el Boeing 707, el primero de una familia de aviones de reacción que sigue creciendo.[58] El segundo fue el trimotor Boeing 727, y en 1967 llegó el Boeing 737, el más pequeño de la serie. En 1966, William Allen, el presidente de la empresa, tomó la audaz decisión —invirtiendo más del doble del valor de la compañía, lo que en esencia suponía apostar su futuro al éxito del proyecto— de desarrollar el primer avión de reacción de pasajeros de fuselaje ancho.

Se esperaba que los aviones supersónicos se quedaran con las rutas intercontinentales —el desarrollo del francobritánico Concorde se inició en 1964—, pero se limitaron al caro y ruidoso Concorde, y fue el Boeing 747 el que se convirtió en el diseño de avión más revolucionario de la historia.[59] Este había sido, de hecho, concebido para el transporte: la anchura de su fuselaje permitía colocar dos contenedores navales estándar uno junto al otro, y la cabina de tipo burbuja permitía abatir el morro para la carga frontal. El prototipo despegó menos de tres años después de que Pan Am hiciera un pedido de veinticinco de ellos, y el primer vuelo comercial salió de Nueva York en dirección a Londres el 21 de enero de 1970.

Cuatro motores turbofán Pratt & Whitney hicieron posible el tamaño del avión (un peso máximo al despegue de 333 toneladas).[60] A diferencia de los motores turbojet, en los que el aire comprimido se mueve a través de la cámara de combustión, en los turbofanes una masa mayor de aire menos comprimido —y, por tanto, más lento— se deriva por el exterior de la cámara y se utiliza para generar un mayor empuje durante el despegue (y de manera menos ruidosa). Los motores del Boeing 707 tenían una relación de derivación de 1:1, mientras que, en el Boeing 747, era de 4,8:1, casi cinco veces más aire derivado por el exterior de la turbina.

El número total de unidades del 747 ha ascendido a las 1.548 en medio siglo de producción, y Boeing calcula que, durante esas cinco décadas, han transportado 5.900 millones de personas, el equivalente al 75 por ciento de la población mundial.[61] El revolucionario diseño de la aeronave supuso un cambio en los viajes intercontinentales: los aviones de fuselaje ancho han llevado a centenares de millones de personas a un creciente número de destinos, con costes cada vez menores y con mayor seguridad.

La integración de la economía global ha tenido una estrecha relación con la introducción de los aviones comerciales de reacción de fuselaje ancho, como el Boeing 747 y sus posteriores imitadores de la compañía Airbus (A340 y A380). Sus servicios han sido especialmente importantes para los exportadores asiáticos, que los utilizan para suministrar en poco tiempo artículos muy deseados o de temporada (los últimos modelos de teléfono móvil, regalos de Navidad) a los mercados de Estados Unidos y Europa. Asimismo, han facilitado el turismo a gran escala hasta destinos que antes recibían escasas visitas (encontramos pistas de longitud suficiente para un Boeing 747 en Bali, Tenerife, Nairobi o Tahití), viajes de migración intercontinental e intercambios educativos.

En efecto, los avances de la globalización están muy relacionados no solo con la mayor capacidad y la mejora en el rendimiento de los potentes motores primarios, sino también con la incesante miniaturización de los componentes necesarios para la computación, el procesamiento de información y las comunicaciones. El desarrollo de la radio y después de la televisión y de los primeros ordenadores electrónicos dependía de una gran diversidad de válvulas de vacío, empezando por los diodos y triodos durante la primera década del siglo XX. Cuatro décadas más tarde, nuestra dependencia de estos grandes conjuntos de tubos de vidrio calientes se convirtió en una limitación para el desarrollo de la computación electrónica.

El ENIAC, el primer ordenador digital electrónico polivalente, tenía 17.648 tubos de vacío, un volumen de unos 80 metros cúbicos (aproximadamente dos pistas de bádminton), un sistema de alimentación y de refrigeración que pesaba unas 30 toneladas, y sus frecuentes interrupciones operativas se debían a fallos en los tubos, que exigían un mantenimiento y sustitución cuasiconstantes.[62] Los primeros transistores —dispositivos de estado sólido que llevaban a cabo las mismas funciones que los tubos de cristal— viables no estuvieron preparados para su comercialización hasta principios de la década de 1950, y, antes de que terminara esta, las ideas de diversos inventores estadounidenses (Robert Noyce, Jack Kilby, Jean Hoerni, Kurt Lehovec y Mohamed Atalla) dieron como resultado los primeros circuitos integrados, con componentes activos (transistores) y pasivos (condensadores, resistencias) colocados e interconectados en una delgada capa de silicio (un material semiconductor). Estos circuitos pueden llevar a cabo cualquier función de computación que se les especifique, y al inicio sus usos prácticos fueron en cohetes y la exploración espacial.[63]

El siguiente paso fundamental lo dio Intel en 1969, cuando empezó a diseñar el primer microprocesador del mundo, colocando más de dos mil transistores en una única placa de silicio con el fin de ejecutar un conjunto completo de funciones estipuladas: en el caso del innovador 4044, se trataba de hacer funcionar una pequeña calculadora electrónica japonesa.[64] Este microprocesador supondría el inicio de la primacía de Intel, de décadas de duración, en el diseño de microchips, que llevaría al desarrollo de los primeros ordenadores personales (los equipos de sobremesa de finales de la década de 1970 y principios de la de 1980, relativamente caros, lentos y pesados) y de los aparatos electrónicos portátiles, desde teléfonos móviles (los primeros eran caros y fueron diseñados a finales de la década de 1980) hasta ordenadores portátiles, tabletas y smartphones.

Los años entre 1950 y 1973 estuvieron marcados por un rápido crecimiento económico en casi todo el mundo: el índice promedio anual de crecimiento y la ganancia media per cápita fueron casi 2,5 veces mayores que durante la anterior etapa de globalización, entre 1850 y 1913, y el valor de las mercancías exportadas dentro del producto económico global se elevó de poco más de un 4 por ciento en 1945 al 9,6 por ciento en 1950, y alrededor del 14 por ciento en 1974, igualando el porcentaje de 1913 pero con un volumen de comercio casi diez veces superior.[65] El crecimiento económico era prácticamente universal (la gran hambruna de China entre los años 1958 y 1961 fue la excepción más significativa), aunque las ventajas de esta era dorada —la recuperación de la posguerra, con altos índices de crecimiento que ayudaron a reducir la desigualdad— estaban concentradas, de manera un tanto desproporcionada, en Occidente: en el año 1973, Estados Unidos y los países de Europa occidental reportaban más del 60 por ciento de las exportaciones globales.[66] Al tiempo que las principales economías de Europa occidental (Alemania, Gran Bretaña, Francia) y Japón se convertían en los agentes de comercio más dinámicos de la época, el porcentaje del comercio internacional correspondiente a Estados Unidos se vio, de manera inevitable, poco a poco reducido.

Mientras el comercio se expandía y los consumidores de los países occidentales disfrutaban del acceso a una mayor variedad de productos importados, los viajes internacionales —bien fuese por negocios o por placer— siguieron siendo más o menos limitados, como lo fue la migración internacional y el número de personas que estudiaban o trabajaban temporalmente en el extranjero. Los alemanes no volaban a Tailandia o a Hawái; conducían hasta las playas de Italia. La cuota de inmigrantes entre la población estadounidense, que alcanzó un máximo de casi el 15 por ciento justo antes de la Primera Guerra Mundial, llegó a un nuevo mínimo en 1970: menos del 5 por ciento.[67] La insinuación de que China, desconectada del mundo por las convulsiones producidas por Mao, enviaría grandes masas de estudiantes a las universidades de Estados Unidos se habría visto como nada más que una improbable fantasía.

Entonces (por motivos que se explican en el primer capítulo, en el que he esbozado la dependencia del petróleo crudo que sufre la civilización moderna) pareció que el periodo de posguerra, de limitada pero intensa globalización, se había terminado. El incremento de los precios del petróleo impulsado por la OPEP hizo que este proceso se tambalease, se debilitase y remitiese. Pero esto no afectó a todos los sectores económicos, y en cuestión de años una combinación de eficaces ajustes puso los cimientos para otra etapa de globalización que, gracias a nuevas alineaciones políticas, progresó más allá que cualquiera de las precedentes.

¡QUE PASEN CHINA, RUSIA E INDIA!

Esta vez, la globalización —facilitada, como siempre, por factores técnicos— avanzó de tal forma porque, por primera vez en la historia moderna, podía hacerlo. A finales de la década de 1960, las capacidades técnicas estaban listas para alcanzar una integración global sin precedentes: el suministro de energía era abundante, se disponía de dinero para invertir y no hacía falta más que ampliar el proceso de globalización a las naciones que no participaron en la primera etapa, la de posguerra. Esto dio comienzo, por fin, cuando ciertos cambios políticos de gran importancia impulsaron de una forma decisiva a los medios técnicos y financieros. Este fue el caso de China, Rusia e India, que se convirtieron en participantes esenciales del comercio, las finanzas y el flujo global de talento.

La apertura gradual de China comenzó en 1972, con la visita a Pekín de Richard Nixon, dio un giro decisivo a finales de 1978 (dos años después de la muerte de Mao Zedong) con la subida al poder de Deng Xiaoping y la puesta en marcha de reformas económicas pendientes desde hacía mucho tiempo (la privatización *de facto* de la agricultura, la modernización de la industria y la vuelta parcial de la empresa privada), y se aceleró después de que el país se uniese a la Organización Mundial del Comercio, en 2001. En 1972, China no comerciaba con Estados Unidos; 1984 fue el último año en que este país tuvo superávit comercial con Pekín; en 2009, China se convirtió en el mayor exportador mundial de mercancías; y, en 2018, sus exportaciones representaban más del 12 por ciento de todas las ventas mundiales, y su superávit comercial con el país norteamericano alcanzó los casi 420.000 millones de dólares antes de reducirse un 18 por ciento en 2019 debido al aumento de las tensiones entre las dos superpotencias económicas.[68] Pero es demasiado pronto para pronosticar un retroceso en el comercio a largo plazo o un regreso a una cada vez más tensa integración económica.

Tras décadas de Guerra Fría, la URSS empezó a romperse a finales de la década de 1980. En primer lugar, sus estados satélite se separaron (el Muro de Berlín cayó el 9 de noviembre de 1989), y el Estado soviético se disolvió de modo oficial el 26 de diciembre de 1991.[69] Por primera vez en la historia, todas las grandes economías pudieron abrirse (en diversa medida, pero hasta niveles sin precedentes en casi todos los casos) a la inversión extranjera, lo cual hizo que el comercio internacional se intensificase y poblaciones que antes tenían prohibido viajar libremente fuera de su país se dedicaran al turismo masivo y aprovecharan las nuevas oportunidades para emigrar o para trabajar y estudiar de forma temporal en otros países. La expansión comercial tuvo lugar dentro de un marco global acordado que proporcionó la Organización Mundial del Comercio.[70]

India, con su desorganizada política electoral y multiétnica, no ha sido capaz de replicar el auge que vivió China después de 1990, impulsada por el indiscutible dominio de un único partido, si bien el crecimiento del PIB per cápita hindú durante las dos primeras décadas del siglo XXI indica un claro alejamiento del pobre rendimiento de las décadas anteriores. De hecho, entre 1970 y 1990, el PIB real per cápita de India había disminuido en seis años no consecutivos y permanecido por debajo del 4 por ciento durante otros cuatro, mientras que, entre 2000 y 2019, tuvo un crecimiento anual de más del 4 por ciento en dieciocho años de ese periodo.[71] Es más, desde 2008 el crecimiento anual de la exportación de mercancías se ha situado en un 5,3 por ciento, poco por detrás del 5,7 por ciento de China, y el impacto de los ingenieros de software indios en Silicon Valley (donde se han convertido en el mayor contingente de inmigrantes cualificados del sector) ha estado muy por encima de la contribución de China.[72]

El auge de India ha coincidido con la marginalización del Partido del Congreso, que gobernó el país durante décadas después de su independencia, en 1947, mientras que tanto Rusia como China han conservado muchos de los elementos del control económico y social centralizado. A diferencia de lo que sucede en la nueva Rusia nacionalista, el Partido Comunista sigue firmemente al mando en China, pero ambos países han permitido (con notables, y represivas, excepciones) una libertad de movimientos que ha provocado nuevas oleadas de turistas —los destinos favoritos son los países mediterráneos para los rusos, y Tailandia, Japón y Europa para los chinos— y ha habido un flujo sin precedentes de estudiantes chinos, indios y surcoreanos a Occidente, sobre todo a Estados Unidos.

La proporción del comercio internacional en el producto económico mundial se ha elevado desde alrededor del 30 por ciento en 1973 hasta casi un 61 por ciento en 2008, mientras que el volumen real de comercio total se ha incrementado casi seis veces, en su mayor parte a partir del año 1999.[73] La crisis financiera de 2008 y 2009 redujo el volumen total una décima parte y la cuota del comercio en la producción económica en alrededor de un 15 por ciento en 2009, pero en el año 2018 el comercio global se encontraba un 35 por ciento por encima del máximo de 2008, y el porcentaje del comercio en el producto económico mundial volvía a situarse por encima del 59 por ciento, unas cifras que apenas cambiaron en 2019. La inversión extranjera directa (medida como flujos netos de caja por año) es otro de los marcadores obvios de la globalización. En 1973, su total mundial fue de menos de 30.000 millones de dólares (alrededor del 0,7 por ciento del producto económico global); dos décadas después había aumentado hasta 256.000 millones; pero, en el año 2007, se elevaba a 3,12 billones (casi el 5,5 por ciento del producto global), un incremento de un factor 12 en solo catorce años, con Asia (y, sobre todo, China) como principal destino.[74]

Un equipo ruso midió el progreso de la globalización después del año 2000 combinando todos los marcadores clave, esto es, analizando los cambios en el comercio de bienes y servicios y en los stocks acumulados de inversión extranjera directa bilateral (de especial relevancia para China), y también en la migración (inexistente en China, pero importante para la economía de Estados Unidos).[75] Como no es de extrañar, los resultados muestran los mayores beneficios para la antes aislada Rusia, otras antiguas economías comunistas europeas y China, así como para India, algunos países africanos y Brasil. Es más, como resultado de estos cambios, en el año 2017, el grado de conexión de China con el resto del mundo era tan alto como el de Japón; el de Rusia rivalizaba con el de Suecia, y el de India se podía comparar con el de Singapur. Si alguno de estos emparejamientos le resulta cuestionable, piense en la posición de China como mayor fabricante de bienes de consumo, en las enormes exportaciones de energía y minerales de Rusia y en el ya mencionado contingente de ingenieros de software indios en Silicon Valley.

LOS MÚLTIPLOS DE LA GLOBALIZACIÓN

Quizá la mejor forma de comprender los avances técnicos que hicieron posible esta globalización sin precedentes sea expresar su progreso como múltiplos de sus capacidades, clasificaciones, eficiencias o rendimientos. Como ya hemos explicado, las bases técnicas de esta vertiginosa fase de globalización se sentaron antes de 1973, pero desde entonces su alcance e intensidad ha exigido enormes inversiones en impulsores primarios (motores de combustión y eléctricos en el transporte) y en infraestructuras esenciales (puertos, aeropuertos, transportes contenedorizados). En consecuencia, no solo tenemos más, sino que el promedio de su capacidad (potencia, volumen, rendimiento) ha aumentado, y su eficiencia y fiabilidad típica han mejorado. Así que echemos un vistazo a los avances que se han producido en el transporte, el vuelo, la navegación, la computación y la comunicación desde principios de la década de 1970.

La globalización a partir de 1973 ha más que triplicado el volumen de comercio marítimo y ha traído enormes cambios a su composición.[76] Mientras que, en 1973, el tráfico de buques cisterna (dominado por el petróleo crudo y los productos refinados) representaba más de la mitad del total transportado, en 2018 las mercancías suponían alrededor del 70 por ciento, un cambio que refleja no solo el auge de Asia —y, sobre todo, de China— como principal proveedor mundial de bienes de consumo, sino el incremento de la integración y la interdependencia globales: los fabricantes de coches alemanes montan sus vehículos en Alabama, los productos químicos fabricados en Texas (aprovechando el auge de la extracción de gas natural) proporcionan materia prima a las industrias de la Unión Europea, las frutas de Chile se exportan a cuatro continentes y los camellos de Somalia se llevan a Arabia Saudí.

Esta triplicación del volumen de bienes transportados entre 1973 y 2019 (medido en toneladas de peso muerto) ha exigido casi cuadruplicar la capacidad de la flota mercante global. El tonelaje de los petroleros se ha más que triplicado, el de los buques portacontenedores ha aumentado en un factor de aproximadamente 4,5, y el tamaño de la flota global de contenedores se ha incrementado en, más o menos, un factor 10 en cuarenta y cinco años, hasta llegar a 5.152 buques en 2019. Este incremento de un orden de magnitud ha venido acompañado por un inmenso desplazamiento de la actividad referente a los contenedores hacia China: en 1975, este país no tenía tráfico de contenedores y los puertos de Estados Unidos y Japón concentraban casi la mitad de la actividad global; en 2018, China (incluido Hong Kong) representaba un 32 por ciento del sector, mientras que el porcentaje combinado de Estados Unidos y Japón era de menos del 10 por ciento.

En cuanto a los tamaños máximos de las embarcaciones, en 1972 y 1973 Malcolm McLean botó sus mayores barcos portacontenedores, cada uno de ellos con una capacidad de 1.968 contenedores estándar de acero (casi cinco veces más que sus primeros buques convertidos, en 1957). En 1996, el Regina Maersk podía cargar 6.000 unidades estándar; en 2008, el máximo era de 13.800; y, en 2019, la Mediterranean Shipping Company puso en servicio seis buques gigantescos, que podían cargar 23.756 contenedores estándar cada uno: un incremento de un factor 12 en la capacidad máxima de los buques entre 1973 y 2019.[77] Inevitablemente, esta adopción a gran escala del transporte en contenedores exigió una conversión acorde del transporte en trenes y camiones, y estas cadenas intermodales llevan ahora mercancía desde una ciudad en el interior de China hasta el almacén de un supermercado Walmart en Missouri.

Cuando el envío de alimentos o flores (atún recién pescado del Atlántico canadiense a Tokio; judías verdes de Kenia a Londres; rosas de Ecuador a Nueva York) o caros dispositivos electrónicos requiere rapidez, se utiliza la vía aérea. La bodega de todos los aviones de pasajeros, así como la de la creciente flota de aerotransportadores, contiene mercancías; el resultado: entre 1973 y 2018, el transporte aéreo mundial (expresado en toneladas-kilómetro) aumentó aproximadamente en un factor 12, mientras que el tráfico regular de pasajeros creció de unos 0,5 billones de pasajeros-kilómetro a más de 8,3 billones, casi 17 veces más.[78] Casi dos tercios (5,3 billones de pasajeros-kilómetro) de este total correspondían a vuelos internacionales; el equivalente a llevar en avión a casi quinientos millones de personas al año de Nueva York a Londres y de vuelta.

Una parte cada vez mayor de estos vuelos es de turistas internacionales. A principios de la década de 1970, el total anual mundial (dominado por los estadounidenses y los europeos occidentales) era de menos de 200 millones; en el año 2018, el récord alcanzó los 1.400 millones.[79] Europa sigue siendo el principal destino turístico, pues concentra la mitad del total de trayectos; Francia, España e Italia son los países más visitados del continente. Estados Unidos se situó durante generaciones a la cabeza del desembolso turístico, pero en 2012 fue superado por China; cinco años más tarde, los turistas chinos gastaban el doble que los estadounidenses. La multiplicación, bastante repentina, de turistas, y su desproporcionada concentración en algunas grandes ciudades (París, Venecia, Barcelona) ha provocado quejas de los residentes y las primeras medidas para limitar el número de visitantes diarios o anuales.[80]

EL LARGO ALCANCE DE LA LEY DE MOORE

El incremento en el traslado de materiales, productos y personas, así como la necesidad de entregar a tiempo materiales o componentes para nuevas industrias que trabajan con inventarios limitados, fueron posibles gracias a las mejoras en navegación, seguimiento, computación y comunicaciones. También fue necesaria una capacidad mucho mayor para dar cabida a la nueva avalancha de datos en todo el mundo. Todos estos avances tienen una base técnica fundamental: nuestra habilidad para insertar más componentes en un circuito integrado, cuyo avance —una duplicación cada dos años, aproximadamente— se ha ajustado, hasta ahora, a la predicción efectuada en 1965 por Gordon Moore, que en aquel momento era director de investigación de la empresa Fairchild Semiconductor.[81]

En 1969, Moore se convirtió en cofundador de Intel, y (como ya se ha comentado) la empresa lanzó, en 1971, su primer microprocesador (microchip), que incluía 2.300 componentes. La fabricación de estos circuitos había progresado de la integración a gran escala (hasta 100.000 componentes) a la integración a muy gran escala (hasta diez millones de componentes), y a ultra gran escala (hasta 1.000 millones de componentes).[82] La cota 10^5 (100.000 transistores) se alcanzó en 1982, y en 1996, para celebrar el cincuenta aniversario del ENIAC, un grupo de estudiantes de la Universidad de Pensilvania lo recrearon colocando 174.569 transistores en un microchip de silicio de $7,4 \times 5,3$ mm: la máquina original pesaba más de cinco millones de veces más, requería unas 40.000 veces más electricidad, y el chip la recreaba unas 500 veces más rápido.[83]

Y el avance prosiguió: la cota 10^8 se superó en 2003, 10^9 en 2010 y, a finales de 2019, AMD lanzó su CPU Epyc, con 39.500 millones de transistores.[84] Esto significa que, entre 1971 y 2019, la potencia de los microprocesadores aumentó en siete órdenes de magnitud: 17.100 millones de veces, para ser exactos. Estos avances fueron más que suficientes para satisfacer la demanda de transferencia masiva de datos (de satélites de observación, espías y de comunicaciones, y entre centros financieros y almacenes de datos), correo electrónico y llamadas de voz instantáneas, así como de navegación de alta precisión.

Esta última se ha beneficiado de los avances en detección por radar y de la creación, y posterior difusión y mejora, de los sistemas de posicionamiento global (GPS, por sus siglas en inglés): el primer sistema (estadounidense) estuvo plenamente operativo en 1993, y le siguieron otros tres (el GLO-NASS de Rusia, el Galileo de la Unión Europea y el BeiDou de China).[85] En consecuencia, cualquiera que disponga de un ordenador o un teléfono móvil puede ver ahora las actividades de transporte y aviación de todo el mundo, en tiempo real, con solo hacer clic en el sitio web *MarineTraffic* y contemplar cómo los buques de carga (iconos verdes) convergen en Shanghái y Hong Kong, se alinean para pasar entre Bali y Lombok o navegan por el canal de la Mancha; cómo los petroleros (iconos rojos) salen del golfo Pérsico, los remolcadores y embarcaciones especiales (iconos turquesa) dan servicio a las plataformas de extracción de petróleo y gas en el mar del Norte, y los barcos de pesca (iconos marrón claro) recorren el Pacífico central (y hay muchas otras embarcaciones que no aparecen en pantalla, ya que, al pescar ilegalmente, no conectan sus transpondedores).[86]

Del mismo modo, también es fascinante llevar a cabo el seguimiento de todos los vuelos comerciales.[87] Las primeras horas de la mañana en Europa muestran un prolongado arco de vuelos que llegan uno tras otro al continente después de cruzar el Atlántico durante la noche desde el sur y el norte de América; de noche, en Estados Unidos, se pueden observar los prolongados flujos de aviones de pasajeros que siguen sus rutas de vuelo óptimas hacia Europa; los vuelos transpacíficos hacia Japón convergen en Narita y Haneda al final de la tarde y principio de la noche, hora de Tokio. El seguimiento de vuelos permite incluso rastrear los cambios de ruta debidos a la siempre cambiante corriente en chorro.[88] Otros ajustes menos frecuentes de las rutas están causados por la aparición de grandes ciclones, o por nubes de cenizas emitidas por erupciones volcánicas.[89]

INEVITABILIDAD, CONTRATIEMPOS Y EXTRALIMITACIONES

La historia de la globalización revela una innegable tendencia a largo plazo hacia una mayor integración económica internacional, que se manifiesta en una intensificación de los flujos de energías, materiales, personas, ideas e información, facilitada por la mejora de las capacidades técnicas. No es un proceso nuevo, pero solo ha podido alcanzar su reciente volumen y alcance a raíz de las numerosas innovaciones posteriores a 1850. Sin embargo, como indican algunos reveses del pasado, estos avances técnicos no convierten en inevitable un progreso continuo: en particular, la primera mitad del siglo XX fue testigo de un retroceso significativo de la globalización económica y, en consecuencia, del movimiento de personas entre países que esta conlleva. Los motivos de este retroceso son obvios, ya que aquellas décadas se vieron marcadas por una concatenación de tragedias sin precedentes a escala global y de reveses en la fortuna de las naciones.

La lista, limitada solo a los principales eventos, incluye el final de la dinastía Qing, la última dinastía imperial de China (1912); la Primera Guerra Mundial (1914-1918); el fin de la Rusia zarista, cuando los bolcheviques alcanzaron el poder, lo que marcó el inicio de años de guerra civil que terminaron con la instauración de la URSS (1917-1921); la disolución del Imperio otomano (alcanzada finalmente en 1923); la inestabilidad política en la Europa de posguerra durante la década de 1920; el colapso de la Bolsa a finales de octubre de 1929; la consiguiente crisis económica mundial, que duró la mayor parte de la década de 1930; la invasión de Manchuria por parte de Japón (1931), el verdadero inicio de otra gran guerra; la toma del poder en Alemania por parte de los nazis (1933); la guerra civil española (1936-1939); la Segunda Guerra Mundial (1939-1945); una renovada guerra civil en China (1945-1949); el inicio de la Guerra Fría (1947) y la proclamación de la República Popular China por parte de Mao (1949). El retroceso de la globalización económica fue sustancial.

La parte correspondiente al comercio en el PIB mundial cayó desde aproximadamente un 14 por ciento en 1913 hasta alrededor del 6 por ciento en 1939, y a solo el 4 por ciento en 1945.[90]

El ritmo acelerado de la globalización después de 1990 no dependió tan solo de los medios técnicos superiores; habría sido imposible sin unas simultáneas, e importantes, transformaciones sociales y políticas, sobre todo el retorno de la China posterior a 1980 al comercio internacional, seguido por la disolución del Imperio soviético (entre 1989 y 1991). Todo ello revela que el alto grado de globalización que se ha alcanzado durante las dos primeras décadas del siglo XXI no ha sido inevitable, y que futuros acontecimientos pueden debilitarlo, aunque es imposible prever hasta qué punto (marginal o sustancialmente) y con qué velocidad (rápida como consecuencia de grandes confrontaciones de poder o gradual a causa de los cambios entre generaciones).

Buena parte de la globalización a la que hemos llegado, en especial muchos de los cambios que han tenido lugar durante las pasadas dos generaciones, parece haberse consolidado con firmeza. Son demasiados los países que ahora dependen de las importaciones de alimentos, y la autosuficiencia para todas las materias primas es imposible, incluso para los países más grandes, ya que ninguno de ellos posee reservas suficientes de todos los minerales necesarios para su economía. Reino Unido y Japón importan más alimentos de los que producen, China no tiene todo el mineral de hierro que sus altos hornos necesitan, Estados Unidos compra muchos metales del grupo de las tierras raras (de lantano a itrio) e India padece una carencia crónica de petróleo crudo.[91] Las ventajas propias de la fabricación a escala global impiden que las empresas ensamblen teléfonos móviles en todas las ciudades en las que se venden. Antes de morir, millones de personas querrán viajar a lugares distantes y emblemáticos.[92] Además, los cambios radicales instantáneos no son viables, pues las disrupciones rápidas suelen conllevar costes muy altos. Por ejemplo, el suministro global de aparatos electrónicos de consumo se vería enormemente afectado si Shenzhen dejase de pronto de ser el foco más importante del mundo de fabricación de dispositivos móviles.

Pero la historia nos recuerda que no es probable que el estado actual de las cosas se mantenga durante generaciones. Las industrias británica y estadounidense eran líderes mundiales hasta hace muy poco, a principios de la década de 1970. Pero ¿dónde están ahora las metalurgias de Birmingham o los altos hornos de la industria siderúrgica de Baltimore? ¿Y las fábricas de hilado de algodón de Mánchester o Carolina del Sur? En el año 1965, las tres grandes compañías de automóviles de Detroit aún copaban el 90 por ciento del mercado de coches de Estados Unidos; ahora, no llegan siquiera al 45 por ciento. Hasta 1980, cuando se convirtió en la primera zona económica especial de China, Shenzhen era un pequeño pueblo pesquero, y hoy es una megalópolis de más de doce millones de habitantes. ¿Cuál será su papel en 2050? Un retroceso masivo y rápido del estado actual de las cosas es imposible, si bien la opinión favorable a la globalización ya lleva un tiempo debilitándose.

La desindustrialización acelerada de Norteamérica, Europa y Japón, y el desplazamiento de la fabricación a Asia en general, y a China en particular, ha sido el principal motivo de este cambio de opinión.[93] Este desplazamiento ha comportado cambios que van de lo cómico a lo trágico. En la primera categoría encontramos transacciones tan grotescas como las de Canadá, el país con mayores recursos forestales per cápita del mundo, que importa palillos y papel higiénico de China, una nación cuyas existencias de madera representan una pequeña fracción del enorme patrimonio de bosques boreales de Canadá.[94] Pero la transición también ha traído tragedias, como el incremento de la mortalidad de los hombres blancos de mediana edad y sin estudios universitarios en Estados Unidos. No cabe la menor duda de que la desesperación ante la pérdida de unos siete millones de empleos (antes bien pagados) del sector de la manufactura en el país —la mayor parte atribuible a la globalización y al desplazamiento de la fabricación a China— ha sido el motivo principal de estas muertes, en gran parte suicidios, sobredosis de drogas y enfermedades hepáticas causadas por el alcohol.[95]

Ahora tenemos una confirmación cuantitativa fiable de que la globalización alcanzó un punto de inflexión a mediados de la década del 2000. Este fenómeno quedó enseguida oculto por la Gran Recesión de 2008, pero el análisis de McKinsey de veintitrés cadenas de valor industriales (actividades interconectadas, del diseño a la venta minorista, que vende el producto final), a partir de la actividad de 43 países entre 1995 y 2017, muestra que las cadenas de valor de producción de mercancías (que aún siguen creciendo poco a poco en términos absolutos) han ido perdiendo valor progresivamente, con una reducción en las exportaciones del 28,1 por ciento de la producción bruta en 2007 al 22,5 por ciento en 2017.[96] Lo que parece el segundo hallazgo más importante del estudio es que, a diferencia de lo que se suele pensar, solo cerca del 18 por ciento del comercio internacional de mercancías está impulsado por unos menores costes laborales (mano de obra barata); este porcentaje se ha ido reduciendo a lo largo de la década de 2010, y las cadenas de valor globales son cada vez más dependientes del conocimiento y de la mano de obra cualificada. Asimismo, según un estudio de la OCDE, la expansión de las cadenas de valor globales se detuvo en 2011, y desde entonces se ha reducido ligeramente: ha habido menos comercio en bienes y servicios intermedios.[97]

A esto se le suman los temores (justificados o exagerados, reflexionados o demagógicos) sobre el impacto de la globalización en la soberanía, la cultura y el idioma de las naciones; sobre la disolución de las particularidades más estimadas causadas por la universalidad comercial (con inquietudes que van desde la ubicuidad de las cadenas de comida rápida estadounidenses hasta el esencialmente descontrolado poder de las redes sociales); y sobre el papel de la globalización en la desigualdad económica y social, al contrario de los beneficios prometidos. Basta una somera valoración de estos aspectos negativos, tanto reales como percibidos, para confirmar que todos ellos ponen en cuestión cualquier futura intensificación del proceso, y en 2020 la COVID-19 reforzó estas opiniones.

Los argumentos para que regrese un gran número de industrias a fin de lograr una mayor capacidad de resiliencia y reducir las perturbaciones inesperadas no son ninguna novedad. El avance de la globalización y las acciones de las multinacionales han sido puestos en duda y criticados desde la década de 1990; más recientemente, estos puntos de vista han formado parte del descontento electoral en algunos países, en particular Reino Unido y Estados Unidos.[98] Pero, con la pandemia de la COVID-19, un considerable conjunto de instituciones empezó a publicar análisis y llamadas a la reorganización de las cadenas de suministro globales. La OCDE analizó qué políticas se podían implementar para crear redes de producción más resilientes, que dependiesen en menor medida de las importaciones desde lugares lejanos y pudiesen resistir mejor las interrupciones del comercio mundial. La Conferencia de las Naciones Unidas sobre Comercio y Desarrollo consideró que la fabricación debía volver a cada país, desde Asia hasta Norteamérica y Europa, y que había que regresar a cadenas de valor más cortas y menos fragmentadas —desde el diseño hasta la distribución, pasando por la fabricación, dentro de un solo país o unidad económica—, lo que produciría una mayor concentración de valor añadido. La empresa Swiss Re elaboró un informe sobre la reducción del riesgo de las cadenas de suministro globales (reequilibrándolas y fortaleciéndolas), y la Brookings Institution calificó el retorno a la fabricación especializada como la mejor forma de crear buenos empleos.[99]

Cuestionar y criticar la globalización ha ido más allá de los argumentos estrictamente ideológicos, y la pandemia de la COVID-19 ha proporcionado potentes razones adicionales basadas en inevitables inquietudes sobre el papel fundamental del Estado en la protección de las vidas de sus ciudadanos. Esto es muy difícil de llevar a cabo cuando el 70 por ciento de los guantes de goma del mundo se producen en una sola fábrica, y cuando porcentajes similares, o hasta superiores, no solo de otros equipos de protección personal, sino también de componentes esenciales para fármacos y medicamentos comunes (antibióticos, antihipertensivos), proceden de un pequeño número de proveedores en China e India.[100] Tal dependencia puede satisfacer el sueño de un economista de lograr una producción masiva con el menor coste unitario posible, pero supone una gestión extremadamente irresponsable —si no criminal— cuando el personal médico y de enfermería debe enfrentarse a una pandemia sin equipos de protección adecuados, cuando los estados que dependen de la producción en el extranjero entran en una desoladora competencia para hacerse con unos suministros limitados, y cuando los pacientes de todo el mundo no pueden acceder a los fármacos a causa de la reducción del ritmo de producción o del cierre de las fábricas asiáticas.

Las preocupaciones sobre la seguridad generadas por una globalización excesiva van mucho más allá del sector sanitario. El incremento de las importaciones desde grandes empresas transformadoras de China a Estados Unidos crea inquietud debido a la potencial disponibilidad de piezas de recambio y a la posible inestabilidad futura de la red comercial; y no hace falta repetir los argumentos acerca de la muy difundida prohibición que algunos países occidentales pusieron a Huawei de participar en las redes 5G.[101] No sería de extrañar que la repatriación de la fabricación estuviese en el horizonte, tanto en Norteamérica como en Europa: un sondeo realizado en 2020 mostró que el 64 por ciento de los fabricantes estadounidenses declaraban que el retorno era probable después de la pandemia.[102]

¿Se mantendrá esta opinión? Como siempre digo, y no me canso de repetir, yo no hago pronósticos, así que no voy a ofrecer cifras específicas en cuanto a la reducción o al mantenimiento de los niveles pre COVID-19 de globalización en general, ni de la repatriación de la fabricación en particular. Solo trato de evaluar el alcance de los efectos más plausibles. Y aunque en épocas recientes parecía que, cada vez más, la mayoría de los elementos de la globalización no iban a alcanzar nuevas cotas, en 2020 esta idea se convirtió en algo de lo más normal: puede que hayamos visto el pico de la globalización, y su decadencia podría durar no años, sino décadas.

5

Comprender los riesgos

De los virus y las dietas a las erupciones solares

Una forma de describir de manera amplia y simplificada los avances de la civilización moderna es percibirlos como una serie de intentos de reducir los riesgos a que nos enfrentamos como organismos complejos y frágiles que tratan de sobrevivir, contra todo pronóstico, en un mundo en el que abundan los peligros. Los capítulos anteriores han documentado nuestros éxitos al respecto. Un mayor rendimiento de las cosechas ha incrementado el suministro de alimentos, reducido sus costes y disminuido los riesgos de malnutrición, los problemas de crecimiento y las enfermedades infantiles derivadas de la desnutrición. En particular, la combinación del aumento en la producción, el comercio de alimentos global y la ayuda alimentaria en casos de emergencia han eliminado la histórica inevitabilidad de las hambrunas recurrentes.[1]

La mejora de la vivienda (más espacio, agua corriente y caliente, calefacción central), de la higiene (no hay progreso más importante que disponer de más jabón y lavarse las manos con mayor frecuencia) y de las medidas de salud pública (desde las vacunaciones a gran escala hasta el control sanitario de los alimentos) han supuesto un avance en el bienestar doméstico, han reducido el riesgo de propagación de infecciones por la contaminación del agua, han disminuido la frecuencia de los patógenos en los alimentos y prácticamente han eliminado los peligros de envenenamiento por el monóxido de carbono procedente de las estufas de leña.[2] Por su parte, diversos adelantos en ingeniería y en seguridad ciudadana han disminuido los accidentes en fábricas y transportes. El número de accidentes de coche mortales (que provocan más de 1,2 millones de muertes al año) sería mucho mayor si no fuera por los avances en el diseño y en las medidas de seguridad de los coches (las barras de protección contra impactos laterales, los cinturones de seguridad, los airbags, las luces de freno al nivel de la vista del conductor y, cada vez más, el frenado automático y los sistemas de corrección de abandono de carril), que han reducido drásticamente los riesgos de colisión y de heridas graves.[3]

Los tratados internacionales establecen reglas muy claras que promueven la fiabilidad y la seguridad (como la reducción del peligro de importar mercancías infecciosas) y que hacen que los actos cuestionables estén sujetos a acciones legales (por ejemplo, procesar a un progenitor que se ha llevado a su hijo a otro país a la fuerza).[4] Y, a pesar de la impresión que crean los medios de comunicación, la cantidad de conflictos violentos en el mundo y el número total de muertes que estos provocan llevan décadas disminuyendo.[5] Sin embargo, dada la complejidad de nuestro cuerpo, el enorme volumen de procesos naturales impredecibles y la imposibilidad de erradicar todos los errores humanos a la hora de diseñar y operar complicadas máquinas, no es sorprendente que, en el mundo moderno, los riesgos sigan siendo abundantes.

Incluso aquellas personas que no toman ninguna medida para mantenerse bien informadas están expuestas a informaciones de los medios sobre los peligros, tanto artificiales como naturales, de dietas, enfermedades y actividades cotidianas. La primera categoría va desde los temidos ataques terroristas hasta numerosas manifestaciones de quimiofobia (miedo a residuos de pesticidas en los alimentos, a sustancias carcinógenas en juguetes y alfombras, etc.), y de los asbestos en las paredes y los polvos de talco hasta la destrucción del planeta a causa del calentamiento global antropogénico.[6] Los medios no dejan pasar ninguna noticia sobre catástrofes naturales —como huracanes, tornados, inundaciones, sequías y plagas de langosta— y, en segundo plano, siguen las eternas inquietudes sobre cánceres incurables y virus impredecibles, con las preocupaciones recientes por el SARS-Co-V-1 y el ébola como meros anticipos de la angustia que ha traído consigo la pandemia de la COVID-19 (SARS-CoV-2).[7]

La lista se puede alargar fácilmente si añadimos la desazón provocada por la enfermedad de las vacas locas (encefalopatía espongiforme bovina), la *Salmonella* o la *Escherichia coli*, la exposición a microbios en hospitales (infecciones nosocomiales), la radiación no ionizante de los teléfonos móviles, la ciberseguridad y el robo de datos, la pérdida del control en la inteligencia artificial o en los organismos genéticamente modificados, el lanzamiento accidental de misiles nucleares o el impacto de un asteroide no observado contra el planeta. Con un discurso así, podríamos llegar sin problemas a la conclusión de que ahora estamos expuestos a más riesgos que nunca, o, en contraste, que las incesantes (y exageradas) informaciones acerca de tales eventos o de su probabilidad nos han hecho más conscientes de su existencia, y que una percepción adecuada de los riesgos nos tranquilizaría. Y eso es justo lo que me dispongo a hacer en este capítulo. Sí, el mundo está lleno de peligros, constantes o esporádicos, y también de ideas erróneas y de evaluaciones de riesgo irracionales. Hay muchas razones para ambas, y los profesionales en el análisis de riesgos han publicado reveladores hallazgos sobre sus orígenes, prevalencia y tenacidad.[8]

Pero, antes de profundizar en los análisis, las cuantificaciones y las comparaciones de los riesgos artificiales y naturales, empecemos por los conceptos básicos. ¿Qué debemos comer para favorecer una vida larga? Las afirmaciones a favor y en contra sobre dietas en la actualidad son un campo de minas, así que parece que la respuesta a esta pregunta podría no existir, o al menos ser muy difícil. ¿Cómo ponderar los respectivos méritos y deméritos de las dietas, desde el carnivorismo descontrolado hasta el más puro de los veganismos? El primero, presentado como la supuesta dieta paleolítica, proporciona más de una tercera parte de la energía necesaria en forma de proteína cárnica; la otra abarca desde no ingerir siquiera un microgramo de materia animal hasta no llevar jamás unos zapatos de cuero, jerséis de lana o blusas de seda. La primera es una caricatura de nuestras ancestrales raíces evolutivas; la segunda ofrece la ruta más segura para la conservación de la castigada biosfera, pues las humildes plantas, a diferencia de los más destructivos animales domésticos, ejercen solo una suave presión sobre el medioambiente.[9]

Mi enfoque de cómo hallar las dietas menos arriesgadas (las que están asociadas a una esperanza de vida de más de ochenta años) pasará por alto no solo las dudosas afirmaciones dietéticas divulgadas por los medios de comunicación, sino también, y quizá esto resulte más extraño, docenas de publicaciones en revistas científicas. En particular, las que han examinado los vínculos entre dietas, enfermedades y longevidad a través del seguimiento de grupos de tamaños y edades diversos, durante periodos de tiempo breves o prolongados, y basándose demasiado en los recuerdos de los participantes sobre sus hábitos alimentarios en el pasado. También ignoraré los metaestudios de tales proyectos. Un mero listado de estas publicaciones posteriores a 1950 —desde las enfermedades coronarias, las grasas saturadas y el colesterol hasta los riesgos de comer carne y beber leche— bastaría para llenar todo un libro, y he dedicado un entretenido apartado de mi análisis a revelar la falibilidad de la memoria humana —¿qué comió la semana pasada? Apuesto a que no lo recuerda, o al menos no con precisión—, así como a destacar otros defectos metodológicos o analíticos, como el hecho de que este campo contiene una multitud de conclusiones incorrectas.[10]

No es sorprendente que la mayor parte de las personas opinen que la pregunta de qué debemos comer tiene difícil respuesta. Estos estudios a los que he hecho referencia, y sus metaestudios, han fracasado una y otra vez al producir resultados inequívocos coherentes y, con frecuencia, las nuevas investigaciones han echado por tierra los hallazgos anteriores.[11] ¿Hay acaso una mejor forma de dejar atrás estos misterios alimentarios, que han persistido durante generaciones? En realidad, es bastante simple: podemos examinar qué poblaciones viven más tiempo y cuáles son sus dietas.

COMER COMO EN KIOTO, O COMO EN BARCELONA

De entre los más de doscientos países y territorios del mundo, Japón tiene el promedio de longevidad más alto desde principios de la década de 1980, cuando su esperanza de vida combinada (hombres y mujeres) al nacer superaba los 77 años.[12] Esta cifra siguió aumentando, hasta llegar a los alrededor de 84,6 años en el año 2020. Las mujeres viven más tiempo en todas las sociedades, y ese año su esperanza de vida en Japón era de unos 87,7 años, por delante de los 86,2 años de España, el país que ocupaba el segundo lugar en la clasificación. La longevidad media es el resultado de complejos e interrelacionados factores genéticos, de estilo de vida y de nutrición. Tratar de descubrir hasta qué punto está determinada tan solo por un elemento es imposible, pero si la dieta de una nación tiene características especiales, estas merecen una observación más detallada.

¿Hay algo realmente especial en los alimentos que se comen en Japón que ofrezca una explicación de cómo esa dieta contribuye a una longevidad récord? Todos sus ingredientes tradicionales, consumidos en cantidades significativas, apenas difieren de los que comen o beben en abundancia en naciones asiáticas vecinas. Chinos y japoneses consumen variedades diferentes, aunque nutricionalmente equivalentes desde la perspectiva nutricional, de la misma subespecie de arroz (*Oryza sativa japonica*). Los chinos siempre han utilizado sulfato de calcio (*shígāo*) para obtener su cuajada de soja (*dòufu*), mientras que la de los japoneses (*tōfu*) se obtiene con sulfato de magnesio (*nigari*), pero el grano molido tiene un idéntico, y rico, contenido en proteínas. Y, a diferencia del té verde japonés no fermentado (*ocha*), el té verde chino (*lùchá*) está parcialmente fermentado. Pero ello no produce diferencias en la calidad nutricional, sino solo en el aspecto, color y sabor.

La dieta japonesa ha sufrido una enorme transformación a lo largo de los últimos ciento cincuenta años. La alimentación tradicional, propia de la mayor parte de la nación antes de 1900, era insuficiente para mantener el potencial de crecimiento de la población, y tuvo como consecuencia una baja estatura tanto en mujeres como en hombres; las lentas mejoras nutricionales anteriores a la Segunda Guerra Mundial se aceleraron una vez que el país superó la escasez de alimentos que siguió a su derrota en 1945.[13] El consumo de leche, introducida por primera vez en los comedores escolares para prevenir la malnutrición, empezó a aumentar, y el arroz blanco se convirtió en un alimento abundante. El suministro de pescado y marisco creció rápidamente con la construcción de la mayor flota pesquera (y ballenera) del mundo. La carne pasó a formar parte de los platos japoneses más habituales, y muchos productos de panadería se convirtieron en favoritos de una cultura en la que, tradicionalmente, no se comía pan.

El incremento de los ingresos y la hibridación de los gustos provocaron niveles más altos de colesterol en sangre, presión sanguínea y peso; y, sin embargo, las enfermedades cardiovasculares no aumentaron y sí la longevidad.[14]

Los últimos sondeos publicados muestran que Japón y Estados Unidos son sorprendentemente parecidos en cuanto al consumo energético alimentario diario. En 2015 y 2016, el de los hombres estadounidenses solo fue un 11 por ciento mayor, y el de las mujeres no llegó a superar en un 4 por ciento el de sus homólogas japonesas en 2017. Los dos países divergían moderadamente en el consumo total de hidratos de carbono (Japón estaba por delante en menos de un 10 por ciento) y proteínas (los estadounidenses los superaban en menos de un 14 por ciento), y ambas naciones se encontraban muy por encima de sus mínimos de proteína necesarios. Pero la diferencia en términos de ingesta media de grasas es importante: los hombres estadounidenses consumen alrededor de un 45 por ciento más que los japoneses, y las mujeres, un 30 por ciento más. La mayor disparidad se da en la ingesta de azúcares: entre los adultos estadounidenses es alrededor de un 70 por ciento superior. Si lo recalculamos en términos de diferencias medias anuales, los estadounidenses han consumido recientemente unos 8 kg más de grasas y 16 kg más de azúcares al año que el adulto medio en Japón.[15]

La disponibilidad generalizada de ingredientes y el fácil acceso a instrucciones y recetas por internet puede ayudar a minimizar el riesgo de muerte prematura y a empezar a comer *à la japonaise*, bien sea adoptando la cocina tradicional del país, *washoku*, bien sus adaptaciones de platos extranjeros (el *Wienerschnitzel* en forma de *tonkatsu*, con los filetes precortados; o el arroz con curry transformado en un espeso *kare raisu*).[16] Pero, antes de empezar a desayunar sopa de miso (*miso shiru*), almorzar *onigiri* fríos (bolas de arroz envueltas en el alga seca *nori*), y cenar *sukiyaki* (estofado de carne y hortalizas), puede que sea conveniente una segunda opinión: ¿cuál sería el efecto del modelo europeo de dieta que conlleva una mayor longevidad?

Las mujeres españolas ocupan el segundo lugar del mundo en cuanto a esperanza de vida, y en el país se ha seguido tradicionalmente la denominada dieta mediterránea, que consta de muchas hortalizas, frutas y cereales integrales, complementado con legumbres, frutos secos, semillas y aceite de oliva. Pero, con el aumento de los ingresos medios en España, los españoles han cambiado con rapidez esos hábitos hasta un punto sorprendente.[17] Hasta finales de la década de 1950, la empobrecida España de Franco siguió comiendo de manera muy frugal. Las dietas típicas estaban dominadas por las féculas (el consumo anual de cereales y patatas alcanzaba unos 250 kg per cápita) y las hortalizas; el suministro de carne siguió por debajo de los 20 kg (de peso en canal) per cápita, aunque el consumo real era de menos de 12 kg (de los que un tercio provenía de carne de cordero y de cabra); el aceite de oliva se consideraba el aceite vegetal más importante (unos 10 l al año), y tan solo el consumo de azúcar era alto (unos 16 kg en 1960) en relación con otros alimentos.

Los cambios en la dieta se aceleraron tras su ingreso en la Unión Europea, en 1986, y en el año 2000 España se había convertido en el país más carnívoro de Europa (después de más que quintuplicar el suministro per cápita, hasta superar los 110 kg al año). Un subsiguiente declive moderado redujo el índice a unos 100 kg (peso en canal) per cápita en 2020, ¡pero eso sigue siendo el doble de la media japonesa! Y, si añadimos los productos lácteos a la carne fresca y a la enorme cantidad y variedad de jamones (curados mediante salazón y secado prolongado), no es de extrañar que el consumo de grasa animal en España sea el cuádruple del índice japonés.[18] Los españoles consumen ahora casi el doble de aceites vegetales que los japoneses, y su ingesta de aceite de oliva es aproximadamente un 25 por ciento menor que en 1960.

El aumento de los ingresos no ha hecho más que incrementar la tradicional predilección por los productos azucarados, y del resto se han encargado las bebidas gaseosas: desde 1960, el consumo per cápita de azúcar se ha duplicado, y está ahora alrededor de un 40 por ciento por encima del nivel de Japón. Al mismo tiempo, el consumo de vino en España ha descendido de forma inexorable, de unos 45 l per cápita en 1960 a solo 11 l en el año 2020, y la cerveza se ha convertido, con diferencia, en la bebida alcohólica más consumida del país. La forma en que se come ahora en España es sustancialmente distinta de la de Japón; y, sin duda alguna (siendo el país más carnívoro del continente), su dieta apenas guarda semblanza alguna con la frugal, casi vegetariana y legendaria dieta mediterránea que prolongaba la vida.

No obstante, a pesar de comer más carne, grasas y azúcar (y de haber abandonado rápidamente el consumo de sus vinos, que supuestamente protegen el corazón), la mortalidad cardiovascular en España no ha dejado de reducirse, y la esperanza de vida ha aumentado. Desde 1960, las muertes causadas por enfermedades cardiovasculares han disminuido a un ritmo más rápido que el de la media de las economías prósperas, y en 2011 era alrededor de un tercio menor que la media de estos países. Además, desde 1960, España ha sumado más de trece años a su longevidad combinada, elevándose de 70 a más de 83 años en 2020,[19] solo un año menos que la de Japón. ¿Vale la pena un año más de vida (y es muy probable que este sea en decrepitud física o mental, o una combinación de ambas) si tiene que sustituir la mitad de la carne que come por tofu?

Piense en lo que puede perderse: esas finas lonchas de jamón ibérico; ese cerdo bien asado (incluso aunque no sea en un lugar tan famoso como Sobrino de Botín, a un corto paseo al sur de la plaza Mayor de Madrid, donde llevan preparándolo casi trescientos años); y ese fantástico pulpo gallego, con patatas, aceite de oliva y pimentón. Son verdaderas decisiones vitales que tomar, pero la conclusión parece razonablemente clara. Si tenemos que basar la longevidad (acompañada de una vida sana y activa) solo en la dieta prevalente —que, por importante que sea, no es más que uno de los elementos de una perspectiva más amplia, que incluye los genes heredados y el entorno—, la dieta japonesa tiene una pequeña ventaja; pero se puede alcanzar un resultado algo inferior si se come como lo hacen en Valencia.

Se trata de una evaluación de riesgos con unas enormes consecuencias, pero más o menos simple de llevar a cabo: una opción, basada en datos convincentes, puede ser suficiente durante décadas. Hay otras evaluaciones de riesgos invariablemente más complicadas, en las que las métricas pueden no ser tan simples como el número de años vividos. Los riesgos de actividades específicas cambian a lo largo del tiempo (conducir en Estados Unidos es ahora mucho más seguro de lo que lo era hace medio siglo, pero, después de cincuenta años de práctica las habilidades de una persona cualquiera pueden haberse deteriorado, por lo que ponerse al volante representaría un riesgo mayor para ella y para los demás). Si quiere conocer si un vuelo intercontinental (que quizá sea algo que haga rara vez) tiene más riesgo que practicar esquí alpino (que puede que lleve años haciéndolo), debe disponer de un patrón de comparación lo bastante preciso. Pero ¿cómo se comparan los riesgos con los que se puede encontrar en diferentes naciones (por ejemplo, conducir en Estados Unidos, recibir el impacto de un rayo en una excursión por los Alpes y morir por un terremoto en Japón)? Resulta que podemos hacer evaluaciones comparativas notablemente precisas de todos estos riesgos.

PERCEPCIONES DEL RIESGO Y TOLERANCIA

En su pionero análisis de riesgos llevado a cabo en 1969, Chauncey Starr —que en aquel tiempo era decano de la Escuela de Ingeniería y Ciencias Aplicadas de la Universidad de California, en Los Ángeles— destacó la significativa diferencia en la tolerancia al riesgo entre actividades voluntarias e involuntarias.[20] Cuando las personas creen que tienen el control de la situación (una percepción que puede ser incorrecta, pero que se basa en experiencias anteriores y, por tanto, en la creencia de que pueden evaluar cuál es el resultado más probable), practican actividades —escalada sin cuerdas en paredes verticales, paracaidismo, toreo— cuyo riesgo de sufrir lesiones graves o de morir puede ser mil veces mayor que el riesgo asociado a la temida exposición involuntaria a un ataque terrorista en una gran ciudad occidental. Y la mayoría de las personas no tienen problema alguno en emprender, a diario y de forma repetida, actividades que aumentan temporalmente su riesgo en una cuantía significativa: cientos de millones de individuos conducen cada día (y a muchos de ellos, al parecer, les gusta); y los fumadores, que son todavía más numerosos, toleran un riesgo mayor: en los países prósperos, décadas de formación han reducido su cifra, pero en el mundo aún hay más de mil millones.[21]

En algunos casos, esta disparidad entre tolerar los riesgos voluntarios y tratar de evitar los peligros, percibidos de manera errónea, de exposiciones involuntarias puede ser de lo más extraña, como las personas que se niegan a que sus hijos sean vacunados (exponiéndolos de forma voluntaria a múltiples riesgos por enfermedades que se pueden prevenir) porque consideran que la exigencia de los gobiernos para proteger a sus hijos (una imposición y, por tanto, involuntaria) lleva asociado un riesgo inaceptable; y toman esta decisión basándose en «pruebas» repetidamente refutadas (sobre todo las que vinculan la vacunación con una mayor incidencia de autismo) o rumores (¡la implantación de microchips!).[22] Y la pandemia de SARS-CoV-2 ha elevado estos irracionales temores a un nuevo nivel. La mayor esperanza de la humanidad para acabar con la pandemia es la vacunación masiva, pero mucho antes de que se aprobase la distribución de las primeras vacunas un gran porcentaje de la población declaraba en las encuestas que no iba a vacunarse.[23]

El extendido temor a la generación de electricidad en centrales nucleares es otro excelente ejemplo de percepción errónea del riesgo. Muchas personas fuman, conducen y comen en exceso, pero tienen reservas sobre el hecho de vivir cerca de una central nuclear; las encuestas han mostrado una ubicua y prolongada desconfianza hacia esta forma de generación de electricidad, a pesar de que ha evitado un gran número de muertes relacionadas con la polución atmosférica asociada con la quema de combustibles fósiles (en el año 2020, casi tres quintas partes de la electricidad del mundo procedían de estos, y solo el 10 por ciento de la fisión nuclear). Y la comparación entre los riesgos globales de la generación de electricidad mediante combustibles fósiles o mediante fisión nuclear no cambia ni siquiera cuando se incluyen los posibles fallecimientos por culpa de los dos principales accidentes (Chernóbil, en 1985, y Fukushima, en 2011).[24]

Quizá el más sorprendente de los contrastes entre las percepciones de riesgos relacionadas con la energía nuclear sea la comparación entre Francia y Alemania. Francia lleva desde la década de 1980 obteniendo más del 70 por ciento de su electricidad de la fisión nuclear, y casi sesenta reactores —refrigerados por las aguas de muchos ríos franceses, como el Sena, el Rin, el Garona y el Loira— salpican el paisaje de la nación.[25] Sin embargo, la longevidad de la población francesa (solo superada por la española en la Unión Europea) es el mejor testimonio del hecho de que estas centrales nucleares no han sido el origen apreciable de mala salud o de muertes prematuras. En cambio, basta con cruzar el Rin a Alemania para encontrarnos no solo con Los Verdes, sino también con un gran porcentaje de la sociedad que cree que la energía nuclear es un invento infernal que debe eliminarse lo antes posible.[26]

Es por ello que muchos investigadores han sostenido que no hay ningún «riesgo objetivo» que podamos medir, pues nuestras percepciones al respecto son inherentemente subjetivas, y dependen del conocimiento de los peligros específicos (riesgos conocidos en comparación con riesgos nuevos) y de circunstancias culturales.[27] Los estudios psicométricos muestran que los peligros específicos siguen sus propios patrones de cualidades altamente correlacionadas: los riesgos involuntarios se suelen asociar al temor de los peligros nuevos, incontrolables y desconocidos; por su parte, los riesgos voluntarios son más probablemente percibidos como controlables y conocidos por la ciencia. La generación nuclear de electricidad se suele percibir como nociva, mientras que los rayos X se perciben como un riesgo tolerable.

Tanto las emociones como el miedo juegan un papel desmedido en la percepción del riesgo. Los ataques terroristas son quizá el mejor ejemplo de esta tolerancia diferenciada, ya que el miedo toma el control y expulsa la evaluación racional basada en pruebas incontrovertibles. A causa de la impredecibilidad del momento, de la ubicación y de la magnitud, los ataques terroristas ocupan un lugar alto en la escala psicométrica del miedo, el cual ha sido explotado a conciencia por los exagerados pseudoanálisis que ofrecen los charlatanes de los canales de noticias veinticuatro horas: durante las últimas dos décadas han especulado sobre cualquier cosa, desde bombas nucleares del tamaño de maletas detonadas en el centro de Manhattan hasta el envenenamiento de los depósitos de agua potable de las grandes ciudades y la dispersión por fumigación de virus mortales creados en algún laboratorio.

Comparado con esos temibles ataques, el hecho de conducir presenta riesgos en gran parte voluntarios, altamente recurrentes y conocidos, y las muertes accidentales suponen (en un llamativo 90 por ciento de los casos) solo a una persona por colisión. Por consiguiente, las sociedades toleran una cuota global que supera los 1,2 millones de muertes al año, algo que no consentirían si tomase la forma de constantes accidentes en plantas industriales o de colapso de estructuras (puentes, edificios), en grandes ciudades o en sus proximidades, ni siquiera aunque el número anual combinado de víctimas de tales desastres fuese un orden de magnitud menor, «solo» cientos de miles de muertes.[28]

Las grandes diferencias en la tolerancia individual al riesgo se ponen de manifiesto por el hecho de que muchos individuos participan —de manera voluntaria y reiterada— en actividades que otros podrían considerar no solo demasiado arriesgadas, sino claramente clasificables como una muerte segura. El salto BASE (desde un objeto fijo) es un ejemplo excelente de este tipo de prácticas, ya que el más mínimo retraso en la apertura del paracaídas puede costar la vida; un cuerpo en caída libre alcanza una velocidad letal en cuestión de segundos.[29] Y luego está la tolerancia al riesgo justificada por creencias fatalistas: las enfermedades o accidentes están predestinados y son inevitables, así que no tiene sentido tratar de cuidarse la salud o prevenir percances adoptando los cuidados personales apropiados.[30]

La gente fatalista también subestima los riesgos a fin de evitar el esfuerzo requerido para analizarlos y sacar conclusiones prácticas, y porque sienten que son totalmente incapaces de hacerles frente.[31] El fatalismo asociado al tráfico se ha estudiado con especial interés. Los conductores con esta actitud subestiman las situaciones de conducción peligrosas, tienen menos probabilidad de adoptar prácticas de conducción defensivas (nada de distracciones, mantener la distancia segura con el vehículo precedente, llevar una velocidad adecuada), y es menos probable que utilicen cinturones de seguridad en los niños o que comuniquen su implicación en accidentes de tráfico. Estudios efectuados en algunos países hallaron el preocupante dato de que el fatalismo en la conducción es frecuente entre los taxistas y generalizado entre los conductores de minibús.[32]

Poco se puede hacer para convertir a los saltadores de BASE en modelos de conducta contraria al riesgo, o para convencer a algunos taxistas de que sus accidentes no están predestinados. Pero podemos utilizar los mejores conocimientos disponibles sobre peligros, tanto los de la vida cotidiana como los que son extremadamente poco comunes pero potencialmente letales, para cuantificar sus consecuencias y, por tanto, comparar sus impactos. No es tarea fácil, porque debemos tener en cuenta una gran variedad de sucesos y procesos. Asimismo, no hay una métrica perfecta para ello, y no puede haber un patrón universal para comparar los ubicuos riesgos a los que se enfrentan a diario miles de millones de personas con los sucesos extraordinariamente infrecuentes que pueden ocurrir una vez en cien, mil o incluso diez mil años, pero que tienen unas consecuencias globales catastróficas. En todo caso, es lo que yo voy a tratar de hacer.

Cuantificar los riesgos de la vida cotidiana

Para las personas de más edad, el peligro da comienzo incluso antes de despertarse: los ataques cardiacos (infartos de miocardio agudos) son más comunes, y más graves, durante el periodo de transición de la oscuridad a la luz.[33] Una vez que ya se han levantado, una de las formas más habituales por las que se hacen daño son las caídas. En Estados Unidos suceden cada año millones de caídas accidentales, que provocan hematomas o fracturas y más de 36.000 muertes, las cuales corresponden de manera desproporcionada a los mayores de setenta años, y que con frecuencia tienen lugar no al subir o bajar escaleras, sino simplemente al perder el equilibrio o tropezar con el borde de una alfombra.[34] Y, una vez en la cocina, están los riesgos asociados con los alimentos, desde la *Salmonella* en los huevos en mal estado hasta los residuos de pesticidas en el té (aunque este peligro es minúsculo, para los consumidores de té no ecológico es una exposición cotidiana).[35]

En el trayecto en coche por la mañana quizá transite por una carretera con hielo, o quizá un conductor borracho se salte un semáforo en rojo. Las paredes de su oficina podrían ocultar un viejo aislamiento de asbesto, y un aparato de aire acondicionado defectuoso es capaz de propagar la bacteria *Legionella*. Sus compañeros de trabajo pueden contagiarle una gripe estacional o (como sucedió en 2020 y 2021, 2009, 1968 y 1957) un nuevo virus pandémico. Quizá sufra una violenta reacción alérgica a un fruto seco que se haya mezclado de forma accidental en una chocolatina que no debería contenerlo. Si es temporada de tornados en Texas o en Oklahoma, es posible que se encuentre, al volver del trabajo, que su casa no es más que un montón de escombros; y, si vive en Baltimore, no será capaz de permanecer impasible ante el hecho de que el índice de homicidios allí es un orden de magnitud superior al de Los Ángeles, una ciudad famosa por sus bandas de criminales.[36] Y, aunque son muy pocos los fármacos genéricos que se elaboran localmente (la mayoría vienen de China e India), a lo mejor la farmacia no le sirve su receta porque se ha tenido que retirar de la distribución un lote contaminado.[37]

Y los datos más detallados sobre índices de mortalidad por edad y sexo muestran que las causas (y, por tanto, la inquietud al respecto) para adquirir una enfermedad mortal cambian a medida que las personas envejecen. Según las últimas estadísticas, entre los hombres de Inglaterra y Gales, las cardiopatías dominan en las edades de poco más de cincuenta años hasta casi los setenta, y, para las mujeres, el cáncer de pecho se convierte en la enfermedad más temida desde mediados de los treinta hasta mediados de los sesenta; después, el cáncer de pulmón es la mayor causa de muerte entre ellas, y recientemente la demencia y el alzhéimer han desplazado a la enfermedad cardiaca isquémica como principal causa de muerte para ambos sexos por encima de los ochenta años de edad.[38]

La cuantificación de los riesgos más comunes parece ser una empresa abrumadora. ¿Cómo es posible comparar la posibilidad de morir debido a una epidemia de gripe estacional excepcionalmente grave con la de sufrir una herida mortal a causa de un viaje en kayak o moto de nieve en un fin de semana? ¿O el peligro de los viajes transpacíficos frecuentes con el de comer a menudo lechugas cultivadas en California, que se contaminan periódicamente con *Escherichia coli*? ¿Y cómo podemos expresar los riesgos mortales? ¿Por número estándar de personas (mil, o un millón) en una población afectada? ¿Por unidad de sustancia peligrosa, por unidad de tiempo de exposición, o por unidad de concentración en el medioambiente?

Está claro que es un objetivo imposible hallar una métrica universal, capaz de englobar las muertes, las heridas, las pérdidas económicas (cuyos totales pueden diferir en órdenes de magnitud entre sociedades diferentes) y el dolor crónico (algo que por desgracia sigue siendo imposible de cuantificar). Pero el carácter definitivo de la muerte ofrece un numerador global, absoluto y del todo cuantificable que se puede utilizar para la evaluación comparativa de riesgos. La manera más simple y obvia de efectuar comparaciones reveladoras es utilizar el denominador común y comparar las frecuencias anuales de las causas de muerte por cada cien mil personas. Si se emplean las estadísticas de Estados Unidos (el último desglose detallado publicado es para el año 2017), obtenemos algunos resultados inesperados.[39]

Los homicidios se cobran casi tantas vidas como la leucemia (6 frente a 7,2), un doble testimonio sobre los avances en el tratamiento de ese tipo de neoplasia y sobre la extraordinaria violencia de la sociedad estadounidense. Las caídas accidentales matan casi a tantas personas como el temido cáncer de páncreas, que tiene un periodo muy breve de supervivencia tras el diagnóstico (11,2 frente a 13,5). Los accidentes de vehículos a motor se cobran el doble de vidas (y, además, mucho más jóvenes) que la diabetes (52,2 frente a 25,7), y el envenenamiento accidental y las sustancias nocivas causan un número de muertes más alto que el del cáncer de mama (19,9 frente a 13,1). Pero estas comparaciones utilizan el mismo denominador (100.000 personas) sin tener en cuenta la duración de la exposición a una determinada causa de muerte. Los homicidios pueden ocurrir, y ocurren, tanto en público como en privado y a cualquier hora del día o de la noche, y las personas están expuestas a ese riesgo 24 horas al día, 365 días al año; en cambio, los accidentes de vehículos a motor (incluidos los que matan a peatones) solo pueden suceder si alguien está conduciendo, y la mayor parte de los estadounidenses pasan alrededor de hora y media al volante cada día.

Una medida que proporciona más información es utilizar como denominador común el tiempo durante el cual alguien se ve expuesto a un determinado riesgo, y hacer las comparaciones en términos de muertes por persona por hora de exposición; es decir, el tiempo en que un individuo está sujeto, de manera voluntaria o involuntaria, a un riesgo específico. Este punto de vista lo introdujo en 1969 Chauncey Starr, en su evaluación de los beneficios sociales y los riesgos tecnológicos, y yo sigo considerando que es mejor que otra métrica general, la de las micromuertes.[40] Estas unidades definen una microprobabilidad (una probabilidad de muerte entre un millón por exposición específica), y lo expresan por año, por día, por operación quirúrgica, por vuelo o por distancia viajada; y estos denominadores no comunes dificultan las comparaciones en un plano general.

Los índices de mortalidad globales (por cada mil personas) son bien conocidos en todo el mundo, tanto para poblaciones en general como para cada sexo, según grupos de edad específicos.[41] La mortalidad global depende sobremanera de la edad media de la población. En 2019, el promedio global era de 7,6/1.000, mientras que la mortalidad en Kenia (a pesar de su inferior estándar de nutrición y de asistencia médica) era de menos de la mitad del índice alemán (5,4 frente a 11,3), porque la mediana de edad en Kenia es de solo 20 años, menos de la mitad de los 47 años de Alemania. Los datos sobre muertes debidas a enfermedades específicas están también disponibles con facilidad; las cardiopatías son responsables de una cuarta parte de los fallecimientos en Estados Unidos (2,5/1.000), y los cánceres, de una quinta parte (2/1.000); también se puede acceder a la información sobre muertes debidas a lesiones (desde 1,4 para las caídas y 1,1 para accidentes relacionados con el transporte, hasta 0,7 para encuentros con animales, y solo 0,03 para envenenamientos accidentales) y desastres naturales.[42]

El año entero (8.766 horas, corregido para años bisiestos) es el denominador utilizado para la mortalidad global, para las enfermedades crónicas y para desastres naturales como terremotos o erupciones volcánicas, que pueden tener lugar en cualquier momento. Pero a fin de calcular los riesgos en el caso de actividades comunes como conducir o volar, tenemos antes que averiguar los totales de las poblaciones específicas que las llevan a cabo, y luego hacer una estimación de las horas de exposición anual a ellas. El mismo proceso se aplica a la cuantificación de los riesgos de morir en un huracán o en un tornado, pues estos fenómenos no se producen todos los días del año ni afectan a la totalidad de los países de gran superficie.

Es fácil calcular la línea de referencia, es decir, el riesgo global de mortalidad medio de toda la población, o el específico por sexo o por edad. En 2019, la mortalidad global (tasa bruta) en los países prósperos (desarrollados) se agrupaba alrededor de la cifra de 10/1.000; las tasas concretas variaban entre 8,7 para Estados Unidos, 10,7 para Japón y 11,1 para Europa. Esa mortalidad anual de 10/1.000 (con 1.000 personas susceptibles de morir durante 8.766 × 1.000 horas) se prorratea a 0,000001 o 1 × 10^{-6} por persona por hora de exposición. Las enfermedades cardiovasculares son la principal causa de mortalidad en todos los países prósperos, siendo responsables de más de una cuarta parte de ese total (3 × 10^7). La gripe estacional tiene un riesgo un orden de magnitud inferior (por lo general, alrededor de 2 × 10^{-8}, y puede alcanzar 3 × 10^{-8}), e incluso en Estados Unidos, país conocido por sus elevadas tasas de violencia, el riesgo de homicidio ha sido recientemente de solo 7 × 10^{-9} por hora de exposición, la mitad del peligro mortal atribuible a caídas (1,4 × 10^{-8}). Pero, como ya se ha mencionado, la frecuencia de esta última clase de muerte accidental está claramente sesgada: el riesgo para las personas de más de 85 años de edad es de 3 × 10^{-7}, comparado con solo 9 × 10^{-10} para aquellas de entre 25 y 34 años.[43]

Para invertir la conclusión sobre la mortalidad general, en los países prósperos, el riesgo global de muerte por causas naturales es de una persona entre un millón cada hora; cada hora, un individuo de cada tres millones muere de enfermedad cardiaca, y alrededor de uno de cada setenta millones, por una caída accidental. Esas probabilidades son lo bastante bajas como para no preocupar al ciudadano medio de un país próspero. Las cifras específicas por sexo y por edad son, de manera inevitable, diferentes. Mientras que la mortalidad global en Canadá para ambos sexos es de 7,7/1.000, para los hombres jóvenes (entre 20 y 24 años) es de solo 0,8/1.000, y para los hombres de mi edad (de 75 a 79 años) de 35/1.000; el riesgo de mi grupo es, pues, de 4 × 10^{-6} por persona por cada hora de vida, cuatro veces el índice para la media de la población.[44]

Antes de pasar a cuantificar los riesgos de las actividades voluntarias, debo aclarar los asociados con las estancias hospitalarias. Estos son inevitables debido a numerosas afecciones (y, en muchos países, cada vez más por cirugías estéticas, que son electivas), y las altas cifras de pacientes que pasan por los hospitales aumentan las probabilidades de que se cometan errores. En 1999, el primer estudio sobre errores médicos evitables halló que en Estados Unidos ocurren al año entre 44.000 y 98.000 de estas negligencias.[45] Se trataba de una suma bastante alta; y en 2016, un nuevo estudio la elevó a 251.454 en 2013 (y, quizá, hasta 400.000 muertes), convirtiéndola en la tercera causa de mortalidad en Estados Unidos durante aquel año, por detrás de las enfermedades cardiacas (611.000) y el cáncer (585.000) y por delante de las enfermedades respiratorias crónicas (149.000).[46] Estos resultados, ampliamente difundidos en los medios de comunicación, implicaban que, cada año, del 35 al 58 por ciento de todas las muertes en hospitales del país se debían a errores médicos.

Así planteado, la improbabilidad de estas afirmaciones es evidente: las negligencias suceden, sin duda, así como lamentables omisiones, pero el hecho de que se traduzcan en entre algo más de un tercio y casi tres quintos de todas las muertes en hospitales nos haría considerar la medicina moderna como una empresa de una ineptitud extraordinaria, si no directamente criminal. Por fortuna, estos altos índices de mortalidad no son resultado del descuido, sino de errores de gestión de datos.[47] El último estudio sobre mortalidad asociada con efectos adversos del tratamiento médico (AEMT, por sus siglas en inglés) aclara esta situación: se hallaron 123.063 muertes debidas a ello entre 1990 y 2016 (sobre todo, por errores quirúrgicos y perioperativos), un descenso del 21,4 por ciento, hasta 1,15 muertes por AEMT por cada cien mil personas.[48]

Los índices para hombres y mujeres eran similares, pero cada estado presentaba diferencias significativas: las cifras de California eran tan bajas como 0,84 muertes por AEMT por cada cien mil habitantes. En términos absolutos, esto representa una media de 4.750 muertes al año, menos del 2 por ciento de la estimación más baja publicada en 2016.[49] Traducido en una medida de riesgo comparativo, equivale a unas $1,2 \times 10^{-6}$ muertes por hora de exposición, lo que significa que cualquier lector de edad avanzada de este libro (cuyo riesgo de mortalidad general está entre 3×10^{-6} y 5×10^{-6}) incrementará su riesgo de fallecimiento debido a AEMT en no más de un 20 o un 30 por ciento durante una estancia promedio en un hospital de Estados Unidos, y eso, diría yo, ¡es un resultado bastante alentador!

Riesgos voluntarios e involuntarios

¿En qué medida incrementa esta línea de referencia de riesgo, o los peligros asociados con acontecimientos tan inevitables como operaciones de emergencia o breves ingresos hospitalarios para una evaluación médica, con la exposición voluntaria a ciertas contingencias debida a la participación en tareas más o menos arriesgadas? ¿Y hasta qué punto debemos preocuparnos por los riesgos involuntarios e inevitables resultado de amenazas naturales, desde terremotos hasta inundaciones?

Como ya se ha mencionado, estas categorías son útiles a la hora de evaluar el riesgo, pero la distinción entre exposiciones voluntarias e involuntarias no es siempre patente. Hay actividades claramente voluntarias (y consideradas entre un poco y muy arriesgadas), como fumar o practicar deportes extremos; y riesgos involuntarios sin duda inevitables, tanto en el nivel individual (como la bajísima probabilidad de recibir el impacto de un meteorito) como en el colectivo; experiencias planetarias, cuyo ejemplo más destacado sería la colisión de la Tierra con un asteroide.

Pero muchas exposiciones arriesgadas no admiten una clasificación tan sencilla, pues no existe una dicotomía clara entre riesgos voluntarios e involuntarios: conducir para ir al trabajo puede ser opcional para una familia que se ha construido la casa de sus sueños en las afueras, pero es necesario —y, por tanto, inevitable— para millones de personas en Estados Unidos, cuyos sistemas de transporte colectivo son notablemente deficientes. Y, si un joven quiere quedarse a vivir en Terranova, no hay muchas opciones de empleo más allá de la pesca o el trabajo en una enorme plataforma petrolífera, y ambas ocupaciones son mucho más arriesgadas que mudarse a Toronto, aprender a codificar y desarrollar aplicaciones en una oficina de un edificio acristalado, lejos de esa isla rocosa en el Atlántico Norte.

Teniendo presentes estas complicaciones, explicaré en primer lugar los riesgos asociados con conducir y volar, actividades que implican a centenares de millones de personas en el mundo entre conductores y ocupantes de automóviles y, en cifras recientes, a más de diez millones de pasajeros de avión al día. Para ambas actividades, debemos empezar por contar con precisión el número de muertos, y luego emplear las hipótesis necesarias para definir las poblaciones afectadas y su tiempo acumulado de exposición a un determinado riesgo.

En el caso de la conducción, es obvio que el riesgo es el tiempo pasado al volante (o como pasajero). En Estados Unidos disponemos de cifras de distancias totales recorridas cada año por todos los vehículos a motor y coches con pasajeros (una cifra reciente ha ascendido a un total de 5,2 billones de kilómetros anuales) y, después de disminuir durante muchos años, las muertes por tráfico se han incrementado un poco, hasta unas 40.000 al año.[50] A fin de calcular el tiempo que se pasa conduciendo, tenemos que dividir la distancia recorrida por la velocidad media; y, evidentemente, esta cifra solo puede ser una aproximación razonable, no un número exacto. Las velocidades entre ciudades muestran una variación menor, pero las urbanas tienden a descender hasta un 40 por ciento durante las horas punta. Suponiendo una velocidad media combinada de 65 km/h, esto nos da unos 80.000 millones de horas de conducción en Estados Unidos al año; combinado con los 40.000 fallecimientos, se traduce exactamente en 5×10^{-7} (0,0000005) muertes por hora de exposición. Ni siquiera el hecho de que estas cifras incluyen a los peatones y transeúntes muertos por vehículos, ni la utilización de otras velocidades verosímiles (digamos, de 50 o 70 km/h) cambiaría el orden de magnitud. Conducir es un orden de magnitud más peligroso que volar; y, durante el tiempo que una persona pasa al volante, la probabilidad media de morir sube alrededor de un 50 por ciento comparado con quedarse en casa o cuidar de un jardín (mientras esto no incluya actividades como subirse a una escalera alta o trabajar con una sierra mecánica).

Y, para los hombres de mi grupo de edad, el incremento del riesgo de conducir es solo del 12 por ciento sobre el riesgo general de morir. En Estados Unidos, esta cifra muestra también diferencias significativas debidas al género y a los distintos grupos de población. La posibilidad de morir en un accidente de vehículo a motor en algún momento de la vida es solo del 0,34 por ciento para las mujeres asiaticoamericanas (1 de cada 291), pero del 1,75 por ciento (1 de cada 57) para los hombres nativos americanos, mientras que el riesgo para todas las personas es del 0,92 por ciento (1 de cada 109).[51] Desde luego, en otros países en los que se conduce mucho menos que en Estados Unidos y Canadá, pero que tienen índices de accidentes bastante más altos (son alrededor del doble de comunes en Brasil, y el triple en el África subsahariana), los riesgos alcanzan hasta un orden de magnitud más.[52]

Los vuelos comerciales regulares, que ya eran de muy bajo riesgo a finales del siglo pasado, se han hecho más seguros de manera apreciable durante las dos primeras décadas del siglo XXI. Esta conclusión es válida a pesar de algunos recientes, y perturbadores, accidentes, como la aún no resuelta (y que, quizá, nunca pueda explicarse) desaparición del vuelo 370 de Malaysia Airlines en algún lugar del océano Índico, en marzo de 2014; seguido por el vuelo 17 de la misma compañía, abatido sobre el este de Ucrania en julio de 2014, y los dos choques del nuevo Boeing 737 MAX-Lion Air, vuelo 610, en el mar de Java (29 de octubre de 2018) y del vuelo 302 de Ethiopian Airlines cerca de Adís Abeba (10 de marzo de 2019).[53]

Puede que la forma más esclarecedora de comparar las muertes en el sector de la aviación sea calculando por cada 100.000 millones de pasajeros-kilómetros volados. Este índice fue de 14,3 en 2010 y alcanzó un nuevo mínimo histórico de 0,65 en 2017, pero subió hasta 2,75 en 2019. Así, volar ese año fue cinco veces más seguro que en 2010, y más de 200 veces más seguro que en los primeros tiempos de la era de los aviones de pasajeros, a finales de la década de 1950.[54] Pero expresar estas muertes en términos de riesgo por hora de exposición es bastante simple. La media del total de accidentes mortales en el periodo entre 2015 y 2019 fue de 292; las medias de 68 billones de pasajeros-kilómetros volados y 4.200 millones de pasajeros significan que el viajero promedio voló unos 1.900 kilómetros y estuvo unas 2,5 horas en vuelo; los totales de unos 10.500 millones de pasajeros-horas transcurridas en vuelo y 292 muertes se traducen en $2{,}8 \times 10^{-8}$ (0,000000028) fallecimientos por persona por hora de vuelo. Esto supone solo alrededor del 3 por ciento del riesgo general de mortalidad estando en el aire, y, en el caso de un hombre septuagenario, esta cifra aumenta solo un 1 por ciento. Por tanto, cualquier pasajero frecuente que sea racional (y aún más si es una persona de mayor edad) debería preocuparse más por las demoras imprevistas, los controles de seguridad, el tedio en los vuelos de larga distancia y los fatigosos efectos del *jet lag*.

En el otro extremo del espectro de riesgos voluntarios se hallan actividades cuya breve duración lleva asociada una alta probabilidad de muerte, y ninguna de ellas es más peligrosa que el salto BASE desde acantilados, torres, puentes y edificios. El estudio más fiable de esta locura que parece ser una provocación a la muerte tuvo en cuenta un periodo de once años de saltos desde el macizo noruego de Kjerag, donde uno de cada 2.317 casos (nueve en total) tuvo como resultado una muerte, con un riesgo de exposición medio de 4×10^{-2} (0,04).[55] En comparación, un accidente mortal de paracaidismo solía ocurrir aproximadamente una vez cada 100.000 saltos, pero los últimos datos de Estados Unidos elevan esta cifra a 250.000 saltos. Con un descenso que suele durar cinco minutos, el riesgo de exposición es solo de alrededor de 5×10^{-5}, aún 50 veces superior que el de estar sentado durante cinco minutos; pero esto es solamente cerca de una milésima parte del asociado al salto BASE.[56] De nuevo, son pocas las personas conscientes de estas cifras específicas, pero casi todo el mundo (salvo los pocos que toleran el riesgo) se comporta como si las hubiese asimilado.

En 2020, unos 230 millones de estadounidenses poseían permiso de conducir (el riesgo de exposición estando al volante es de 5×10^{-7} por persona por hora); unos 12 millones practicaban el esquí alpino (2×10^{-7} durante el descenso); la Asociación de Paracaidistas de Estados Unidos tiene unos 35.000 miembros (5×10^{-5} en el aire); la Asociación de Ala Delta y Parapente de Estados Unidos consta de unos 3.000 miembros, y el deporte que practican (en función de la duración de los vuelos, que varía entre veinte minutos y unas horas) lleva asociado un riesgo de muerte de 10^{-4} a 10^{-3}; y, aunque la popularidad del salto BASE se ha ido incrementando (sobre todo en Noruega y en Suiza), en Estados Unidos su práctica sigue limitada en particular a aquellos hombres a los que les gusta tentar al destino, cuyo riesgo de muerte es de 4×10^{-2} durante sus breves saltos.[57] La pronunciada relación inversa entre el riesgo y el número global de participantes en una actividad es obvio: gran cantidad de personas se exponen a dislocarse un hombro o hacerse un esguince de tobillo esquiando en una pista bien cuidada; son muy pocos los que se lanzan al vacío desde un precipicio.

Finalmente, unas cuantas cifras clave acerca de una de las exposiciones involuntarias modernas más temidas: el riesgo de terrorismo. Entre 1995 y 2017, 3.516 personas murieron en ataques terroristas en suelo estadounidense; 2.996 de estas (el 85 por ciento del total) sucedieron el 11 de septiembre de 2001.[58] El riesgo de exposición individual en todo el país era, pues, de 6×10^{-11} durante esos 22 años, y para Manhattan fue dos órdenes de magnitud superior, aumentando el riesgo de estar simplemente vivo en una décima de un 1 por ciento, una cantidad tan reducida que no se puede asimilar de forma significativa. En países menos afortunados, la cifra reciente de ataques terroristas ha sido muy superior: en Irak, en 2017 (con más de 4.300 muertes), el riesgo se elevó a $1,3 \times 10^{-8}$, y en Afganistán, en 2018 (7.379 muertes), a $2,3 \times 10^{-8}$, pero incluso ese índice solo eleva el riesgo básico de estar vivo en un porcentaje bastante pequeño, que sigue siendo inferior al que las personas asumen voluntariamente al conducir (en especial, en lugares en los que los carriles no están marcados y que carecen de normas de tráfico *ad hoc*).[59]

Sin embargo, por muy correctas que sean, estas comparaciones muestran también los límites inherentes de la cuantificación imparcial. La mayor parte de las personas acuden al trabajo en coche solo a horas específicas, raramente pasan en la carretera más de una hora u hora y media al día, siguen rutas conocidas y (salvo en el caso de inclemencias meteorológicas o atascos inesperados) tienen la sensación de mantener el control. En cambio, en los peores momentos del terrorismo, las bombas o los ataques con armas de fuego en Kabul o Bagdad tenían lugar a horas e intervalos impredecibles, con frecuencia en lugares públicos —de mezquitas a mercados—, y no hay ninguna forma fiable de evitar por completo estas amenazas si se vive en una ciudad. En consecuencia, los menores índices de exposición a amenazas terroristas conllevan un miedo imposible de cuantificar, que es cualitativamente muy diferente de la preocupación por el posible hielo en la carretera cuando uno va a trabajar por la mañana.

Desastres naturales: menos peligrosos de lo que parecen por televisión

¿Y cómo podemos comparar los accidentes naturales mortales recurrentes con el simple hecho de estar vivo, y con los riesgos de los deportes extremos? Algunos países están sujetos de forma repetida (pero no con mucha frecuencia) a solo uno o dos tipos de eventos catastróficos —en el caso del Reino Unido, inundaciones y vientos extremadamente intensos—, mientras que Estados Unidos tiene que enfrentarse cada año a numerosos tornados y extensas inundaciones, a menudo acompañadas de huracanes (desde el año 2000, casi dos huracanes al año afectaron al país) y nevadas copiosas, y sus estados del Pacífico viven siempre con el riesgo de sufrir un importante terremoto y un posible tsunami.[60]

Los tornados matan personas y destruyen casas todos los años, y las estadísticas históricas detalladas permiten calcular los riesgos de exposición con exactitud. Entre 1984 y 2017, 1.994 personas murieron en los veintiún estados con la frecuencia más alta de estos destructivos ciclones (la región entre Dakota del Norte, Texas, Georgia y Míchigan, con unos 120 millones de personas), y alrededor del 80 por ciento de estas muertes tuvieron lugar en los seis meses entre marzo y agosto.[61]

Esto se traduce en unas 3×10^{-9} (0,000000003) muertes por hora de exposición, un riesgo tres órdenes de magnitud inferior al de, simplemente, vivir. Muy pocos habitantes de los estados barridos por los tornados en Estados Unidos son conscientes de este índice, pero admiten —como lo hacen las personas de otras zonas que padecen catástrofes naturales recurrentes— que la probabilidad de morir a causa de un tornado es bastante reducida; por tanto, el riesgo de seguir viviendo en esas regiones sigue siendo aceptable. Las imágenes difundidas de la destrucción que dejan tras de sí los potentes tornados hacen que los televidentes que habitan en áreas menos peligrosas desde el punto de vista atmosférico se pregunten por qué la gente vuelve a construir sus casas en el mismo lugar. Pero tales decisiones no son irracionales ni imprudentes, y por ello millones de personas siguen viviendo en el llamado Tornado Alley, la franja que se extiende desde Texas hasta Dakota del Sur.

Sorprendentemente, los cálculos de riesgo de exposición a otros desastres naturales comunes en el mundo convergen en el mismo orden de magnitud (10^{-9}) o en índices aún menores. De nuevo, estos bajos promedios ayudan a explicar por qué países enteros asumen el omnipresente riesgo de terremotos. Entre 1945 y 2020, estos fenómenos (que pueden afectar cualquier punto de la nación insular) mataron en Japón a 33.000 personas, más de la mitad como consecuencia del terremoto y tsunami de Tōhoku, del 11 de marzo de 2011 (15.899 muertos y 2.529 desaparecidos).[62] No obstante, para una población que ha crecido desde los 71 millones en 1945 hasta casi 127 millones en 2020, eso resulta en unas 5×10^{-10} (0,0000000005) muertes por hora de exposición, cuatro órdenes de magnitud menos que el índice de mortalidad global del país: obviamente, sumar 0,0001 a 1 no puede suponer un factor decisivo en la evaluación general de los riesgos para la vida.

Las inundaciones y los terremotos en la mayor parte del mundo conllevan riesgos de exposición del orden de entre 1×10^{-10} y 5×10^{-10}, y el índice para huracanes en Estados Unidos (que afectan, en principio, a unos 50 millones de personas en los estados costeros de Texas a Maine, y que matan, en promedio, a unas 50 personas al año) ha sido de alrededor de 8×10^{-11} después de 1960.[63] Se trata de una cifra muy baja, similar o quizá incluso inferior a lo que la mayor parte de personas considerarían un riesgo natural excepcionalmente bajo: morir por el impacto de un rayo. En épocas recientes, los rayos han matado a menos de 30 personas al año en Estados Unidos, y, cuando consideramos que es un peligro solo aplicable a exteriores (donde pasamos un promedio de cuatro horas al día) y durante los seis meses de abril a septiembre (época en que caen aproximadamente el 90 por ciento de los rayos), el riesgo es de alrededor de 1×10^{-10}, mientras que, si ampliamos el periodo de exposición a diez meses, este riesgo se reduce a 7×10^{-11} (0,00000000007).[64]

El hecho de que los huracanes en Estados Unidos supongan ahora un riesgo de muerte no mayor que el de los rayos sirve para ilustrar cómo los satélites, los avisos públicos y las evacuaciones han reducido la cifra. Pero, al mismo tiempo, hay razones para preocuparse, debido al incremento de la frecuencia anual de los desastres naturales en el mundo y de su coste económico. Podemos hacer esta afirmación con toda confianza, porque las mayores empresas mundiales de reaseguros (cuyos beneficios y pérdidas dependen de la impredecible incidencia de terremotos, huracanes, inundaciones e incendios) han estado supervisando cuidadosamente sus tendencias durante décadas.

Los seguros proporcionan distintos grados de compensación para cierta diversidad de riesgos. Mientras que los seguros de vida se basan en índices de supervivencia muy predecibles, asegurar contra grandes desastres naturales, que son difíciles de predecir, obliga a las empresas de reaseguros a compartir el riesgo asociado a tales desastres asegurando su propio seguro. Por consiguiente, las mayores empresas de reaseguros del mundo (la suiza Re, las alemanas Munich Re y Hannover Rück, la francesa SCOR, la estadounidense Berkshire Hathaway, la británica Lloyd's) estudian con diligencia las catástrofes naturales, pues su propia existencia depende de tomar las decisiones correctas: a fin de no elevar las pérdidas aseguradas, deben evitar fijar sus primas basándose en cifras obsoletas que subestimen los riesgos futuros.

Las cifras de todas las catástrofes naturales registradas por Munich Re muestran las fluctuaciones esperadas de año a año, pero la tendencia ascendente es inequívoca: un lento incremento entre 1950 y 1980, una duplicación de la frecuencia anual entre 1980 y 2005, y un aumento de alrededor de un 60 por ciento entre 2005 y 2019.[65] Las pérdidas económicas globales (que reflejan costes excepcionales debidos a graves desastres) muestran fluctuaciones anuales aún mayores, y una tendencia ascendente incluso más pronunciada. Cuando se mide en precio constante de 2019, el récord antes de 1990 era de unos 100.000 millones de dólares, mientras que el año 2011 supuso un récord histórico de poco más de 350.000 millones, un total que casi se igualó en 2017. Las pérdidas aseguradas variaban sobre todo entre el 30 y el 50 por ciento de las pérdidas totales, y en 2017 se alcanzó el récord de 150.000 millones de dólares.

Hasta la década de 1980, las cifras ascendentes de desastres se podían atribuir principalmente a una mayor exposición (resultado de un crecimiento de las poblaciones y de las economías), pero, aunque esta tendencia prosigue —hay más personas con mayor patrimonio asegurado que viven en regiones propensas a los desastres—, en décadas recientes ha habido cambios en los propios desastres naturales: una atmósfera más cálida contiene mayor cantidad de vapor de agua (lo que incrementa las posibilidades de precipitaciones extremas), y las sequías prolongadas en algunas regiones provocan frecuentes incendios de excepcional duración e intensidad. Muchos modelos pronostican ahora una intensificación de estas tendencias, pero también sabemos que pueden tomarse medidas de gran eficacia para reducir su impacto: desde definir zonas de exclusión y restablecer humedales hasta dictar reglamentos de construcción adecuados.

A fin de lograr una mayor reducción de los riesgos de exposición a peligros naturales o artificiales, se deben localizar sucesos realmente excepcionales, como personas muertas por la caída de un meteorito o de los restos —cada vez más abundantes— de satélites en órbita. Un informe del Consejo Nacional de Investigación de Estados Unidos calculó que, dada la cantidad de restos espaciales que impactan en la Tierra, debería haber 91 fallecimientos al año, lo cual implicaría alrededor de 1×10^{-12} muertes por hora de exposición para la población mundial, de 7.750 millones de personas. En realidad, no se ha registrado ninguna muerte por este motivo desde 1900, y solo en los últimos tiempos se descubrió la primera prueba escrita de que un meteorito hubiese matado a un hombre (y dejado a otra persona paralizada) entre los manuscritos del Directorado General de Archivos del Estado del Imperio otomano: el evento tuvo lugar el 22 de agosto de 1888 en lo que es ahora Solimania, en Irak.[66] Pero, incluso aunque una persona resultase muerta cada año por un meteorito, el índice sería de solo 10^{-14}; ocho órdenes de magnitud menos (una cienmillonésima parte) que el simple hecho de estar vivo, de modo que, claramente, no es motivo de preocupación.[67] En cuanto a la basura orbital, para el año 2019 había unos 34.000 fragmentos mayores de 10 centímetros, y más de 25 veces esa cifra de fragmentos de entre 1 y 10 centímetros. Todos estos se desintegran en la reentrada a la atmósfera, pero incluso los trozos pequeños presentan riesgos de colisión en las órbitas más solicitadas (y cada vez más saturadas).[68]

El fin de nuestra civilización

Cuando pensamos en riesgos muy poco comunes, pero realmente extraordinarios, que tengan efectos globales, y aún más cuando consideramos la posibilidad de acontecimientos catastróficos que podrían dañar de gravedad o incluso acabar con la civilización moderna, lo hacemos en un plano mental por completo distinto: esos riesgos, aunque son reales (pero en realidad infrecuentes), pertenecen a una categoría de la percepción bastante diferente. Como sucede con todos los sucesos que pueden tener lugar en un futuro tal vez muy distante, menoscabamos en gran medida su impacto y, como lo ha demostrado de nuevo la pandemia de 2020, sufrimos de una incapacidad crónica para enfrentarnos incluso a riesgos cuya recurrencia se mide en décadas, no en siglos ni en milenios.

Los riesgos de un impacto global pertenecen a dos categorías realmente distintas: pandemias virales bastante frecuentes que pueden cobrarse una cifra considerable de vidas en cuestión de meses o de pocos años, y catástrofes naturales de una extraordinaria excepcionalidad, aunque de una mortalidad fuera de lo común, que podrían tener lugar en intervalos tan breves como unos pocos días, horas o segundos, pero cuyas consecuencias son capaces de persistir no solo durante siglos, sino durante millones de años, más allá del horizonte de la civilización. Si una supernova cercana explotase y trajera a la Tierra dosis letales de radiación, ¿tendríamos tiempo (desde la llegada de la luz y de la radiación) de improvisar refugios para la mayor parte de la población mundial?[69] Es más, ¿deberíamos preocuparnos por esto siquiera?

Una explosión que dañase la capa de ozono de la Tierra tendría lugar a menos de 50 años luz de distancia, pero todas las estrellas «cercanas» a nosotros que podrían explotar se hallan a distancias mucho mayores; y, aunque un estallido de rayos gamma podría afectar a la Tierra desde una distancia de hasta 10.000 años luz una vez cada 15 millones de años, el registro más próximo de un estallido así ocurrió a una distancia de 1.300 millones de años luz.[70] Está claro que ese riesgo pertenece a una categoría, en gran medida, académica; más que hacer conjeturas sobre lo que podría suceder, dada la frecuencia de estos eventos, deberíamos preguntarnos: ¿existirá en la Tierra una civilización dentro de, digamos, 150.000 años, o medio millón de años? Aunque es un suceso comparativamente más probable, calcular el riesgo de una inevitable colisión futura de un asteroide contra la Tierra es otro ejercicio de incertidumbre e hipótesis, cuyas particularidades pueden suponer una enorme diferencia. Los impactos de asteroides o grandes cometas sucedieron en el pasado y volverán a suceder en el futuro; pero ¿podemos suponer que uno importante tiene lugar una vez cada 100.000 años o una vez cada dos millones de años?[71]

Estos periodos de tiempo son relativamente breves a escala geológica, pero demasiado prolongados para efectuar un cálculo de los riesgos probables por año (ni, desde luego, por hora) de exposición. Es más, las consecuencias a nivel global serían muy distintas si tal objeto cayese en la parte del océano Pacífico cercana a la Antártida que si lo hiciese en Europa occidental o el este de China. En el primer caso, la mayor parte de los daños se deberían a un enorme tsunami; sin embargo (según el tamaño del asteroide), la cantidad de polvo que alcanzaría la atmósfera sería escasa. En los casos segundo y tercero, el impacto aniquilaría al instante grandes concentraciones de población y de actividad industrial, y lanzaría enormes masas de roca pulverizada a la atmósfera, creando un acusado enfriamiento en todo el planeta.

Los estadounidenses no deberían preocuparse ni de supernovas ni de asteroides, pero, si quieren asustarse pensando en una catástrofe natural inevitable (que, además, ¡se originaría en uno de los lugares más estimados del país!), sí pueden plantearse otra megaerupción del supervolcán de Yellowstone.[72] Pruebas geológicas muestran que ha habido nueve erupciones durante los últimos 15 millones de años; las tres últimas ocurrieron hace 2,1 millones de años, 1,3 millones de años y 640.000 años. Desde luego, la datación de solo tres sucesos no ofrece base alguna para predecir la periodicidad, pero se impone una idea: tomando un intervalo medio de 730.000 años entre erupciones, aún nos quedan 90.000 años de espera; pero, si el primer intervalo fue de 800.000 años y el segundo de 660.000, una reducción similar indicaría que el siguiente sería de unos 520.000 años, ¡lo que significaría que la nueva erupción ya llega con más de 100.000 años de retraso!

Y, sea cual sea el intervalo, las consecuencias dependerían de la magnitud de la erupción, de su duración y de los vientos dominantes. La última liberó unos 1.000 kilómetros cúbicos de ceniza volcánica, y los vientos prevalentes, del noroeste, habrían llevado la columna de polvo sobre Wyoming (donde los depósitos más profundos podrían tener un grosor de varios metros), Utah y Colorado, y hacia las Grandes Llanuras, afectando a los estados desde Dakota del Sur hasta Texas, y enterrando parte de las tierras de cultivo más productivas del país bajo una capa de cenizas de 10 a 50 centímetros de grosor. La combinación de un aviso previo (debido a la constante supervisión de la actividad sísmica) y una erupción más débil y prolongada en el tiempo podría hacer posible una evacuación a gran escala, y las pérdidas de viviendas, infraestructuras y terreno cultivable serían mucho más considerables que los de víctimas inmediatas. Una delgada capa de cenizas volcánicas podría depositarse sobre el suelo (mejorando, de hecho, su fertilidad), pero capas más gruesas serían imposibles de gestionar y plantearían peligros adicionales al ser arrastradas por la lluvia y la nieve fundida, generando aterramiento e inundaciones y creando problemas durante décadas.

Puede que el mejor ejemplo de riesgo natural que no causaría ninguna muerte directa, pero que provocaría enormes perturbaciones en todo el planeta y un gran número de víctimas indirectas, sea la posibilidad de una tormenta geomagnética catastrófica provocada por la eyección de una masa de material de la corona solar.[73] La corona es la capa más externa de la atmósfera del Sol (solo se puede ver sin necesidad de instrumentos especiales durante un eclipse total) y es, paradójicamente, cientos de veces más caliente que la superficie del astro rey. Las eyecciones de masa de la corona solar son enormes expulsiones (de miles de millones de toneladas) de material que sale disparado, e incorporan un campo magnético de una intensidad muy superior a la del viento solar de fondo y a la del campo magnético interplanetario. Empiezan con la torsión y reconfiguración del campo magnético en la parte inferior de la corona, lo que produce erupciones solares, y la masa puede viajar (expandiéndose mientras avanza) a velocidades de entre menos de 250 km/s (llegando a la Tierra en casi siete días) hasta 3.000 km/s (con lo que alcanzaría nuestro planeta en tan solo quince horas).

La mayor eyección de masa coronal conocida se inició el 1 de septiembre de 1859, mientras el astrónomo británico Richard Carrington estaba observando y dibujando una gran mancha solar que emitía una considerable erupción con forma de riñón.[74] Esto sucedió casi dos décadas antes de los primeros teléfonos (1877) y más de veinte años antes de la primera generación comercial centralizada de electricidad (1882), de manera que los efectos más notables fueron solo intensas auroras e interrupciones en la nueva y creciente red de telégrafo, que empezó a tenderse en la década de 1840: los cables chisporroteaban, los mensajes se interrumpían o se truncaban de formas curiosas, los operadores recibían descargas eléctricas y se produjeron algunos incendios accidentales.

Algunos de los acontecimientos más intensos que siguieron tuvieron lugar entre el 31 de octubre y el 1 de noviembre de 1903, y entre el 13 y el 15 de mayo de 1921, cuando el alcance de los enlaces telefónicos por cable y de las redes eléctricas era aún bastante limitado, incluso en Europa y Norteamérica, y muy escaso en otros lugares. Pero en marzo de 1989 tuvimos un adelanto de lo que podría causar actualmente una eyección de masa de la corona solar. Aquel día, un suceso mucho menor (lo que se denomina un evento no Carrington) interrumpió durante nueve horas toda la red eléctrica de Quebec, que da servicio a seis millones de personas.[75] Tres décadas después, nos hemos vuelto mucho más vulnerables: basta con pensar en toda la electrónica, desde los teléfonos móviles hasta el correo electrónico y la banca internacional, y en la navegación GPS de todas las embarcaciones, y ahora también en decenas de millones de coches.

Nos enteraríamos de la eyección solar con anterioridad a su llegada: nuestra vigilancia constante de la actividad solar la detectaría al instante y nos proporcionaría al menos entre 12 y 15 horas de alerta antes de su llegada. Pero solo podríamos medir su intensidad cuando llegase al punto en el que hemos estacionado el Observatorio Solar y Heliosférico (SOHO, por sus siglas en inglés), a unos 1,5 millones de kilómetros de la Tierra; y, para entonces, el tiempo de reacción se habría reducido a menos de una hora, quizá solo a quince minutos.[76] Incluso si los daños fuesen limitados, esto supondría horas o días de interrupción de las comunicaciones y de las redes eléctricas, y una tormenta geomagnética masiva rompería todas las conexiones a escala mundial, dejándonos sin electricidad, sin información, sin transporte y sin la capacidad de efectuar pagos con tarjeta de crédito o retirar dinero de los bancos.

¿Qué podríamos hacer si el completo restablecimiento de estas infraestructuras vitales gravemente afectadas tardase años, quizá incluso una década, en llevarse a cabo? Cálculos de los daños globales difieren en un orden de magnitud, entre 2 y 20 billones de dólares, pero esto solo hace referencia al dinero gastado, no al valor de las vidas perdidas durante los periodos prolongados sin comunicación, iluminación, aire acondicionado, equipos hospitalarios, refrigeración y producción industrial (y también, por tanto, sin poder aportar las sustancias adecuadas a los cultivos).[77]

Pero tenemos también buenas noticias: un estudio del año 2012 calculaba una probabilidad del 12 por ciento de que tuviese lugar otro evento Carrington durante los próximos diez años, esto es, de 1 entre 8, y destacaba que la excepcionalidad de estos sucesos extremos dificulta calcular su ritmo de incidencia, «y la predicción de un evento futuro específico es prácticamente imposible».[78] Con esta incertidumbre, no es de extrañar que, en 2019, un grupo de científicos de Barcelona calculase que el riesgo no era mayor que entre un 0,46 y un 1,88 por ciento durante la década de 2020, de manera que incluso el cálculo más pesimista significaría una probabilidad de 1 entre 53, considerablemente más tranquilizadora.[79] Y, en 2020, un grupo de la Universidad Carnegie Mellon ofrecía una estimación aún menor, con una probabilidad decádica (de diez años) de entre el 1 y el 9 por ciento para un suceso de la magnitud del de 2012, y entre el 0,02 y el 1,6 por ciento para uno de la magnitud del evento Carrington de 1859.[80] Aunque muchos expertos son conscientes de estas probabilidades y de la enormidad de las posibles consecuencias, se trata sin duda de uno de esos riesgos (en muchos sentidos, como una pandemia) para los que nunca podemos estar adecuadamente preparados: solo podemos abrigar la esperanza de que la siguiente eyección masiva de masa coronal no sea como el evento Carrington, o peor.

Puede que esto no sea lo que el mundo quiere oír en este momento, pero es una lamentable realidad que las pandemias virales reaparecerán con toda seguridad y con una frecuencia relativamente alta; y, aunque es inevitable que compartan aspectos comunes, sus impactos específicos son imposibles de predecir. A principios de 2020 había en el mundo alrededor de 1.000 millones de personas mayores de 62 años, y todas ellas habían vivido tres pandemias virales: 1957-1959 (gripe H2N2), 1968-1970 (gripe H3N2) y 2009 (gripe H1N1).[81] La mejor reconstrucción de la mortalidad total para la primera pandemia es de 38/100.000 (1,1 millones de muertos; la población global era de 2.870 millones), la segunda pandemia tuvo una mortalidad de 28/100.000 (un millón de muertos; la población global era de 3.550 millones), mientras que la tercera tuvo una baja virulencia y su mortalidad no superó la cifra de 3/100.000 (alrededor de 200.000 muertos, siendo la población global de 6.870 millones).[82]

La llegada del evento siguiente era solo cuestión de tiempo; pero, como ya he comentado, nunca estamos preparados para estas amenazas de (relativamente) baja frecuencia. Ocho de las clasificaciones de los mayores peligros globales que preparaba cada año el Foro Económico Mundial entre 2007 y 2015 se iniciaban con el colapso del precio de los activos, crisis y quiebra grave del sistema financiero (consecuencias de la crisis de 2008); y otra de ellas hablaba de la crisis del agua, mientras que la amenaza pandémica no aparecía ni una sola vez entre los tres mayores peligros.[83] ¡Como para fiarse de la visión de futuro colectiva de los dirigentes mundiales! Cuando llegó la COVID-19 (causada por el virus SARS-CoV-2), la Organización Mundial de la Salud esperó hasta el 11 de marzo de 2020 para declararla pandemia mundial, y su primer consejo (que siguieron muchos gobiernos) fue contra la suspensión de los vuelos internacionales y contra la obligación de llevar mascarilla.[84]

Obviamente, no podremos cuantificar la mortalidad total de la COVID-19 hasta el final de la pandemia. Mientras, la mejor forma de evaluar este recurrente coste es compararla con la mortalidad por problemas respiratorios asociados a la gripe estacional en todo el mundo. El cálculo más detallado para los años entre 2002 y 2011 halló una media de 389.000 muertes (la cifra variaba entre 294.000 y 518.000) después de excluir la pandemia de 2009.[85] Esto significa que la gripe estacional es responsable de, aproximadamente, el 2 por ciento de todas las muertes anuales por problemas respiratorios, y que su índice de mortalidad medio es de 6/100.000, o entre el 15 y el 20 por ciento de los índices de mortalidad registrados en las dos pandemias de finales del siglo XX (1957-1959 y 1968-1970). Dicho a la inversa, la primera pandemia supuso un número de víctimas seis veces superior con relación a la gripe estacional, y la segunda, casi cinco veces.

Asimismo, hay una diferencia importante en la mortalidad en función de la edad. La gripe estacional tiene, casi sin excepción, un sesgo considerable hacia la edad avanzada: el 67 por ciento de todas sus víctimas son personas de más de 65 años. En cambio, la tristemente famosa segunda oleada de la pandemia de 1918 afectó de manera desproporcionada a personas de entre 30 y 40 años; la pandemia de 1957-1959 tuvo una frecuencia de mortalidad en forma de U: afectó de forma exagerada a personas de entre 0 y 4 años y de más de 60. La mortalidad de la COVID-19 ha estado, como la de la gripe estacional, concentrada en gran medida en la franja de más de 65 años, sobre todo entre quienes tenían enfermedades significativas, y los niños, como dato sorprendente, no se han visto afectados.[86]

Sabemos que no es posible impedir que haya numerosas muertes entre las personas de mayor edad; es parte del precio que pagamos por haber logrado prolongar la esperanza de vida (en muchos de los países prósperos, esta mejora ha sido de más de 15 años desde la década de 1950).[87] Un certificado de defunción puede indicar «COVID-19» o «neumonía viral», pero eso no es más que la etiqueta inmediata; la causa real es que la mayor parte de nosotros no hemos sido diseñados para librarnos de problemas de salud subyacentes a medida que sobrepasamos los límites de la esperanza de vida. Los datos provisionales de la COVID-19 del Centro de Control de Enfermedades estadounidense lo expresan con claridad: durante la semana de mortalidad máxima de la COVID-19 en el país norteamericano (que terminó el 18 de abril de 2020), las personas de más de 65 años de edad suponían el 81 por ciento de todas las muertes, y las de menos de 35 años, solo el 0,1 por ciento.[88] Es una situación bastante diferente de la que tuvo lugar durante la pandemia de 1918-1920, cuando llegaron a morir 50 millones de personas. Ahora sabemos que la mayor parte de aquellas muertes se debieron a una neumonía bacteriana: alrededor del 80 por ciento de los cultivos realizados a partir de muestras de tejido pulmonar conservadas contenían bacterias causantes de una infección pulmonar secundaria; y, en aquel tiempo, casi un cuarto de siglo antes de la disponibilidad de los antibióticos, no había tratamiento para esa afección.[89]

Es más, las personas con tuberculosis tenían una mayor probabilidad que otras de morir a causa de la gripe, y este vínculo también contribuye a explicar la inusual mortalidad de la pandemia de 1918-1920 entre los individuos de mediana edad, así como su sesgo hacia los hombres (a causa de la incidencia diferencial de la tuberculosis).[90] Debido a que esta enfermedad ha sido prácticamente erradicada en todos los países prósperos y la neumonía se puede tratar con antibióticos, es posible evitar la repetición de los altos niveles de mortalidad, pero incluso con las campañas de vacunación anuales contra la gripe no es posible impedir una mortalidad estacional significativa, y la supervivencia de los grupos de edad más avanzada se verá en peligro con cada pandemia global. Se trata de un riesgo en gran medida autoinfligido, la cara oculta de una mayor esperanza de vida, y podemos minimizarlo aislando a los individuos más vulnerables y desarrollando mejores vacunas; pero no somos capaces de eliminarlo.

ALGUNAS ACTITUDES DURADERAS

Cuando hablamos de riesgos, hay algunos tópicos que nunca dejan de hacer acto de presencia. Como individuos, podemos ejercer cierto control; para muchas personas, no es difícil abstenerse de fumar o consumir alcohol y drogas, y prefieren quedarse en casa antes que compartir un crucero con 5.000 pasajeros y 3.000 tripulantes en mitad de un brote de coronavirus o norovirus. Otras, en cambio, aspiran a todo lo anterior, y es asombroso ver la cantidad de gente que no reduce ni siquiera los riesgos más fáciles —y económicamente asequibles— de evitar: llevar siempre cinturón de seguridad, no superar los límites de velocidad, adoptar una conducción defensiva e instalar detectores de humo, monóxido de carbono y gas natural en las viviendas son formas gratuitas o muy baratas de reducir los riesgos propios de conducir y de residir en edificios calentados mediante la quema de combustibles fósiles.

Asimismo, para la mayoría de las personas y de los gobiernos es difícil abordar los sucesos de baja probabilidad pero que tienen un gran impacto (grandes pérdidas). Una cosa es contratar un seguro básico del hogar (algo que, con frecuencia, es obligatorio); otra del todo distinta es invertir en estructuras resistentes a los terremotos —ya sea a nivel individual o como sociedades— a fin de minimizar el impacto de un desastre que, probablemente, ocurra una vez cada siglo. California tiene un programa de readaptación sísmica subvencionado para casas anteriores a 1980 (empernado, o empernado y refuerzo, de la vivienda con sus cimientos, en cumplimiento del código de construcción de 2016), si bien la mayor parte de las jurisdicciones que se enfrentan a similares riesgos sísmicos carecen de él.[91]

Pero es difícil, si no imposible, evitar muchas de las exposiciones a riesgos, porque, en ciertos casos (como ya se ha mencionado), no está del todo clara la dicotomía entre aquellos riesgos voluntarios e involuntarios. Y la mayor parte de todos ellos están fuera de nuestro control. No podemos elegir a nuestros padres y, por tanto, evitar una predisposición genética a un gran número de enfermedades comunes y raras, incluidos algunos tipos de cáncer, diabetes, problemas cardiovasculares, asma y diversos trastornos autosómicos recesivos, como la fibrosis quística, la anemia de células falciformes y la enfermedad de TaySachs.[92] A fin de reducir en gran medida los riesgos de desastres naturales locales o regionales, tendríamos que descartar como lugares habitables para el ser humano grandes áreas del planeta; sobre todo las sujetas de modo recurrente a megaterremotos y erupciones volcánicas (el Cinturón de Fuego del Pacífico), destructivos vientos ciclónicos y grandes inundaciones.[93]

Dado que esto es algo claramente imposible en un planeta cada vez más poblado, la única forma de mejorar nuestras posibilidades de supervivencia en tales condiciones es tomar precauciones —edificios a prueba de terremotos (con acero reforzado), que no dejen a las personas enterradas cuando colapsen las estructuras circundantes; refugios contra tornados que pongan a salvo a las familias para que puedan volver a edificar sus arrasados hogares—, así como poner en marcha sistemas de alerta y planes de evacuación masiva eficaces para reducir la pérdida de vidas causada por huracanes, inundaciones y erupciones volcánicas. Aunque estas medidas podrían salvar, en principio, no solo centenares, sino cientos de miles de vidas, nuestras defensas son limitadas, o directamente inexistentes, en el caso de muchas catástrofes a gran escala, desde masivos tsunamis provocados por terremotos hasta megaerupciones volcánicas, desde sequías prolongadas hasta choques de asteroides o cometas con la Tierra.

Hay otro conjunto de obviedades que nos sirven en nuestra evaluación de los riesgos. De forma habitual, subestimamos los peligros voluntarios con los que estamos familiarizados, mientras que solemos exagerar las exposiciones involuntarias e inusuales. Siempre sobreestimamos los riesgos debidos a experiencias impactantes recientes y subestimamos aquellos a medida que los desastres se borran de nuestra memoria colectiva e institucional.[94] Como ya he señalado, alrededor de mil millones de personas han pasado por tres pandemias en su vida, pero, cuando llegó la COVID-19, la inmensa mayoría de las referencias mencionaban el episodio de 1918, mientras que las tres pandemias más recientes (pero menos mortales) —a diferencia del recordado temor a la polio durante la década de 1950, o el sida durante la de 1980— no han dejado más que una impresión superficial, o ninguna en absoluto.[95]

Esta amnesia tiene una sencilla explicación. La pandemia de 2009 era difícil de distinguir de una gripe estacional, y ni en la de 1957-1959 ni tampoco en la de 1968–1970 se recurrió a confinamientos casi totales a nivel nacional o continental. Las estadísticas, ajustadas para la inflación, del producto económico mundial y de Estados Unidos no muestran un retroceso drástico de los índices de crecimiento a largo plazo durante ninguna de las dos pandemias de la segunda mitad del siglo XX.[96] De hecho, el último episodio coincidió con una expansión significativa del número de vuelos internacionales: el primer avión de pasajeros de fuselaje ancho, el Boeing 747, hizo su vuelo inaugural en 1969.[97] Y, quizá lo más importante, no existían canales de noticias de la televisión por cable que emitieran de forma continua, con su mórbido apego a las cifras de muertos; ni tampoco existía internet, con sus ridículas afirmaciones acerca de las causas y de las curas, y de teorías de la conspiración; ni existía la histérica —que no histórica— difusión de noticias moderna.

Como ha vuelto a demostrar la COVID-19 (y en una escala que debe de haber sorprendido incluso a los más pesimistas), nunca estamos preparados para enfrentarnos a los riesgos recurrentes de gran impacto, aunque de frecuencia relativamente baja, como las pandemias virales que tienen lugar una vez por década, por generación o incluso por siglo. ¿Cómo podríamos entonces hacer frente a otro evento Carrington, o al impacto de un asteroide en el océano, cerca de las Azores, que causara un gigantesco tsunami en el Atlántico de la misma magnitud que el provocado por el terremoto de Tōhoku de 2011, es decir, olas de hasta 40 metros de altura que avanzasen hasta 10 kilómetros hacia el interior?[98]

Y las lecciones que extraemos tras las grandes catástrofes son, decididamente, irracionales. Exageramos la probabilidad de su recurrencia, y nos molesta que nos recuerden (dejando de lado la conmoción que nos han producido) que su verdadero impacto humano y económico ha sido comparable a las consecuencias de numerosos riesgos cuyas cifras acumuladas no suscitan inquietudes excepcionales. En consecuencia, el temor a otro ataque terrorista espectacular llevó a Estados Unidos a tomar medidas extraordinarias para su prevención. Entre ellas, guerras en Afganistán e Irak que costaron muchos billones de dólares, cumpliendo así el deseo de Osama bin Laden de sumir al país en conflictos increíblemente desiguales que, a largo plazo, mermasen la fortaleza del país.[99]

La reacción pública a los riesgos se guía más por el miedo a lo desconocido, o a aquello que no se comprende bien, que por una valoración comparativa de las consecuencias reales. Cuando estas intensas reacciones emocionales entran en escena, las personas se centran excesivamente en la posibilidad de que ocurra aquello que temen (morir por un ataque terrorista o por una pandemia viral), en lugar de tratar de entender la probabilidad de que algo así tenga lugar.[100] Los terroristas siempre han sacado provecho de esta realidad, forzando a los gobiernos a dar pasos de un coste extraordinario para impedir futuros ataques, al tiempo que rechazan repetidamente medidas que podrían haber salvado más vidas a un coste por muerte evitada muy inferior.

No existe una mejor ilustración de esto último que la actitud hacia la violencia de las armas de fuego en Estados Unidos: ni siquiera los más impactantes y ya habituales asesinatos masivos (el primero que me viene a la cabeza siempre es el de las 26 personas, entre ellas 20 niños de seis y siete años, fallecidas en 2012 en Newtown, Connecticut) han podido cambiar las leyes; y durante la segunda década del siglo XXI unos 125.000 estadounidenses han muerto a causa de las armas de fuego (este es el total de homicidios, sin incluir suicidios): el equivalente de la población de Topeka (Kansas), de Athens (Georgia), de Simi Valley (California) o de Gotinga (Alemania).[101] Comparado con los ciento setenta estadounidenses que murieron en el país por ataques terroristas en la segunda década del siglo XXI, la diferencia es de casi tres órdenes de magnitud.[102] Si comparamos la cifra con el número de accidentes de vehículos a motor, la distribución es todavía más desigual: como hemos visto anteriormente, los hombres nativos americanos tienen una probabilidad unas cinco veces mayor de morir al volante que las mujeres asiaticoamericanas, pero los hombres afroamericanos tienen una probabilidad unas 30 veces mayor de morir por arma de fuego.[103]

Podría aportar alguna recomendación final útil, siempre que reconozcamos las siguientes realidades fundamentales: querer que nuestra existencia esté libre de riesgos es pedir lo imposible; pero la búsqueda de formas de minimizar estos riesgos sigue siendo la más importante de las motivaciones del progreso humano.

6

Comprender el entorno

La única biosfera que tenemos

El subtítulo de este capítulo es, deliberadamente, una medida de cautela. Me niego a tomar en consideración cualquier posibilidad, a corto plazo, de abandonar la Tierra e instalar la civilización en otro planeta. Porque, en este mundo de medidas *a posteriori*, las cavilaciones sobre encontrar pronto una nueva en la galaxia —particularmente, la terraformación de Marte—[1] han sido presentadas como opciones posibles a la hora de enfrentarse con decisión a los problemas del tercer planeta en órbita alrededor del Sol. Es uno de los temas favoritos del género de la ciencia ficción, y quedará confinado a sus relatos; ni siquiera, aunque dispusiéramos de medios de transporte económicos y, de algún modo, llegásemos a dominar la construcción de bases marcianas, podríamos crear una atmósfera adecuada: el procesamiento de los casquetes polares, los minerales y el suelo marcianos produciría solo un 7 por ciento de todo el CO_2 necesario para poder calentar el planeta y posibilitar una colonización prolongada.[2]

Desde luego, siempre se puede recurrir a otro truco de ciencia ficción que quizá permitiría la colonización de Marte: crear seres humanos genéticamente modificados, nuevos superorganismos dotados con las cualidades de los tardígrados terrestres, minúsculos invertebrados de ocho patas que viven en la hierba y en agujeros húmedos. Esos organismos podrían hacer frente no solo a la tenue atmósfera marciana (su presión es de menos del 1 por ciento de la terrestre), sino también a los altos niveles de radiación que recibe el desprotegido planeta rojo.[3]

Volviendo al mundo real, para que nuestra especie pueda simplemente sobrevivir —ya no prosperar— durante, al menos, tanto tiempo como las grandes civilizaciones (es decir, otros cinco mil años más o menos), tendremos que asegurarnos de que nuestras continuas intervenciones no ponen en peligro la habitabilidad del planeta a largo plazo, o, como se diría en lenguaje moderno, que no transgredamos los límites de la seguridad planetaria.[4]

La lista de estos críticos límites biosféricos incluye nueve categorías: el cambio climático (que ahora se suele denominar, a pesar de su imprecisión, «calentamiento global»), la acidificación de los océanos (que pone en peligro los organismos marinos encargados de construir estructuras de carbonato cálcico), la reducción del ozono de la estratosfera (que actúa de escudo contra el exceso de radiación ultravioleta, y que se ve amenazado por la liberación de clorofluorocarbonos), los aerosoles atmosféricos (agentes contaminantes que reducen la visibilidad y provocan trastornos pulmonares), la interferencia en los ciclos del nitrógeno y del fósforo (sobre todo, la liberación de estos nutrientes en aguas dulces y en las costas), el consumo de agua dulce (extracciones excesivas de acuíferos subterráneos, corrientes de agua y lagos), los cambios en los usos de la tierra (debidos a la deforestación, la agricultura y la expansión urbana e industrial), la pérdida de biodiversidad y las diversas formas de contaminación química.

Ofrecer una revisión sistemática de cada uno de estos problemas —y situarlos en sus correspondientes perspectivas históricas y medioambientales— requeriría un libro entero, no un único capítulo (a menos que se trate tan solo de resúmenes superficiales). En vez eso, he decidido dar un enfoque claramente práctico y centrarme en unos cuantos parámetros vitales, empezando por tres requisitos básicos que son imposibles de reemplazar: respirar, beber y comer. Para realizar estas tres acciones, dependemos de bienes y servicios naturales: la oxigenación de la atmósfera y su incesante circulación, el agua y su ciclo global, y los suelos, la fotosíntesis, la biodiversidad y el flujo de nutrientes vegetales. A su vez, este suministro afecta a los bienes y servicios naturales.

Como veremos, los efectos pueden ser marginales (la quema de combustibles fósiles no pone en peligro las concentraciones de oxígeno en la atmósfera), sin duda negativos (la extracción excesiva de agua de acuíferos profundos y antiguos; la contaminación grave de las aguas provocada por la producción de alimentos, las ciudades y las industrias) o directamente destructivos (el exceso de pastoreo en las regiones áridas, que conduce a la desertificación; las nuevas tierras de cultivo que desplazan los bosques tropicales y las praderas).

EL OXÍGENO NO ESTÁ EN PELIGRO

La respiración es el suministro regular de oxígeno, transportado por la hemoglobina desde los pulmones hasta todas las células del cuerpo para proporcionar energía a nuestro metabolismo. Se trata del recurso natural más esencial para la supervivencia: la duración de una apnea (dejar de respirar) voluntaria soportable varía, pero, si nunca se ha entrenado para prolongarla, hallará que, habitualmente, aguanta solo entre unos treinta segundos y alrededor de un minuto. Quizá haya leído acerca de la inmersión a pulmón libre, donde hombres y mujeres arriesgan la vida aguantando la respiración y sumergiéndose, sin aparato respirador alguno, a la máxima profundidad posible (con o sin aletas); o acerca de las competiciones de apnea estática, donde los competidores yacen inmóviles en una piscina de agua y contienen la respiración. El récord para hombres de esta última especialidad es de casi 12 minutos, y 9 para mujeres; la hiperventilación con oxígeno puro durante periodos de hasta media hora antes de un intento duplica el tiempo de apnea, a más de 24 minutos para hombres y 18,5 para mujeres.[5]

En el siglo XXI, esto se considera un deporte, a pesar del hecho de que las células cerebrales empiezan a morir de hipoxia cerebral al cabo de cinco minutos, y que un periodo solo un poco más prolongado puede provocar daños graves o la muerte. Después de todo, el recurso que más limita la supervivencia humana es el oxígeno, del cual nuestra especie, como todos los demás quimioheterótrofos (organismos que no pueden producir por sí mismos su propia nutrición), requiere un suministro constante. La frecuencia de la respiración en reposo es de 12 a 20 inhalaciones por minuto, y el consumo diario per cápita de un adulto es, en media, de casi 1 kg de O_2.[6] Para toda la población mundial, esto supone un consumo anual de unos 2.700 millones de toneladas de oxígeno, una fracción absolutamente insignificante (0,00023 por ciento) de la presencia atmosférica del elemento, de unos 1.200 billones de toneladas de O_2; por otra parte, el CO_2 exhalado lo utilizan de inmediato las plantas para la fotosíntesis.

Los inicios de la atmósfera oxigenada datan de lo que se ha dado en llamar la Gran Oxidación, que dio comienzo hace unos 2.500 millones de años.[7] Durante ese periodo, el oxígeno liberado por las cianobacterias de los océanos empezó a acumularse en la atmósfera, pero pasaría mucho tiempo antes de que los gases alcanzasen las concentraciones modernas. Durante los últimos 500 millones de años, los niveles de oxígeno en la atmósfera han sufrido importantes fluctuaciones, entre un mínimo de un 15 por ciento y un máximo de un 35 por ciento, antes de descender a la cifra actual: casi el 21 por ciento en volumen de la atmósfera terrestre.[8] Además de que no hay peligro en absoluto de que las personas o los animales reduzcan de manera apreciable este nivel mediante la respiración, tampoco existe el peligro de que se consuma demasiado oxígeno, ni siquiera a través de la más rápida combustión (oxidación rápida) concebible de las plantas de la Tierra.

La masa vegetal terrestre del planeta contiene del orden de 500.000 millones de toneladas de carbono (entre bosques, praderas y cultivos), y, aunque se quemase toda a la vez, la megaconflagración consumiría solo alrededor del 0,1 por ciento del oxígeno de la atmósfera.[9] Y, sin embargo, durante el verano de 2019, cuando ardían grandes áreas de la selva tropical amazónica, algunos medios de comunicación y políticos trataron de asustar a las masas científicamente analfabetas, haciéndoles creer que el mundo empezaría a asfixiarse. Entre otros muchos, el presidente francés Emmanuel Macron publicó el siguiente tuit el 22 de agosto de 2019:

> Nuestra casa está ardiendo. Literalmente. La selva tropical del Amazonas —el pulmón que genera el 20% del oxígeno de nuestro planeta— se está quemando. Es una crisis internacional. ¡Miembros del G7, tenemos que tratar esta emergencia en la cumbre, dentro de dos días, como primer punto del orden del día![10]

No había ninguna cumbre del G7 dentro de dos días (ni de dos meses; lo cual no dejaba de ser una buena noticia, ¡para lo que sirve…!) y el mundo sigue respirando. Según dónde se encuentre en esta escala moral específica, la quema deliberada de la selva del Amazonas es una política muy lamentable y completamente equivocada, o un crimen imperdonable contra la biosfera; pero el hecho es que no va a privar de oxígeno al planeta.

Esta información errónea sirve también para ilustrar un problema mucho más amplio: ¿por qué, en lugar de basarnos en datos científicos bien establecidos, dejamos que sean unos cuantos tuits los que guíen la opinión pública? Las valoraciones sobre el medioambiente son quizá más proclives a la generalización gratuita, la interpretación sesgada y, directamente, la desinformación que aquellas relacionadas con la energía y la producción de alimentos. Esta tendencia debe ser denunciada y rechazada: si nuestras acciones se basan en mitos y desinformación, no avanzaremos nunca. Sin duda, la ciencia subyacente acostumbra a ser compleja, muchas de las conclusiones son inciertas y los juicios categóricos resultan desaconsejables; pero no en este caso en particular.

En efecto, los pulmones no producen oxígeno, sino que lo procesan: la función de estos órganos es permitir el intercambio de gases que hace que el O_2 de la atmósfera entre en el flujo sanguíneo, y expulsan CO_2, el producto gaseoso más voluminoso del metabolismo. En el proceso, los pulmones (igual que cualquier otro órgano) deben consumir oxígeno, pero no es fácil medir qué cantidad necesitan; es decir, separar sus necesidades de la aportación global. La mejor forma de averiguarlo es durante un baipás cardiopulmonar total, cuando la circulación pulmonar queda completamente separada de la circulación sistémica: esto muestra que los pulmones consumen alrededor del 5 por ciento del total de oxígeno que inhalamos.[11] Y, mientras que los árboles del Amazonas, como todas las plantas terrestres, producen O_2 durante el proceso diurno de la fotosíntesis, consumen —igual, de nuevo, que cualquier otro organismo fotosintético— prácticamente todo este oxígeno durante la respiración nocturna, el proceso que utiliza los azúcares de la fotosíntesis en la producción de energía y compuestos para el crecimiento de la planta.[12]

Al año, se absorben al menos 300.000 millones de toneladas de oxígeno, y una cantidad similar se libera por parte de la fotosíntesis terrestre y marina.[13] Estos flujos, así como otros mucho menores que son el resultado del enterramiento y la oxidación de materia orgánica, no están perfectamente equilibrados en un nivel estacional o diario, pero son bastante estables a largo plazo, porque, en caso contrario, tendríamos ganancias o pérdidas netas sustanciales en la cantidad de este elemento. En realidad, la presencia de oxígeno en la atmósfera ha sido notablemente estable. Las imágenes de incendios en la selva amazónica, el *mallee* australiano, las colinas de California o la taiga siberiana no son terribles presagios de una atmósfera desprovista del gas que necesitamos inhalar al menos una docena de veces por minuto.[14] Los grandes incendios forestales son destructivos y dañinos en muchos aspectos, pero no van a hacer que nos asfixiemos por falta de oxígeno.

¿TENDREMOS AGUA Y COMIDA SUFICIENTES?

En cambio, el suministro del segundo recurso natural más imprescindible debería estar en una de las primeras posiciones de nuestra lista de inquietudes medioambientales; y no porque haya una absoluta carencia de agua, sino porque esta no está distribuida de manera uniforme y porque nuestra gestión hídrica no ha sido buena. Y eso es un eufemismo: malgastamos una enorme cantidad de agua y, hasta ahora, no nos hemos apresurado a adoptar demasiados cambios eficaces que revertirían los hábitos y tendencias menos deseables. Como veremos, el suministro de agua es un ejemplo perfecto de un recurso casi universalmente mal gestionado, con la complicación añadida de que el acceso a la misma es muy desigual.[15]

Al menos no tenemos que beber con tanta frecuencia como respiramos, una docena de veces por minuto; ni siquiera una docena de veces al día. Pero la provisión de volúmenes adecuados de agua potable (que, según el sexo, la edad, el tamaño corporal y la temperatura ambiente, sin contar las actividades extremas, es de entre 1,5 y 3 litros diarios) es una cuestión de supervivencia básica.[16] No hidratarse durante todo un día es una experiencia difícil; durante dos días se convierte en peligrosa; durante tres días, suele ser mortal. Más allá de esta necesidad existencial, que se traduce en una media per cápita de unos 750 kg (o litros, o 0,75 m³) de agua al año, hay otras varias —y mucho más voluminosas— que dependen de este recurso: la higiene personal, cocinar y lavar la ropa (incluso sin un inodoro en el interior de la casa, estas categorías suman un mínimo de entre 15 y 20 litros al día, o unos 7 m³ al año), actividades productivas y, sobre todo, cultivar alimentos.[17]

Los diferentes sectores que consumen agua (agricultura, generación de electricidad en centrales térmicas, industria pesada, fabricación ligera, servicios, uso doméstico) y las distintas categorías de este recurso hacen que las comparaciones sean complicadas. El agua azul incluye el agua de lluvia que penetra en los ríos, las masas de agua y los depósitos subterráneos y que se incorpora en productos o se evapora; el agua verde corresponde al agua de las precipitaciones que se almacena en el suelo y a continuación se evapora, transpira o consumen las plantas; el agua gris incluye toda el agua dulce requerida para diluir las sustancias contaminantes a fin de cumplir estándares específicos de calidad del agua.

Este es el motivo por el que el consumo nacional per cápita es la mejor forma (la más exhaustiva) de evaluar la huella hídrica, que es la suma de las categorías azul, verde y gris, así como toda el agua virtual (aquella necesaria para el crecimiento o producción de alimentos importados o mercancías manufacturadas).[18] A nivel doméstico, el agua azul (todos los valores se dan en metros cúbicos por año y per cápita) varía desde algo más de 29 m³ en Canadá y 23 m³ en Estados Unidos hasta unos 11 m³ en Francia, 7 m³ en Alemania y unos 5 m³ en China e India, y menos de 1 m³ en muchos países africanos.[19] La huella hídrica total del consumo nacional refleja porcentajes específicos de agua empleada en agricultura (que son mayores en los países con irrigación extensiva) y producción industrial. En consecuencia, economías con climas y consumo por sectores muy distintos —Canadá e Italia, Israel y Hungría— tienen totales similares (en todos estos casos, entre 2.300 y 2.400 m³ por año per cápita). Las importaciones de alimentos suponen una considerable agua verde, por lo que los dos países con una mayor dependencia en los alimentos importados —Japón y Corea del Sur— son también los mayores consumidores de agua virtual.

No es de extrañar que el papel preponderante del agua en las economías nacionales en general, y en la producción de alimentos en particular, haya dado como resultado muchas valoraciones exhaustivas de su disponibilidad, suficiencia, escasez y vulnerabilidad. Al principio del siglo XXI, la cifra de población que padecía estrés hídrico sumaba entre 1.200 millones y 4.300 millones, es decir, entre el 20 y el 70 por ciento de la humanidad.[20] Asimismo, durante la segunda década del siglo XXI, dos métricas diferentes de la escasez de agua indicaban que las poblaciones afectadas estaban entre 1.600 y 2.400 millones de personas.[21] Con estas importantes diferencias de valoración, es imposible ofrecer conclusiones sólidas acerca de su evolución en el tiempo.

La provisión futura de alimentos sufre de numerosas incertidumbres también. Ninguna otra actividad humana ha transformado los ecosistemas del mundo en la medida en que lo ha hecho la producción de alimentos: esta actividad ocupa una tercera parte de los suelos no helados del planeta, y son inevitables los nuevos impactos en el futuro.[22] El área combinada que se dedica a esta labor es ahora más del doble de lo que era hace un siglo, pero en todos los países prósperos las tierras de cultivo se han estabilizado o han disminuido ligeramente, mientras que el crecimiento global de nuevas tierras de cultivo se ha ralentizado de un modo considerable.[23] Dados los aún altos índices de fertilidad del continente, la expansión futura de las tierras cultivadas será algo inevitable en África, pero en Asia solo sucederá en extensiones limitadas, mientras que se verán disminuidas en Europa, América del Norte y Australia (cuya producción de alimentos ya es excesiva y sus poblaciones están envejecidas).

La cantidad de tierra utilizada en producción de alimentos podría menguar con la combinación de una mejora de las prácticas agrícolas, una reducción del desperdicio de alimentos y la moderación generalizada en el consumo de carne. Como ya se ha explicado en el capítulo 2, la vuelta a la agricultura preindustrial es inconcebible en un mundo de casi ocho mil millones de personas, pero obtener mayores niveles de producción con las aportaciones actuales (intensificación agrícola) corresponde a una tendencia muy arraigada, y la eliminación de numerosas prácticas antieconómicas podría producir mayores rendimientos, aun con un uso reducido de fertilizantes y pesticidas. Una convincente demostración a gran escala de todo lo mencionado, efectuada a lo largo de una década (de 2005 a 2015) incluyó a casi 21 millones de agricultores que cultivaban alrededor de un tercio de las tierras de China: lograron elevar los rendimientos de los cultivos de cereales básicos en un 11 por ciento, al tiempo que reducían la aplicación de nitrógeno por hectárea en un 15 o 18 por ciento.[24]

Si la tierra no es un recurso restrictivo, y disponemos de los conocimientos necesarios para la gestión del suministro de agua, ¿cuáles son las perspectivas para proporcionar los macronutrientes que necesitan nuestros cultivos al tiempo que se limita el impacto medioambiental de la aplicación de nitrógeno y fósforo? Como ya hemos detallado, la síntesis de amoniaco de HaberBosch hizo posible conseguir cualquier cantidad deseada de una forma reactiva de nitrógeno, el más importante de los macronutrientes.[25] También podemos conseguir cantidades adecuadas de los dos macronutrientes minerales, potasio y fósforo. El Servicio Geológico de Estados Unidos sitúa los recursos de potasio en unos 7.000 millones de toneladas del equivalente de K_2O (óxido de potasio); las reservas son de alrededor de la mitad de esta cantidad, que, al ritmo actual de producción, durarían casi 90 años.[26]

Durante los últimos 50 años se ha hablado de manera periódica de la inminente escasez de fósforo, e incluso se ha comentado la inevitabilidad de las hambrunas en cuestión de décadas.[27] Las inquietudes por el desperdicio de un recurso finito son siempre apropiadas, pero no hay ninguna crisis próxima respecto del fósforo. De acuerdo con el International Fertilizer Development Center, las reservas y recursos mundiales de rocas de fosfato son suficientes para cubrir la demanda de fertilizantes durante los próximos 300 o 400 años.[28] El Servicio Geológico de Estados Unidos sitúa los recursos mundiales de roca de fosfato en más de 300.000 millones de toneladas, suficiente para más de 1.000 años, al ritmo actual de extracción.[29] Y la International Fertilizer Industry Association «no cree que el consumo de fósforo sea un problema urgente, ni que el agotamiento de las rocas de fosfato sea cercano».[30]

La verdadera cuestión acerca de los nutrientes vegetales reside en las consecuencias medioambientales (y, por tanto, económicas) de su presencia no deseada en el entorno, sobre todo en el agua. El fósforo de los fertilizantes se pierde a través de la erosión del suelo y la escorrentía, y se libera con los residuos producidos por los animales domésticos y las personas.[31] El agua (ya sea dulce u oceánica) suele tener concentraciones muy bajas de este elemento, por lo que su adición conduce a la eutrofización, el enriquecimiento de las aguas con nutrientes que eran escasos, lo que da como resultado un crecimiento excesivo de algas.[32] Las pérdidas de nitrógeno de la tierra de cultivo fertilizada (y de los desechos animales y humanos) causan también este efecto, pero la fotosíntesis acuática es más susceptible a las adiciones de fósforo. Ni los tratamientos primarios de aguas residuales (la sedimentación elimina entre un 5 y un 10 por ciento del fósforo) ni el tratamiento secundario (la filtración captura entre un 10 y un 20 por ciento) impiden la eutrofización, pero el fósforo se puede eliminar utilizando agentes coagulantes o mediante procesos microbianos, para posteriormente cristalizarlo y reutilizarlo como fertilizante.[33]

Como ya se ha dicho, la eficiencia de la absorción de nitrógeno por parte de los cultivos a nivel mundial se ha reducido a menos del 50 por ciento, y a menos del 40 por ciento en China y Francia. Junto con el fósforo, los compuestos nitrogenados solubles contaminan las aguas y provocan un crecimiento excesivo de algas. La descomposición de estas consume oxígeno disuelto en el agua de mar y genera aguas anóxicas (sin oxígeno), en las que los peces y crustáceos no pueden sobrevivir. Estas zonas son abundantes en las costas este y sur de Estados Unidos y en las costas de Europa, China y Japón.[34] No existen soluciones fáciles, rápidas y asequibles para estos efectos medioambientales. Una mejora de la gestión agronómica (rotación de cultivos, aplicación de fertilizantes en varias tandas para minimizar sus pérdidas) es esencial, y una disminución del consumo de carne sería la más importante de las medidas, ya que reduciría la necesidad de producir grano para pienso; pero el África subsahariana precisará mucho más nitrógeno y fósforo a fin de evitar una dependencia crónica de las importaciones de alimentos.

Y cualquier evaluación a más largo plazo de las tres necesidades comentadas —oxígeno en la atmósfera, disponibilidad de agua y producción de alimentos— debe tener en cuenta cómo puede verse afectado su suministro por el actual cambio climático, una transformación gradual que ya está en marcha y que afectará en multitud de formas a la biosfera, mucho más allá del ascenso de las temperaturas y la subida del nivel de los océanos, los dos efectos más mencionados en los medios de comunicación. No voy a repasar la larga lista de los impactos pronosticados —desde ciudades sobrecalentadas hasta la elevación de los océanos, desde cultivos secos hasta glaciares fundidos—; eso ya se ha hecho demasiadas veces, racional e irracionalmente.

En cambio, voy a emplear un punto de vista funcional y poco ortodoxo. Empezaré por explicar la necesidad del efecto invernadero para la vida, un fenómeno sin el cual la superficie terrestre estaría siempre congelada y que, sin quererlo, hemos acrecentado a través de una combinación de acciones, siendo la quema de combustibles fósiles el más importante de los factores en el calentamiento global antropogénico. Luego explicaré cómo, en contra de lo que se suele creer, la ciencia moderna identificó este fenómeno hace más de un siglo; cómo hemos hecho caso omiso, durante generaciones, de riesgos potenciales bien establecidos; cómo hemos sido, hasta ahora, reacios a comprometernos para poner en marchas acciones eficaces destinadas a cambiar el curso del calentamiento global; y hasta qué punto este cambio de actitud podría suponer un desafío.

POR QUÉ LA TIERRA NO ESTÁ SIEMPRE CONGELADA

Como vimos en el primer capítulo, la abundancia de los combustibles fósiles y su cada vez más eficiente conversión han sido los principales motores del crecimiento económico moderno, y han aportado las ventajas de una mayor longevidad y plenitud en nuestra vida; pero también han contribuido a la inquietud por los efectos a largo plazo de las emisiones de CO_2 en el clima mundial (lo que habitualmente se denomina calentamiento global). Nuestra preocupación por las consecuencias en el medioambiente del incremento planetario de la temperatura tiene una explicación física sencilla. Nos alarma un exceso de algo sin lo cual no estaríamos vivos: el efecto invernadero.

Este imperativo vital es la regulación de la temperatura de la atmósfera de la Tierra por parte de unos gases que solo existen en porcentajes muy pequeños, principalmente el dióxido de carbono (CO_2) y el metano (CH_4). Comparados con los dos gases que constituyen el grueso de la atmósfera (nitrógeno en un 78 por ciento, oxígeno en un 21 por ciento), su presencia es insignificante (fracciones de un 1 por ciento), pero su efecto supone la diferencia entre un planeta helado y sin vida y una Tierra azul y verde.[35]

La atmósfera del planeta absorbe la radiación solar incidente (de longitud de onda corta) y emite radiación al espacio (en forma de ondas más largas). Sin ella, la temperatura de la Tierra sería de −18 °C, y su superficie estaría constantemente helada. Los gases traza cambian el equilibrio de radiación del planeta al absorber parte de la que sale (infrarroja) y elevar la temperatura de la superficie. Esto permite la existencia de agua en estado líquido, cuya evaporación añade vapor de agua (otro gas que absorbe las invisibles ondas infrarrojas salientes) a la atmósfera. El resultado es que la temperatura en la superficie de la Tierra es 33 °C superior a la que sería en ausencia de estos gases traza y vapor de agua, y la temperatura media global (15 °C) mantiene la vida en sus numerosas formas.

Etiquetar este fenómeno natural con el nombre de «efecto invernadero» es una analogía engañosa, porque el calor en el interior de un invernadero no se debe solo al hecho de que el vidrio impide que se escape parte de la radiación infrarroja, sino también a que la circulación del aire. En cambio, la causa del «efecto invernadero» natural es únicamente la intercepción de una pequeña parte de la radiación infrarroja saliente por parte de los gases traza, mientras que la atmósfera global permanece en un movimiento constante, sin restricciones y, con frecuencia, violento. El vapor de agua es, con diferencia, el factor de absorción de radiación saliente más importante, y ha sido, por tanto, el gas responsable de la mayor parte del calentamiento atmosférico en el pasado (y lo seguirá siendo en el futuro). Así, este es el principal generador del efecto invernadero natural; pero el agua en sí no es la causante del calentamiento atmosférico, porque no controla la temperatura de la atmósfera. En realidad, es a la inversa: el cambio de temperatura determina cuánta agua puede estar presente en forma de gas (la humedad del aire se incrementa con el ascenso de las temperaturas) y cuánta se condensa y pasa a estado líquido (la condensación aumenta cuando la temperatura disminuye).

El calentamiento natural de la Tierra lo controlan los gases traza, cuya concentración no se ve afectada por la temperatura ambiente, es decir, que no se condensan y precipitan con el declive de las temperaturas. Pero el relativamente pequeño calentamiento que provocan incrementa la evaporación y eleva las concentraciones de agua en la atmósfera, y este proceso de realimentación da como resultado un calentamiento adicional. El efecto natural de estos gases traza ha estado siempre dominado por el dióxido de carbono (CO_2), con aportaciones menores del metano (CH_4), del óxido nitroso (N_2O) y del ozono (O_3), este último conocido por la capa homónima. Las acciones del ser humano empezaron a afectar a las concentraciones de varios de estos gases traza, creando un efecto invernadero adicional, artificial (antropogénico), hace ya miles de años, en cuanto las sociedades establecidas adoptaron la agricultura y empezaron a utilizar madera (y el carbón hecho con ella) en sus casas, y también para fundir metales y fabricar ladrillos y baldosas. La conversión de bosques en tierras de cultivo liberó CO_2 adicional, y los inundados campos de arroz produjeron más CH_4.[36]

Pero el impacto de estas emisiones antropogénicas solo se hizo significativo con el ritmo creciente de la industrialización. El aumento de las emisiones de CO_2, que provoca una aceleración del efecto invernadero, ha sido impulsado principalmente por la quema de combustibles fósiles y por la producción de cemento. Las emisiones de metano (de los campos de arroz, los vertederos, el ganado y la producción de gas natural) y óxido nitroso (que se origina, sobre todo, debido a la creciente aplicación de fertilizantes nitrogenados) son las otras fuentes antropogénicas notables de gases de efecto invernadero. En reconstrucciones de sus concentraciones atmosféricas en el pasado puede verse su súbito incremento a causa de la industrialización.

Durante los siglos anteriores al año 1800, la fluctuación de los niveles de CO_2 era muy reducida, y estos se mantenían cerca de las doscientas setenta partes por millón (ppm), es decir, un 0,027 por ciento en volumen. Para el año 1900, se habían elevado ligeramente, hasta las 290 ppm, un siglo más tarde se aproximaban a casi 375 ppm, y en el verano de 2020 superaron las 420 ppm, un incremento de más de un 50 por ciento sobre el nivel de finales del siglo XVIII.[37] Las cuotas de metano de la época preindustrial eran tres órdenes de magnitud inferiores —menos de 800 partes por mil millones (ppb, por sus siglas en inglés)—, pero se han más que duplicado, hasta llegar a casi 1.900 ppb en el año 2020, mientras que las concentraciones de óxido nitroso se elevaron desde unas 270 ppb a más de 300 ppb.[38] Estos gases absorben la radiación saliente en grados diferentes: cuando se comparan sus impactos durante un periodo de 100 años, la liberación de una unidad de CH_4 tiene el mismo efecto que emitir de 28 a 36 unidades de CO_2; en el caso del N_2O, el factor multiplicador está entre 265 y 298. Unos cuantos gases artificiales industriales de nueva creación —sobre todo los clorofluorocarbonos (utilizados en el pasado para refrigeración) y el SF_6 (un aislante excelente que se emplea en equipos eléctricos)— ejercen un efecto mucho más intenso, pero por suerte solo están presentes en concentraciones minúsculas, y la producción de clorofluorocarbonos fue prohibida gradualmente a partir de 1987, en el Protocolo de Montreal.[39]

El CO_2 (emitido sobre todo por la quema de combustibles fósiles; otra gran aportación es la deforestación) es responsable de alrededor del 75 por ciento del efecto invernadero, el CH_4 de un 15 por ciento aproximadamente, y el resto es casi todo debido al N_2O.[40] El incremento continuado de las emisiones de gases de efecto invernadero acabará provocando temperaturas tan altas que causarán numerosos impactos negativos en el medioambiente, lo que generará costes sociales y económicos considerables. A diferencia de la opinión más generalizada, esta no es una conclusión reciente que haya surgido de una mejor comprensión, producto de complejos modelos de cambio climático llevados a cabo por superordenadores. Este hecho se conocía mucho antes de que se introdujesen los primeros modelos de circulación atmosférica global (los precursores de todas las simulaciones de calentamiento global), durante el final de la década de 1960, e incluso antes de que se construyesen los primeros ordenadores electrónicos.

¿Quién descubrió el calentamiento global?

Si busca en el Ngram Viewer de Google la aparición de *global warming* (calentamiento global), descubrirá la casi total ausencia del término antes de 1980, seguida por un súbito incremento de su frecuencia, que se cuadruplicó en los dos años anteriores a 1990. El «descubrimiento», por parte de los medios, el público y los políticos del calentamiento global inducido por el dióxido de carbono llegó en 1988, a partir del cálido verano en Estados Unidos y el establecimiento del Grupo Intergubernamental de Expertos sobre el Cambio Climático (IPCC, por sus siglas en inglés) por parte del Programa de las Naciones Unidas para el Medio Ambiente y la Organización Meteorológica Mundial. Esto provocó una marea aún en ascenso de artículos científicos, libros, conferencias, estudios por parte de expertos e informes preparados por organizaciones gubernamentales e internacionales, incluidas las revisiones periódicas del IPCC.

Para el año 2020, una búsqueda en Google de los términos *global warming* (calentamiento global) y *global climate change* (cambio climático global) devolvía más de mil millones de resultados, una frecuencia que es un orden de magnitud mayor que la de noticias recientemente de moda, como *globalization* (globalización) o *economic inequality* (desigualdad económica), o de desafíos vitales como *poverty* (pobreza) y *malnutrition* (desnutrición). Asimismo, casi desde que los medios de comunicación empezaron a interesarse por este complejo proceso, la cobertura periodística sobre el calentamiento global ha estado llena de datos mal comunicados, interpretaciones dudosas y predicciones funestas, que con el tiempo han ido adquiriendo una tendencia definitivamente más histérica y apocalíptica.

Observadores desinformados no habrán tenido más remedio que llegar a la conclusión de que estos avisos de una catástrofe global en desarrollo son un reflejo real de los hallazgos científicos más recientes, basados en una combinación de observaciones por satélite de las que antes no disponíamos y de las previsiones alcanzadas mediante complejos modelos climáticos globales cuya ejecución ha sido posible gracias al auge de la tecnología informática. No obstante, aunque la supervisión y los modelos actuales son ciertamente más avanzados, no hay nada nuevo, ni en nuestra comprensión del efecto invernadero ni en las consecuencias de las cada vez mayores emisiones de los gases que lo producen: ¡en principio, ya hace más de ciento cincuenta años que somos conscientes de ambos, y, de una manera clara y explícita, más de un siglo!

Unos años antes de su muerte, el matemático francés Joseph Fourier (1768-1830) fue el primer científico en darse cuenta de que la atmósfera absorbe parte de la radiación que se emite desde la superficie del planeta; y, en 1856, Eunice Foote, una científica e inventora estadounidense, fue la primera persona que vinculó (de forma breve pero clara) el CO_2 con el calentamiento global.[41] Cinco años más tarde, el físico inglés John Tyndall (1820-1893) explicó que el vapor de agua es el más importante de los agentes absorbentes de la radiación saliente, lo que supone que «cualquier variación de este componente debe producir un cambio en el clima», y añadía que «similares observaciones serían de aplicación al ácido carbónico difundido en el aire».[42] Si lo traducimos al lenguaje moderno, lo que este científico afirma es que un aumento en la concentración de CO_2 debe producir un incremento de la temperatura atmosférica.

Pero esto fue en 1861, y, antes de finalizar el siglo, Svante Arrhenius (1859-1927), químico sueco y uno de los premios Nobel iniciales, publicó los primeros cálculos del aumento de la temperatura superficial del planeta debido a la eventual duplicación del CO_2 atmosférico preindustrial.[43] Su artículo señalaba también que el calentamiento global se iba a notar menos en los trópicos y más en las regiones polares, y que iba a reducir las diferencias de temperatura entre la noche y el día. Ambas conclusiones se han visto confirmadas. El Ártico se calienta más rápido, pero la explicación más simple (que, con la fusión de la nieve y el hielo, el porcentaje de radiación reflejada desciende en picado, lo que provoca un mayor calentamiento) es solo una de las partes de un proceso complejo que incluye cambios en las nubes, y en el transporte de vapor de agua y energía a los polos a través de grandes sistemas climáticos.[44] Las temperaturas nocturnas están aumentando más deprisa que las medias diurnas, debido sobre todo a que la capa límite (la parte de la atmósfera situada justo encima del suelo) es muy delgada —unos cientos de metros— durante la noche, en lugar de los varios kilómetros de grosor que alcanza durante el día, y es, por tanto, más sensible al calentamiento.[45]

En 1908, Arrhenius indicó una estimación bastante precisa de la sensibilidad climática, la medida del calentamiento global a partir de una duplicación del nivel de CO_2 atmosférico: «La duplicación del porcentaje de dióxido de carbono en el aire elevaría la temperatura de la superficie de la Tierra en 4 °C».[46] En 1957, tres décadas antes de la oleada de interés mundial por el calentamiento global, el oceanógrafo estadounidense Roger Revelle y el químico físico Hans Suess evaluaron el proceso de quema masiva de combustibles fósiles en sus correctos términos evolutivos: «Así, los seres humanos están llevando a cabo ahora un experimento geofísico a gran escala, de una clase que no habría sido posible en el pasado ni se podrá reproducir en el futuro. En el espacio de unos pocos siglos, estamos devolviendo a la atmósfera y a los océanos todo el carbono orgánico almacenado en las rocas sedimentarias a lo largo de cientos de millones de años».[47]

No me imagino otra forma de expresarlo que hubiera podido transmitir mejor la naturaleza sin precedentes de esta nueva realidad. Solo un año más tarde, en respuesta a esta inquietud, se iniciaron mediciones de concentraciones de CO_2 subterráneo en Mauna Loa (Hawái) y en el Polo Sur, que mostraron de inmediato incrementos anuales constantes y bastante predecibles, de 315 ppm en 1958 a 346 ppm para 1985.[48] Y, en 1979, un informe del National Research Council situó el valor teórico de sensibilidad climática (incluido el efecto del vapor de agua) entre los 1,5 y los 4,5 °C, lo que significa que el cálculo de Arrhenius en 1908 estaba dentro de ese margen.[49]

El «descubrimiento», a finales de la década de 1980, del calentamiento global inducido por el dióxido de carbono llegó, pues, más de un siglo después de que Foote y Tyndall dejasen claro ese vínculo, casi cuatro generaciones después de que Arrhenius publicase una estimación cuantitativa del posible efecto de un calentamiento global, más de una generación después de que Revelle y Suess advirtiesen acerca del experimento geofísico global sin precedentes e irrepetible, y una década después de la moderna confirmación de la sensibilidad climática. Está claro que no era necesario que esperásemos a la llegada de nuevos modelos informáticos o al establecimiento de una burocracia internacional para ser conscientes de este cambio y pensar en cómo responder.

Estos esfuerzos no han supuesto diferencias fundamentales, lo que bien se ilustra en las últimas estimaciones de una métrica clave del calentamiento global: la sensibilidad climática. El quinto informe de evaluación del IPCC, publicado más de un siglo después de que Arrhenius ofreciese el valor de 4 °C, concluía que es extremadamente improbable que la sensibilidad sea de menos de 1 °C y muy poco probable que esté por encima de 6 °C, situándose el intervalo más probable entre 1,5 y 4,5 °C, igual que en el informe del National Research Council de 1979.[50] Y, en 2019, una evaluación exhaustiva de la sensibilidad climática de la Tierra (basada en múltiples estudios) precisó que la respuesta más probable estaba entre 2,6 y 3,9 °C.[51] Esto significa que es extremadamente improbable que la sensibilidad climática sea tan baja que pueda impedir un calentamiento sustancial (de más de 2 °C) para cuando la concentración de CO_2 en la atmósfera supere las 560 ppm, dos veces el nivel preindustrial.

Y sin embargo, hasta ahora, los únicos movimientos efectivos y sustanciales hacia la descarbonización no se han llevado a cabo a partir de unas políticas deliberadas y específicas, sino que han sido subproductos de avances técnicos generales (mayores eficiencias de conversión, más generación nuclear e hidroeléctrica, procedimientos de procesamiento y fabricación menos despilfarradores) y de constantes cambios en la producción y la gestión (el paso del carbón al gas natural, un mayor reciclaje de materiales y con un consumo energético menor) cuya puesta en marcha y progreso no ha tenido nada que ver con la búsqueda de una reducción de los gases de efecto invernadero.[52] Y, como ya se ha mencionado, el impacto global de la reciente descarbonización de la generación de electricidad —mediante la instalación de paneles solares fotovoltaicos y turbinas eólicas— ha sido completamente anulado por el rápido incremento en las emisiones de gases de efecto invernadero en China y otros lugares de Asia.

EL OXÍGENO, EL AGUA Y LOS ALIMENTOS EN UN MUNDO MÁS CÁLIDO

Sabemos cuál es nuestra situación actual. Debido al aumento en las concentraciones de gases de efecto invernadero, durante generaciones el planeta ha estado irradiando ligeramente más energía de la que ha recibido del Sol. Para 2020, el valor neto de esta diferencia era de unos dos vatios por metro cuadrado, comparándolo con el valor de referencia de 1850.[53] La capacidad de absorción de calor atmosférico por parte de los océanos es enorme, por lo que se tarda mucho tiempo en elevar la temperatura de la parte baja de la atmósfera en un margen apreciable. Durante el final de la década de 2010, tras un par de siglos de aceleración en la quema de combustibles fósiles, la temperatura media en todo el mundo, en tierra y en la superficie de los océanos, era de casi 1 °C más que la del siglo XX. Este aumento se ha documentado en todos los continentes, pero su distribución no ha sido equitativa: como predijo correctamente Arrhenius, las latitudes más altas han visto incrementos medios mucho mayores que las latitudes medias o los trópicos.

En términos de promedio global, los cinco años más cálidos de los últimos 140 años han ocurrido desde 2015, y nueve de los diez más cálidos han tenido lugar desde 2005.[54] Las consecuencias de este cambio global son numerosas, desde la temprana floración de los cerezos en Kioto y la maduración de las uvas para la elaboración de los vinos franceses hasta los preocupantes nuevos récords de temperatura durante las oleadas de calor estivales y la fusión de los glaciares de alta montaña.[55] Y ahora (como no es de extrañar, dada la facilidad de los modelos por ordenador) disponemos de una literatura mucho más exhaustiva que predice lo que está por venir. Así, volviendo a los tres cimientos de la vida, ¿cuáles son las expectativas para el suministro de oxígeno, agua y alimentos en una Tierra más cálida?

La concentración atmosférica de oxígeno no se ve afectada por los ligeros cambios en la temperatura a causa de los gases de efecto invernadero, pero ha estado disminuyendo ligeramente debido a la principal causa antropogénica del calentamiento global: la quema de combustibles fósiles, que en tiempos recientes ha eliminado de la atmósfera unos 27.000 millones de toneladas de oxígeno al año.[56] La reducción anual neta (teniendo también en cuenta las pérdidas debidas a incendios y a respiración del ganado) alcanzó los 21.000 millones de toneladas a principios del siglo XXI; esto es, menos del 0,002 por ciento de la concentración existente por año.[57] Las mediciones directas de concentraciones de oxígeno atmosférico confirman estas minúsculas pérdidas: últimamente han sido de unas 4 ppm y, como hay casi 210.000 moléculas de oxígeno por cada millón de moléculas de aire, esto se traduce en una reducción anual del 0,002 por ciento.[58]

A este ritmo, se tardarían 1.500 años (más o menos el tiempo transcurrido desde la caída del Imperio romano de Occidente) para reducir un 3 por ciento el nivel de oxígeno de la atmósfera; pero, en concentraciones reales, eso solo representa el equivalente de trasladarse desde Nueva York (en el nivel del mar) hasta Salt Lake City (a 1.288 m sobre el nivel del mar). Otro cálculo extremo —y completamente teórico— muestra que, si quemásemos todas las reservas conocidas de todos los combustibles fósiles (carbón, petróleo y gas natural; algo del todo imposible, debido a los costes prohibitivos de extraer estos materiales de depósitos principalmente marginales), la concentración de O_2 en la atmósfera se reduciría tan solo en un 0,25 por ciento.[59]

Por desgracia, para cientos de millones de personas es difícil respirar por muchas razones —desde los alérgenos en el polen hasta la polución en el aire, exterior en entornos urbanos e interior (en la cocina) en los rurales—, pero no hay peligro de problemas respiratorios provocados por cualquier concebible reducción del oxígeno en la atmósfera debida a incendios forestales o a la quema de combustibles fósiles. Es más, se trata del recurso natural esencial cuyo acceso es más igualitario: sea cual sea el nivel local de los agentes contaminantes en el aire, una idéntica concentración de oxígeno está libremente disponible para los seres humanos a la misma altitud en todo el mundo, y las poblaciones que viven a gran altitud, en lugares como Tíbet y los Andes, han mostrado numerosas y notables adaptaciones a concentraciones más bajas de oxígeno (principalmente, concentraciones elevadas de hemoglobina).[60]

Con todo esto quiero decir que no debemos preocuparnos por el oxígeno. Sin embargo, sí nos debe preocupar el futuro del suministro de agua. Muchos modelos regionales, nacionales y globales han examinado la disponibilidad futura de este recurso. En ellos se han asumido distintos grados de calentamiento global, y, aunque el peor de los casos ofrece un panorama generalmente en declive, hay incertidumbres significativas en función de las necesarias hipótesis acerca del crecimiento de la población y, por consiguiente, de la demanda de agua. Si la población sigue aumentando, con un calentamiento de 2 °C como máximo, el número de habitantes expuestos a una cada vez mayor escasez de agua debida al cambio climático puede variar entre los 500 millones y los 3.100 millones de personas.[61] El suministro de agua per cápita se reducirá en todo el mundo, pero algunas de las principales cuencas fluviales (entre ellas La Plata, el Mississippi, el Danubio y el Ganges) seguirán muy por encima del nivel de escasez, mientras que algunos ríos que ya están por debajo sufrirán un agravamiento (en particular, el Tigris y el Éufrates, en Turquía e Irak, y el Huang He, en China).[62]

Pero casi todos los estudios coinciden en que la escasez de agua dulce motivada por la demanda tendrá un impacto mucho mayor que la causada por el cambio climático. Por tanto, nuestra mejor opción para regular el suministro hídrico en el futuro es gestionar la demanda, y uno de los mejores ejemplos a gran escala del funcionamiento de esta estrategia es la reducción del consumo per cápita en Estados Unidos en tiempos recientes:[63] en 2015, el consumo global en el país fue menos de un 4 por ciento más alto que la cifra de 1965, pero durante los cincuenta años transcurridos entre ambas fechas la población ha aumentado un 68 por ciento, el PIB (en dinero constante) se ha más que cuadruplicado, y el terreno agrícola irrigado se expandió alrededor de un 40 por ciento. Esto significa que el consumo de agua per cápita se redujo en casi un 40 por ciento, que la intensidad de la economía hídrica estadounidense (unidades de agua por unidad de PIB constante) disminuyó en un 76 por ciento y que, como el volumen total de este recurso utilizado en irrigación fue, de hecho, ligeramente inferior en 2015, las aplicaciones por unidad de superficie de suelo agrícola se redujeron en casi un tercio. Desde luego, hay límites físicos en cuanto a una mayor reducción de todos estos usos del agua, pero la experiencia en Estados Unidos muestra que se pueden lograr beneficios que distan mucho de ser menores.

La escasez de agua potable se podría mitigar gracias a la desalinización, es decir, la eliminación de las sales disueltas en el agua de mar mediante técnicas que van de la destilación solar al uso de membranas semipermeables. Esta opción se ha ido haciendo habitual en muchos países con escasez de agua (en todo el mundo hay unas 18.000 plantas de desalinización), pero los costes son bastante más altos que los del agua dulce procedente de embalses o reciclada.[64] Los volúmenes de este recurso necesarios para la agricultura son de una magnitud mucho mayor, y casi toda la producción de alimentos global seguirá dependiendo de la lluvia. ¿Lloverá suficiente en el mundo que está por venir, que será más cálido?

La fotosíntesis es siempre un intercambio extremadamente desigual de agua interna (dentro de una hoja) por CO_2 externo (en la atmósfera). Cada vez que una planta abre sus estomas (situados en el envés de las hojas) para captar suficiente carbono para su fotosíntesis, pierde gran cantidad de agua. Por ejemplo, la eficiencia de transpiración (biomasa producida por unidad de agua utilizada) del trigo (de toda la planta) es de entre 5,6 y 7,5 gramos por kilogramo, y esto se traduce en unos 240 a 330 kilogramos de agua por kilogramo de grano cosechado.[65]

El calentamiento global intensificará, de modo inevitable, el ciclo del agua, porque las altas temperaturas incrementarán la evaporación. Como resultado, habrá más precipitación en general y, por tanto, más agua disponible para su captación, almacenamiento y uso.[66] Pero esto no significa que haya más precipitación en todas partes, ni tampoco —una consideración no menos importante— allá donde más se necesita. Como sucede con otros muchos cambios asociados a un clima más cálido, la mayor precipitación estará distribuida de forma desigual. Algunas regiones tendrán menos que en la actualidad; otras (como la cuenca del Yangtsé, donde reside la mayor parte de la extensa población de China) verán una cantidad significativamente más alta, y se espera que este incremento conlleve una ligera reducción en el número de personas residentes en entornos que sufren un grave estrés hídrico.[67] Pero muchos lugares con mayor precipitación la recibirán de una manera irregular, en forma de eventos de lluvia o nieve menos frecuentes pero más intensos, incluso catastróficos.

Una atmósfera más cálida supondrá también una mayor pérdida de agua en las plantas (evapotranspiración), pero eso no quiere decir que los cultivos y los bosques vayan a marchitarse. Un creciente nivel de CO_2 atmosférico implica que el agua requerida por unidad de rendimiento se reducirá en una biosfera más cálida y rica en dióxido de carbono. Este efecto ya se ha medido en algunos cultivos, y el trigo y el arroz (cereales básicos que dependen del proceso fotosintético más común) usarán el agua con una eficacia mayor que el maíz o la caña de azúcar (que emplean un proceso menos común, pero inherentemente más eficiente).[68] Esto quiere decir que, en ciertas regiones, el trigo y otros cultivos podrían rendir tanto como lo hacen hoy en día, o más, aunque la precipitación se redujera en un 10 o 20 por ciento.

Al mismo tiempo, la producción global de alimentos es también una fuente significativa de los gases que contribuyen al calentamiento global, sobre todo de CO_2 por las conversiones de bosques y pastos en campos de cultivo (aún en marcha, sobre todo, en Sudamérica y África) y por las emisiones de metano del ganado rumiante.[69] Pero esta realidad también presenta oportunidades para efectuar mejoras y ajustes. Se podrán realizar cultivos en formas que incrementan la materia orgánica en los suelos y, por tanto, su almacenamiento de carbono (mediante la reducción o eliminación del proceso de arado anual), y se pueden reducir las emisiones de metano del ganado comiendo menos carne. Mis cálculos muestran que, en el futuro —si disminuye el porcentaje de carne de vacuno y aumenta el de cerdo, pollo, huevos y lácteos, y si se logra una mayor eficiencia en la alimentación del ganado y un mejor uso de los residuos de los cultivos y de los subproductos del procesamiento de los alimentos—, podríamos lograr los mismos resultados de producción de carne que en los últimos tiempos, a la vez que limitamos el impacto medioambiental del ganado, incluida su contribución a las emisiones de metano.[70]

Hablando de forma más amplia, un estudio reciente se planteaba si era posible alimentar a la futura población de 10.000 millones de personas (a la que se espera llegar poco después de 2050) dentro de los cuatro factores limitantes del planeta; en otras palabras, si era posible lograrlo sin llevar al límite a la Tierra y a sus habitantes, en términos de dañar la integridad de la biosfera y de sobrepasar el uso de la tierra y del agua dulce y el flujo de nitrógeno. Como no puede ser de otra forma, el estudio concluía que, si todos esos límites se respetaban de manera estricta, el sistema alimentario global sería capaz de proporcionar dietas diarias equilibradas (unas 2.400 kilocalorías per cápita) a no más de 3.400 millones de personas, pero que se podría mantener a 10.200 millones de habitantes con la redistribución de las tierras de cultivo, una mejor gestión del agua y los nutrientes, una reducción del desperdicio de alimentos y la realización de ajustes en la dieta.[71]

Una visión informada de las tres necesidades vitales —respirar, beber y comer— coincide: no debería suceder ningún inevitable apocalipsis para el año 2030, ni para el 2050. El oxígeno seguirá siendo abundante. Los problemas de suministro de agua se incrementarán en muchas regiones, pero disponemos de los conocimientos, y tendríamos que ser capaces de movilizar los medios necesarios para evitar cualquier escasez a gran escala que amenace la vida. Asimismo, deberíamos no solo mantener, sino también mejorar, el suministro medio de alimentos per cápita en los países de ingresos bajos, al tiempo que reducimos el exceso de producción en las naciones prósperas. Sin embargo, estas acciones solo reducirían —no eliminarían— nuestra dependencia del consumo directo e indirecto de combustibles fósiles en la producción de alimentos para la población mundial (véase el capítulo 2). Y, como expliqué en el primer capítulo, alejarse de ellos no es algo que se pueda hacer con rapidez. Esto significa que, durante las próximas décadas, su combustión seguirá siendo el principal factor impulsor del cambio climático. ¿Cómo afectará esto a la tendencia del calentamiento global?

INCERTIDUMBRES, PROMESAS Y REALIDADES

La combinación de avances científicos y mejora de capacidades técnicas se traduce en que ahora podemos abordar cualquier proceso complejo que comporte la intrincada interacción de factores naturales y acciones humanas con las ventajas de una comprensión considerable, y cada vez más amplia. Al mismo tiempo, tenemos que reconocer la existencia de niveles de ignorancia y constantes incertidumbres que hacen difícil cualquier respuesta categórica. Por si fuera necesario algún testimonio aleccionador de esta realidad, la propagación y las consecuencias de la COVID-19 nos han proporcionado bastantes ya.

No estábamos preparados —hasta tal punto que incluso a aquellos de nosotros que esperábamos problemas graves nos pareció asombroso— para un acontecimiento cuya aparición casi inminente podía haber sido pronosticada con una certidumbre del 100 por ciento: en 2008, yo mismo lo hice de una forma inequívoca, en mi libro sobre catástrofes y tendencias globales, en el que incluso acerté con el momento.[72] Aunque identificamos casi de inmediato toda la composición genética de este nuevo patógeno, las respuestas de política pública a su propagación en las diferentes naciones variaron entre seguir prácticamente como siempre (Suecia) y draconianos (pero tardíos) confinamientos del país (Italia, España), y entre tempranas desestimaciones (Estados Unidos, en febrero de 2020) y éxitos anticipados que, más tarde, se convertirían en problemas (Singapur).[73]

Y sin embargo, en un nivel fundamental, se trata de un fenómeno natural autolimitante que hemos experimentado a escala global tres veces desde finales de la década de 1950: incluso sin vacunas, todas las pandemias virales se acaban calmando una vez que el patógeno infecta a un número relativamente grande de personas o cuando muta a una forma menos virulenta. Pero el cambio climático global es un acontecimiento de una complejidad extraordinaria cuyo eventual resultado depende de interacciones de muchos procesos, naturales y antropogénicos, que estamos muy lejos de entender perfectamente. En consecuencia, durante décadas vamos a necesitar más observaciones, más estudios y modelos climáticos mucho mejores a fin de llegar a estimaciones más precisas de las tendencias a largo plazo y de los resultados más probables.

Creer que nuestro nivel de comprensión de estas realidades dinámicas y multifactoriales ha llegado a un estado de perfección es confundir la ciencia del calentamiento global con la religión del cambio climático. Además, no necesitamos un flujo interminable de nuevos modelos para llevar a cabo acciones efectivas. Disponemos de enormes oportunidades de reducir el consumo de energía en edificios, transporte, industria y agricultura, y hace décadas que deberíamos haber puesto en marcha algunas de estas medidas de ahorro de energía y de reducción de emisiones, independientemente de nuestra preocupación por el cambio climático. La búsqueda de acciones para evitar el uso innecesario de energía, para reducir la contaminación del aire y del agua, y para lograr mejores condiciones de vida debería ser una obligación permanente, no una acción repentina y desesperada con la finalidad de evitar una catástrofe.

Lo que es más notable es que hemos evitado tomar medidas que podrían haber limitado los efectos a largo plazo del cambio climático y que deberían haberse adoptado, incluso en la ausencia de cualquier inquietud acerca del calentamiento global, porque conllevan un ahorro a largo plazo y mayor comodidad. Y, por si eso fuera poco, hemos introducido y promovido de modo deliberado la difusión de nuevas conversiones de energía que han impulsado el consumo de energías fósiles y, por tanto, han intensificado aún más las emisiones de CO_2. Los mejores ejemplos de estas acciones y omisiones son los insostenibles e inapropiados reglamentos de construcción en países de clima frío, y la adopción de vehículos de tipo SUV en todo el mundo.

Nuestras casas duran mucho tiempo (una vivienda estadounidense con estructura de madera y cimientos de hormigón puede aguantar más de cien años), por lo que, con un aislamiento de paredes adecuado, ventanas con triple acristalamiento y calderas de calefacción muy eficientes, constituyen una oportunidad única para ahorrar energía (y, por tanto, reducir las emisiones de carbono) a largo plazo.[74] En 1973, cuando la OPEP quintuplicó el precio del petróleo crudo en todo el mundo, la mayor parte de los edificios de Europa, América del Norte y el norte de China tenían ventanas de vidrio monolítico; en Canadá, el triple acristalamiento no será obligatorio hasta 2030, y en 2009 Manitoba fue la primera provincia en exigir calderas de gas natural de alta eficiencia (superior al 90 por ciento), décadas después de que estas opciones estuvieran disponibles comercialmente.[75] ¿No sería interesante saber cuántos delegados en las asambleas sobre calentamiento global procedentes de climas fríos tienen ventanas con triple acristalamiento con cámara de gas inerte, muros con superaislamiento y calderas de gas con una eficiencia del 97 por ciento? Del mismo modo, ¿cuántas personas que viven en climas cálidos tienen habitaciones bien aisladas, de manera que sus mal instalados e ineficientes aparatos acondicionadores de ventana no malgasten aire frío?

El número de propietarios de vehículos SUV empezó a ascender en Estados Unidos al final de la década de 1980, acabaron propagándose por todo el mundo y, para el año 2020, un vehículo SUV medio emitía anualmente alrededor del 25 por ciento más CO_2 que un coche estándar.[76] Si multiplicamos este dato por los 250 millones de SUV que había en la carretera en 2020, veremos hasta qué punto la adopción global de estas máquinas ha acabado —varias veces, de hecho— con cualquier avance en la descarbonización como resultado de la lenta adopción (solo diez millones en ese mismo año) del vehículo eléctrico. Durante la década de 2010, los coches SUV se convirtieron en la segunda causa de la elevación de las emisiones de CO_2, por detrás de la generación de electricidad y por delante de la industria pesada, el transporte en camión y la aviación. Si esta adopción masiva prosigue, ¡los SUV podrían contrarrestar cualquier ahorro de carbono que hayan logrado los más de cien millones de vehículos eléctricos que podría haber en la carretera para el año 2040!

En el segundo capítulo de este libro detallaba el alto coste energético de la producción de alimentos moderna, y señalaba niveles inexcusablemente altos de desperdicio de comida: sin duda, esta combinación presenta muchas posibilidades de reducir no solo las emisiones de CO_2, sino también las de CH_4 debidas al cultivo de arroz y a la ganadería de rumiantes, así como las de N_2O, resultado de la aplicación excesiva de fertilizantes nitrogenados y aquellas derivadas de un cuestionable comercio de alimentos. ¿Es necesario transportar por avión arándanos de Perú a Canadá, y judías verdes de Kenia a Londres? La vitamina C y el forraje que estos alimentos proporcionan se puede obtener de otras muchas fuentes con huellas de carbono mucho menores. ¿Y no podríamos, con nuestras inmensas capacidades de proceso de datos, asignar mejor y de manera más flexible el precio a los alimentos a fin de lograr una reducción importante del índice de desperdicio, que está entre el 30 y el 40 por ciento? ¿Por qué no hacemos lo que somos capaces de hacer, de manera inmediata y ventajosa, en lugar de esperar a que alguien cree nuevos modelos?

La lista de las acciones que no hemos emprendido —aunque hayamos tenido la oportunidad— es larga. ¿Y qué hemos hecho para evitar, o invertir, el actual cambio climático en las tres décadas desde que el calentamiento global se convirtió en un tema dominante en el debate moderno? Los datos están claros: entre 1989 y 2019, hemos aumentado las emisiones de gases de efecto invernadero antropogénico en un 65 por ciento, aproximadamente. Cuando desglosamos este promedio global, vemos que los países prósperos como Estados Unidos, Canadá, Japón, Australia y los países de la Unión Europea, cuyo consumo energético per cápita era muy alto hace treinta años, han reducido sus emisiones, pero solo alrededor de un 4 por ciento, mientras que las emisiones de India se han cuadruplicado, y las de la China se han multiplicado por 4,5.[77]

La combinación de la inacción por nuestra parte y la naturaleza extremadamente compleja del desafío que plantea el calentamiento global se pone de manifiesto en el hecho de que tres décadas de conferencias internacionales a gran escala sobre el clima no han tenido efecto alguno en la marcha de las emisiones globales de CO_2. La primera conferencia sobre el cambio climático de Naciones Unidas tuvo lugar en 1992; empezaron a ser anuales en 1995 (en Berlín), y entre ellas han estado la muy publicitada reunión de Kioto (en 1997, con su completamente ineficaz acuerdo), Marrakech (2001), Bali (2007), Cancún (2010), Lima (2014) y París (2015).[78] Está claro que a los delegados les encanta viajar a lugares pintorescos, sin siquiera dedicar un pensamiento a la temida huella de carbono que generan todos estos viajes en avión.[79]

En 2015, unas 50.000 personas volaron a París a fin de asistir a otra de estas conferencias, en la que iban a lograr, como se nos aseguró, un acuerdo «emblemático» (también se calificó de «ambicioso» y de «sin precedentes»). Y, sin embargo, el Acuerdo de París no dictó (no pudo hacerlo) ningún objetivo de reducción específico para los mayores emisores de gases del mundo, y tuvo como resultado, incluso si se cumplían todos los compromisos voluntarios no vinculantes (algo francamente improbable), un *incremento* del 50 por ciento en las emisiones para el año 2050.[80] ¿Eso es «emblemático»?

Estas reuniones no podrían haber detenido ni la expansión de la extracción de carbón en China (que se ha más que triplicado entre 1995 y 2019, hasta alcanzar casi la de todo el resto del mundo junto), ni la señalada preferencia global por los enormes vehículos SUV, y tampoco podrían haber disuadido a millones de familias de comprar —en cuanto lo permitiesen sus crecientes ingresos— nuevos acondicionadores de aire que funcionarán durante las cálidas y húmedas noches de los monzones asiáticos y, por tanto, no serán impulsados por energía solar en un futuro próximo.[81] Este es el efecto combinado de estas demandas: entre 1992 y 2019, las emisiones globales de CO_2 aumentaron en un 65 por ciento aproximadamente, y las de CH_4, alrededor de un 25 por ciento.[82]

¿Qué podemos hacer durante las próximas décadas? Debemos empezar por reconocer algunas realidades fundamentales. Solíamos considerar que un incremento de 2 °C en la temperatura media global era un máximo en cierto modo tolerable, pero en 2018 el IPCC redujo esa cifra a solo 1,5 °C; sin embargo, para el año 2020 ya habíamos sumado dos tercios de ese incremento máximo preferible de la temperatura. Es más, en 2017, una evaluación que contempló la capacidad de los océanos para absorber carbono, los desequilibrios energéticos del planeta y el comportamiento de las diminutas partículas en la atmósfera llegó a la conclusión de que el calentamiento global comprometido, debido a emisiones pasadas, y que se está haciendo realidad aunque todas las nuevas emisiones cesaran instantáneamente ya había sumado hasta 1,3 °C y, por tanto, solo serían necesarios otros quince años de nuevas emisiones para sobrepasar los 1,5 °C.[83] Los últimos análisis de estos efectos compuestos llegaron a la conclusión de que ya hemos provocado un calentamiento global de 2,3 °C.[84]

Como de costumbre, estas conclusiones tienen sus propios márgenes de error, pero parece muy probable que la consabida cifra de 1,5 °C de calentamiento ya se ha alcanzado. Aun así, muchas instituciones, organizaciones y gobiernos siguen teorizando sobre mantener un límite que se ha sobrepasado. El informe del IPCC sobre el calentamiento de 1,5 °C ofrece un escenario basado en una revocación tan repentina y permanente de nuestra dependencia de los combustibles fósiles que las emisiones globales de CO_2 se reducirían a la mitad para 2030 y se eliminarían para el año 2050,[85] y otros ofrecen detalladas sugerencias sobre cómo acabar pronto con la era del carbono fósil.

Los ordenadores facilitan la construcción de muchas hipótesis para la eliminación rápida del carbono, pero las personas que trazan el camino hacia un futuro de cero carbono nos deben explicaciones realistas, no solo conjuntos de suposiciones más o menos arbitrarias y altamente improbables que son ajenas a las realidades técnicas y económicas, y que ignoran la naturaleza integrada, la escala masiva y la enorme complejidad de nuestros sistemas de energía y de materia. Tres recientes modelos ofrecen excelentes imágenes de estas veleidades alejadas de cualquier consideración sobre el mundo real.

Hacerse ilusiones

El primer supuesto, preparado sobre todo por investigadores de la Unión Europea, supone que la demanda energética global per cápita media en el año 2050 será un 52 por ciento menor que la cifra de 2020. Una caída así facilitaría mantener el incremento global de temperatura por debajo de 1,5 °C (esto es, si es que aún creemos que algo así es posible).[86] Desde luego —y como repetiré en el último capítulo—, en la construcción de hipótesis a largo plazo, podemos conectar cualquier condición arbitraria a fin de obtener resultados preconcebidos. Pero ¿están las condiciones de esta hipótesis en consonancia con el pasado reciente?

Reducir la demanda de energía per cápita a la mitad en tres décadas sería un logro increíble, teniendo en cuenta que, a lo largo de los treinta años anteriores, la cifra a nivel global ha aumentado un 20 por ciento. La previsión asume que esta demanda mucho menor de energía surgirá al dejar de poseer objetos, al digitalizar la vida cotidiana y al difundir con rapidez las innovaciones técnicas en la conversión y el almacenamiento de la energía.

El primer impulsor sugerido para la desaparición de la demanda (tener menos posesiones) es una creencia académica con muy escaso fundamento, dado que las principales categorías de consumo personal —medido por gasto anual por hogar— han estado aumentando incluso en los países prósperos. En mercados tan saturados, con el tráfico ya congestionado, la cifra de coches por cada 1.000 personas en la Unión Europea creció un 13 por ciento entre 2005 y 2017, y durante los últimos veinticinco años aumentó alrededor de un 25 por ciento en Alemania y un 20 por ciento en Francia.[87] La reducción de la demanda y el declive gradual en la cifra de coches en circulación son objetivos deseables y probables; reducir la demanda a la mitad es arbitrario e improbable.

Lo más importante es que los defensores de esta poco realista hipótesis dan cabida únicamente a una duplicación de todos los modos de movilidad, durante las próximas tres décadas, en lo que ellos llaman el «sur global» (una denominación común, pero bastante imprecisa, de los países de ingresos bajos, situados sobre todo en Asia y África), y una triplicación en la posesión de bienes de consumo. Pero, en la China de la generación anterior, la escala del crecimiento ha sido completamente distinta: en 1999, el país solo tenía 0,34 coches por cada 100 hogares urbanos, y en 2019 la cifra era de más de 40, un incremento relativo de más de un factor 100 en solo dos décadas.[88] En 1990, uno de cada trescientos hogares urbanos tenía una unidad de aire acondicionado de ventana; para el año 2018 había 142,2 unidades por cada cien hogares: un incremento de más de un factor 400 en menos de tres décadas. En consecuencia, incluso aunque los países con un estándar actual de vida como el de China en 1999 disfrutaran de un crecimiento de solo una décima parte del de este, experimentarían un incremento de un factor 10 en la posesión de coches, y de un factor 40 en la de aires acondicionados. ¿Por qué los que defienden la hipótesis de la baja demanda de energía creen que los indios y los nigerianos del presente no quieren reducir la brecha que los separa de China en cuanto a posesión de bienes materiales?

Como no es de extrañar, el último informe global de diferencia de producción —una publicación anual que destaca la discrepancia entre la producción de combustibles fósiles planificada por país y los niveles de emisiones globales necesarios para limitar el calentamiento a 1,5 o 2 °C— no muestra compromiso alguno para hacer que la tendencia se reduzca; de hecho, es justamente lo contrario.[89] En 2019, los principales consumidores de energía fósil tenían el objetivo de producir, para el año 2030, un 120 por ciento más de combustibles de lo que sería coherente con la limitación del calentamiento global a 1,5 °C, y, sea cual sea el efecto de la pandemia de la COVID-19, el declive de consumo resultante será no solo temporal, sino también demasiado reducido como para invertir la tendencia general.

En el caso de la segunda hipótesis, cuyo objetivo es la descarbonización completa para el año 2050, un numeroso grupo de investigadores sobre energía de la Universidad de Princeton ha indicado cuáles serían los cambios necesarios para conseguirlo en Estados Unidos: admiten la imposibilidad de eliminar todo el consumo de combustibles fósiles, y que la única forma de lograr el cero neto en emisiones es recurrir a lo que ellos han dado en llamar «el cuarto pilar» de su estrategia general —es decir, la captura de carbono y el almacenamiento del CO_2 emitido, a escala masiva—, y sus cálculos requieren la eliminación de 1 a 1,7 gigatoneladas de ese gas cada año.[90] Para hacernos una idea del volumen equivalente, sería necesario crear una industria de captura, transporte y almacenamiento de carbono completamente nueva que procesara cada año entre 1,3 y 2,4 veces el volumen de la actual producción de petróleo crudo de Estados Unidos, una industria en cuya creación se han invertido más de 160 años y billones de dólares.

La mayor parte de este almacenamiento de carbono deberá tener lugar en la costa del golfo de Texas, lo que requeriría la implementación de unos 110.000 kilómetros de nuevas conducciones de CO_2, y exigiría una velocidad de planificación, autorización y construcción sin precedentes, en una sociedad famosa por su tendencia a los litigios y a la oposición a instalar infraestructuras en el propio país.[91] Al mismo tiempo, se necesitarían fondos adicionales para desmantelar la actual estructura de transporte de la industria estadounidense del petróleo y del gas. Dada la abundante experiencia histórica con los inmensos sobrecostes a largo plazo, cualquier estimación económica para las próximas tres décadas no puede considerarse fiable, ni siquiera en su orden de magnitud.

Lograr una descarbonización total para el año 2050 no es un objetivo muy ambicioso comparado con la tercera hipótesis, que amplía las metas del Green New Deal (presentado en el Congreso estadounidense en 2019) a 143 países, y describe cómo al menos el 80 por ciento del suministro global de energía se habrá descarbonizado para el año 2030 gracias a las energías renovables eólica, hidráulica y solar, las cuales reducirán las necesidades energéticas globales en un 57 por ciento, los costes financieros en un 61 por ciento, y los costes sociales (salud y clima) en un 91 por ciento: «Así, las renovables eólica, hidráulica y solar necesitan menos energía, cuestan menos y crean más empleos que la energía actual».[92] No faltan los medios de comunicación, las personas famosas y los autores superventas que repiten, respaldan y amplifican estas afirmaciones, desde (como no es de extrañar) *Rolling Stone* hasta el *New Yorker*, y desde Noam Chomsky (que incluye la energía en sus campos de competencia) hasta Jeremy Rifkin (que cree que, sin una intervención así, nuestra civilización se derrumbará antes del año 2028).[93]

Si fuera cierto todo ello, estas declaraciones y sus entusiastas apoyos suscitarían una pregunta obvia: ¿por qué habría que preocuparnos por el calentamiento global? ¿Por qué debería asustarnos la idea de un colapso prematuro del planeta, por qué tenemos que unirnos a la Extinction Rebellion? ¿Quién puede oponerse a soluciones que son baratas y eficaces casi al instante, soluciones que van a crear innumerables empleos bien pagados y a garantizar un futuro sin preocupaciones para las generaciones venideras? Cantemos todos juntos estos himnos verdes, sigamos los mandatos de las todopoderosas renovables y un nuevo nirvana mundial llegará en solo una década; o, en caso de retraso, para el año 2035.[94]

Por desgracia, una lectura atenta revela que estas fórmulas mágicas no explican cómo se producirán los cuatro pilares materiales de la civilización moderna (cemento, acero, plástico y amoniaco) solo con electricidad renovable, ni explican de forma convincente cómo los aviones, los barcos y los camiones (a los que debemos la actual globalización económica) pueden emitir un 80 por ciento menos de carbono para 2030; se limitan a afirmar que tal escenario es posible. Los lectores atentos recordarán (véase el capítulo 1) que, durante las dos primeras décadas del siglo XXI, el afán de descarbonización sin precedentes de Alemania (basándose en la energía eólica y en la solar) ha tenido éxito en elevar la proporción de electricidad renovable hasta más del 40 por ciento, pero solo ha reducido la parte de consumo de energía primaria del país correspondiente a combustibles fósiles de alrededor del 84 por ciento al 78 por ciento.

¿De qué milagrosas opciones dispondrán las naciones africanas, que dependen ahora de los combustibles fósiles para suministrar el 90 por ciento de su energía primaria, a fin de reducir su dependencia al 20 por ciento en cuestión de una década, al tiempo que ahorran enormes cantidades de dinero? ¿Y cómo podrán China e India (países ambos en plena expansión de la extracción de carbón y la generación de electricidad a partir de este) abandonar de repente dicho material? Pero estas críticas concretas a las publicaciones sobre transformación a gran velocidad son, en realidad, irrelevantes: no tiene sentido discutir acerca de los detalles de lo que son, esencialmente, los equivalentes académicos de la ciencia ficción. Empiezan por establecer objetivos arbitrarios (cero en el año 2030 o en el 2050) y retroceden desde ahí, forzando acciones que se adapten a esos logros, sin dar importancia alguna al estado de las necesidades socioeconómicas o de las exigencias técnicas.

La realidad, pues, se impone desde ambos extremos. La escala y el coste inmensos, y la inercia técnica de las actividades dependientes del carbono, hacen que sea imposible eliminar todos estos usos en solo unas pocas décadas. Como ya expliqué en el capítulo sobre energía, no podemos acabar con esa dependencia tan rápidamente, y los pronósticos realistas a largo plazo coinciden en ello: en particular, incluso en los escenarios más agresivos de descarbonización de la IEA, los combustibles fósiles suministran el 56 por ciento de la demanda global de energía primaria para el año 2040. Asimismo, la enorme escala y coste de las demandas materiales y energéticas hacen inviable recurrir a la captura directa del aire como componente decisivo de una descarbonización global rápida.

Pero sí podemos marcar una diferencia significativa, sin fingir que perseguimos unos objetivos que son, a la vez, poco realistas y arbitrarios: es obvio que la historia no se desarrolla como un ejercicio académico de simulación por ordenador, en el que los grandes progresos se sitúan en los años acabados en 0 o en 5; está llena de discontinuidades, giros y desvíos imprevisibles. Podemos seguir, con cierta rapidez, con el desplazamiento de la electricidad basada en el carbón por la del gas natural (cuando se produce y transporta esta sin pérdidas importantes de metano, su huella de carbono es sustancialmente más baja que la del carbón) y ampliando la generación de electricidad solar y eólica. También podemos alejarnos de los SUV y acelerar la implementación a gran escala del coche eléctrico; además, aún padecemos importantes ineficiencias en el uso de energía en construcción y en el ámbito doméstico y comercial que se pueden reducir o eliminar en nuestro beneficio. Pero no es posible cambiar al instante un sistema complejo que implica más de 10.000 millones de toneladas de carbón y la conversión de energías a un ritmo de más de 17 teravatios, solo porque alguien decide que la curva de consumo global invertirá de repente su secular escalada y pasará de inmediato a un declive sostenido y relativamente rápido.

MODELOS, DUDAS Y REALIDADES

¿Por qué algunos científicos siguen trazando curvas que suben y bajan arbitrariamente y que conducen a una descarbonización casi instantánea? ¿Por qué otros prometen la pronta llegada de supersoluciones tecnológicas que permitirán que toda la humanidad disfrute de altos estándares de vida? ¿Por qué estas optimistas ilusiones se consideran tan a menudo previsiones fiables, y personas que nunca cuestionarían las hipótesis en las que se basan las creen de buena gana? Volveré sobre esto en el último capítulo, pero he aquí algunas observaciones relacionadas con la preocupación, tan en boga, por el cambio climático mundial.

De omnibus dubitandum («ponlo todo en duda») debería ser algo más que una perdurable máxima cartesiana; tendría que constituir el mismo pilar del método científico. ¿Recuerda que abrí este capítulo con una lista de nueve limitaciones planetarias cuya transgresión pone en peligro nuestra biosfera? Una solución obvia parece ser la de mantenerlas dentro de unos confines de seguridad, porque son las inquietudes más importantes, permanentes y vitales; y, sin embargo, una lista que se hubiese escrito hace cuarenta años habría sido muy diferente. La lluvia ácida (o, para decirlo de forma más correcta, la precipitación acidificante) habría ocupado, muy probablemente, el primer lugar, porque a principios de la década de 1980 se consideraba el más grave de los problemas medioambientales.[95]

La desaparición del ozono de la estratosfera habría estado ausente de la lista, porque el tristemente célebre agujero antártico en esta capa no se descubrió hasta 1985; y, de haber aparecido, el cambio climático antropogénico y la acidificación oceánica asociada habrían estado cerca de la última posición.[96] E, incluso si nos centramos en problemas tan constantes como los cambios en el uso de la tierra (dominados por la deforestación), la pérdida de biodiversidad (desde los emblemáticos pandas y koalas hasta las colonias de abejas y los tiburones) y el abastecimiento de agua dulce, nuestras inquietudes han evolucionado considerablemente, haciéndose más graves en ciertos aspectos (ahora nos preocupamos de la extracción de aguas subterráneas y del exceso de nutrientes que crea zonas costeras muertas) y menos acuciantes en otros (particularmente, hemos visto la recuperación sustancial de los bosques no solo en todos los países ricos, sino también en China).[97]

Si miramos hacia el futuro, debemos recuperar una perspectiva crítica cuando nos enfrentamos a los modelos que exploran la complejidad de los aspectos medioambientales, técnicos y sociales. La creación de estas simulaciones —o, por usar una jerga de moda, la construcción de relatos— no tiene límites. Sus autores pueden elegir, como han hecho muchos modelos climáticos en tiempos recientes, hipótesis exageradas acerca del uso futuro de la energía, y acabar con índices de calentamiento muy altos que generan titulares acerca de un porvenir catastrófico.[98] Tomando el punto de vista contrario, otros creadores de modelos han sugerido un uso absoluto de la asequible electricidad termonuclear o fusión fría para el año 2050, o bien sus modelos permiten una expansión ilimitada del uso de combustibles fósiles implementan técnicas milagrosas que no solo eliminarán de la atmósfera cualquier volumen de CO_2, sino que lo reciclarán como materia prima para la síntesis de combustibles líquidos, todo ello con un coste cada vez más reducido.

Desde luego, estas personas van acompañadas de la nueva multitud de tecnófilos, cuya ingenuidad equipara cualquier avance técnico con los recientes progresos en electrónica, sobre todo con los teléfonos móviles. Así lo planteaba el consejero delegado de una empresa de energía verde en el año 2020: «¿Recuerda cómo transformamos la telefonía de las líneas fijas a las móviles, cómo hemos pasado de ver lo que ponían en televisión a lo que nos apeteciese, y de comprar periódicos a personalizar nuestro muro de noticias? Esto es lo que va a suceder con la revolución energética encabezada por las personas e impulsada por la tecnología».[99] ¿Cómo puede el cambio de un dispositivo (de fijo a móvil) cuyo uso depende de un enorme, complejo y altamente fiable sistema de generación (dominado por miles de grandes plantas de combustibles fósiles, hidroeléctricas y nucleares), transformación y transmisión de electricidad (que abarca cientos de miles de kilómetros de redes a escala nacional e incluso continental) ser lo mismo que cambiar todo el sistema subyacente?

Buena parte de estos pensamientos a la deriva se expresan con total intención —desde lo alarmante hasta lo maravilloso—, por eso entiendo por qué muchas personas adoptan tanto las amenazas como las fantasiosas sugerencias. El límite de estas hipótesis, que van desde lo levemente plausible hasta lo francamente delirante, es solamente el de la imaginación. Se trata de un nuevo género científico, en el que grandes dosis de ilusorio optimismo se mezclan con algunos datos certeros. Todos estos modelos deben percibirse, sobre todo, como ejercicios heurísticos, como puntos de partida para considerar opciones y estrategias, y no han de confundirse nunca con descripciones proféticas de nuestro futuro. ¡Cómo me gustaría que esta advertencia fuese tan obvia, trivial y superflua como parece!

Sea cual sea la gravedad percibida (o modelada) en cuanto a los desafíos medioambientales globales, no hay soluciones rápidas, universales ni asequibles a nivel general para la desforestación de los trópicos, la pérdida de biodiversidad, la erosión del suelo o el calentamiento global. Pero este último problema presenta un reto particularmente complicado, porque se trata de un fenómeno global y porque su principal causa antropogénica es el uso de combustibles que constituyen los enormes cimientos energéticos de la civilización moderna. Como resultado, las energías sin carbono podrían desplazar al carbono fósil en cuestión de una a tres décadas *solo* en el caso de que estuviéramos dispuestos a reducir de manera sustancial los estándares de vida en todos los países prósperos y negar a las naciones en vías de modernización de África y Asia la más mínima fracción de las mejoras de las que ha disfrutado China desde el año 1980.

Aun así, son posibles reducciones importantes en las emisiones de carbono —resultado de la combinación de continuas ganancias en la eficiencia, mejoras en el diseño de sistemas y moderación en el consumo—, y un esfuerzo decidido por lograr tales objetivos terminaría por limitar el índice de calentamiento global. Pero no podemos saber si lo habremos conseguido para 2050, y pensar en el año 2100 está realmente más allá de nuestros conocimientos. Podemos esbozar casos extremos, pero en unas pocas décadas el abanico de posibles resultados se hace demasiado amplio; y, en todo caso, el progreso de cualquier eventual descarbonización está supeditado no solo a nuestras propias acciones correctoras, sino también a cambios intermedios impredecibles en el futuro de nuestras naciones.

¿Había acaso algún científico del clima que, en 1980, predijese el factor antropogénico más importante que ha impulsado el calentamiento global durante los últimos treinta años; es decir, el auge económico de China? En aquel tiempo, ni siquiera los mejores modelos, todos ellos descendientes directos de los modelos de circulación atmosférica global desarrollados durante la década de 1960, eran capaces de reflejar los cambios impredecibles en las vicisitudes de cada nación, y también pasaban por alto las interacciones entre la atmósfera y la biosfera. Esto no quiere decir que no fuesen útiles: asumían un crecimiento continuo de las emisiones de gases de efecto invernadero en todo el mundo y, en general, eran bastante precisos en la predicción del ritmo de calentamiento global.[100]

Pero un buen cálculo del índice general no es más que el principio. Utilizando de nuevo la analogía de la COVID-19, esto es lo mismo que haber pronosticado en 2010 que —basándonos en las tres últimas pandemias y haciendo ajustes para una mayor población— el número de muertes en el mundo durante el primer año de la próxima pandemia global sería de unos dos millones.[101] Esta cifra estaría muy próxima a la real, pero ¿no asignaría ese pronóstico (suponiendo correctamente, a partir de numerosos precedentes, que la pandemia se iniciaría en China) solo un 0,24 por ciento de estas muertes (en términos absolutos, menos que en Grecia o en Austria) a China, un país con casi el 20 por ciento de la población mundial, y casi el 20 por ciento de ellas a Estados Unidos, un país mucho más rico y (algo que es, ciertamente, la percepción que tiene de sí mismo) mucho más competente, con menos del 5 por ciento de la población mundial?

Y, lo que es aún más increíble, ¿prediciría que los índices de mortalidad más altos se concentrarían en las prósperas economías occidentales, aquellas que se vanaglorian de sus avanzados sistemas de salud estatales? En marzo de 2021, cuando la pandemia entraba oficialmente en su segundo año (la OMS la anunció el 11 de marzo de 2020, aunque la infección llevaba propagándose en China al menos desde diciembre de 2019), los diez países con la mortalidad acumulada más alta (más de 1.500 muertes por COVID-19 por cada millón de habitantes, o 1,5 muertes por cada 1.000 personas) estaban en Europa, lo que incluía seis países miembros de la Unión Europea y el Reino Unido. ¿Y quién iba a predecir que el índice en Estados Unidos (también por encima de 1.500 fallecimientos) estaría dos órdenes de magnitud por encima de las tres muertes por millón de China?[102] Obviamente, ni siquiera un pronóstico muy preciso de la mortalidad provisional de la COVID-19 podría generar unas directrices específicas para formular las mejores respuestas nacionales.

De manera análoga, el auge de China (y también de India) después de 1980 ha cambiado las circunstancias de cualquier respuesta al incremento de las emisiones globales de gases traza. En aquel momento, cuatro años después de la muerte de Mao Zedong, el producto económico per cápita de China era de menos de una cuarta parte de la media en Nigeria; no había vehículos de pasajeros privados; solamente los altos líderes del Partido Comunista que vivían recluidos en Zhongnanhai (el antiguo jardín imperial dentro de la Ciudad Prohibida, convertido en cuartel general del partido) tenían aire acondicionado, y China solo producía el 10 por ciento de las emisiones globales de CO_2.[103]

Llegado el año 2019, el país era, en términos de poder adquisitivo, la mayor economía del mundo: su PIB per cápita era cinco veces la media de Nigeria; se había convertido en el primer productor mundial de coches; la mitad de las viviendas urbanas tenían dos unidades de aire acondicionado de ventana; la longitud de su red de trenes rápidos superaba la de todos los enlaces de alta velocidad de la Unión Europea combinados; y alrededor de 150 millones de sus ciudadanos habían viajado al extranjero. China también emitía el 30 por ciento del CO_2 del mundo procedente de combustibles fósiles. En cambio, las emisiones de Estados Unidos y la Unión Europea juntas cayeron del 60 por ciento del total mundial en 1980 al 23 por ciento para el año 2019, y es muy poco probable que el porcentaje vuelva a aumentar (debido a los bajos índices de crecimiento económico, el envejecimiento —e incluso declive— de las poblaciones y la deslocalización masiva de la producción industrial a Asia).

Mirando hacia el futuro, casi todo el poder para poner en marcha cambios significativos estará, cada vez más, en manos de las economías asiáticas en proceso de modernización: excluyendo a Japón, Corea del Sur y Taiwán, cuyas poblaciones tienen ingresos altos y están en bajo o nulo crecimiento, el continente está produciendo ahora la mitad de todas las emisiones. Y, mientras que la actual transformación del África subsahariana ha sido mucho más lenta, su población conjunta —de unos 1.100 millones de personas— casi se duplicará durante los próximos 30 años, comprenderá más del 50 por ciento de habitantes que China (el país al que todas las economías de ingresos bajos desean emular), y una evaluación crítica del futuro de la electricidad en el continente señala un predominio del carbono, donde la generación mediante combustibles fósiles estará en primer lugar y el porcentaje correspondiente a las renovables no hidroeléctricas permanecerá aún por debajo del 10 por ciento en 2030.[104]

El auge y la caída de las naciones no es la única incertidumbre en lo que se refiere al progreso y a los efectos del calentamiento global. En tiempos recientes hemos conocido la buena noticia de que los bosques del mundo han sido un gran y persistente sumidero de carbono (almacenan más del que emiten), al haber retenido unos 2.400 millones de toneladas de carbono cada año entre 1990 y 2007, y los datos de satélite del periodo entre el año 2000 y el 2017 indican que un tercio del área cubierta de vegetación en todo el mundo ha estado reverdeciendo (ha habido un incremento significativo de la superficie anual media de follaje verde, lo que confirma que ahora se absorbe y almacena más carbono) y solo el 5 por ciento se ha oscurecido (ha acusado pérdidas significativas de follaje).[105] Este efecto ha sido especialmente notable en áreas de cultivo intensivo de India y China, y en este último país se ha manifestado sobre todo en los bosques en expansión.

Pero la noticia no tan buena —seguro que la estaba esperando...— es que, entre los años 1900 y 2015, la biosfera ha perdido el 14 por ciento de sus árboles debido a la tala y, un dato no menos significativo, la mortalidad de estos se ha duplicado durante ese periodo, una pérdida a la que contribuyen en mayor medida los árboles más viejos y altos. Los bosques del mundo son cada vez más jóvenes y de poca altura, por lo que no pueden almacenar tanto carbono como lo hacían en el pasado.[106] El aumento de los índices de crecimiento parece estar acortando la vida de los árboles para casi todas las especies y climas, por lo que la existencia de sumideros de carbono naturales puede ser efímera.[107] Por otro lado, ¿cuántas veces ha oído decir que, de manera inevitable, los primeros lugares que sucumbirán al ascenso del nivel del mar causado por el calentamiento global serán las costas en general, y las naciones insulares del Pacífico en particular?[108] Y, sin embargo, un reciente análisis de cuatro décadas de cambios en las costas de las 101 islas (o atolones) de la nación de Tuvalu, en el Pacífico (al norte de Fiyi y al este de las islas Salomón), muestra que, de hecho, su superficie terrestre se ha incrementado en casi un 3 por ciento.[109] Siempre es deseable evitar las conclusiones preconcebidas y con tendencia a generalizaciones precipitadas.

La evolución de las sociedades se ve afectada por la imposibilidad de predecir la conducta humana, por repentinos cambios en seculares trayectorias históricas, por la caída y el auge de naciones..., y viene acompañada de nuestra capacidad para ejecutar cambios significativos. Estas realidades afectan a muchos procesos biosféricos inherentemente complejos (y que aún no se comprenden del todo). Además, suelen suscitar respuestas naturales que a menudo son contradictorias, como el hecho de que los bosques sean, a un tiempo, sumideros y fuentes de carbono, por lo que es imposible predecir con seguridad la situación —en términos de consumo de combustibles fósiles, del proceso de descarbonización o de consecuencias medioambientales— en el año 2030 o en el 2050.

En particular, lo que sigue poniéndose en cuestión es nuestra determinación colectiva —global, en este caso— para enfrentarnos con eficacia a, al menos, algunos de los retos fundamentales. Disponemos de soluciones, ajustes y formas de adaptarnos. Los países prósperos podrían reducir en gran medida su consumo medio per cápita de energía y, aun así, seguir conservando una buena calidad de vida. La amplia difusión de soluciones técnicas simples, desde la obligatoriedad del triple acristalado en las ventanas hasta diseños para vehículos más duraderos, tendría efectos acumulados significativos. Si dividiésemos por la mitad la cantidad de alimentos desperdiciados y cambiásemos la composición del consumo global de carne, se reducirían las emisiones de carbono sin afectar a la calidad del suministro de alimentos. Es interesante darse cuenta de que estas medidas están ausentes, o infravaloradas, en las venideras «revoluciones» en la huella de carbono, las cuales dependen de medios masivos de almacenamiento eléctrico que aún no existen, o de la promesa de una enorme e irreal captura de carbono y su almacenamiento permanente bajo tierra. Estas expectativas exageradas no son ninguna novedad.

En 1991, un famoso activista medioambiental escribió acerca de «reducir el calentamiento global por diversión y beneficio».[110] Si este compromiso hubiese sido siquiera remotamente realista, no nos estaríamos enfrentando, tres décadas más tarde, a la cada vez mayor angustia de los actuales catastrofistas del cambio climático. Asimismo, hoy en día nos prometen innovaciones «decisivas» y «soluciones» impulsadas por la inteligencia artificial (IA). La realidad es que cualquier medida lo bastante eficaz no será mágica, sino decididamente gradual y costosa. Llevamos milenios transformando el entorno, a una escala y a una intensidad cada vez mayores, y hemos obtenido muchos beneficios de esos cambios; pero, como era de esperar, la biosfera se ha visto afectada. Hay formas de reducir estos impactos, pero nos falta la determinación para implementarlos a la escala requerida, y, si empezamos a actuar de una manera lo bastante eficaz (y, ahora, es necesario hacerlo a escala global), tendremos que pagar un precio económico y social considerable. ¿Acabaremos por hacerlo deliberadamente, con visión de futuro? ¿Actuaremos solo cuando las condiciones se agraven lo suficiente? ¿O no actuaremos de ninguna forma significativa?

7

Comprender el futuro

Entre el apocalipsis y la singularidad

La palabra «apocalipsis» viene (a través del latín) del antiguo vocablo griego ἀποκάλυψις, y significa, literalmente, «revelación». En el contexto cristiano, el significado cambió para referirse a una revelación profetizada del segundo advenimiento, y en el uso moderno la palabra se ha convertido en sinónimo de fin de la vida en la Tierra, de día del juicio final o —por utilizar otro término bíblico griego— el armagedón.[1] Diáfana e inequívocamente definitivo.

Las visiones apocalípticas del futuro —con variados infiernos, ofrecidos por las principales religiones— han revivido con fuerza a manos de los modernos impulsores de la condenación, que han señalado el rápido crecimiento de la población, la contaminación del medioambiente y, cada vez más, el calentamiento global como los pecados que nos llevarán de cabeza al mundo de las tinieblas. En cambio, los incorregibles tecnooptimistas perpetúan la tradición de creer en milagros y en la salvación eterna. No es raro leer cómo la inteligencia artificial y los sistemas de aprendizaje profundo nos acompañarán en el camino hacia la «singularidad». Esta palabra viene del latín *singularis*, que significa «individual, único, sin igual», pero en este capítulo se refiere a la idea propuesta por el futurista Ray Kurzweil, esto es, al significado matemático del término como punto del tiempo en el que una función adquiere un valor infinito.[2] Kurzweil predice que, para el año 2045, la inteligencia artificial habrá sobrepasado a la humana, se combinarán lo que él denomina la inteligencia biológica y la no biológica, y la inteligencia artificial se expandirá por el universo a una velocidad infinita.[3] Será la ascensión definitiva, y convertirá la colonización del resto del universo en una hazaña inevitable que se llevará a cabo sin esfuerzo.

El modelado a largo plazo de sistemas complejos suele estar basado en un abanico de posibles resultados que está restringido por valores extremos viables. El apocalipsis y la singularidad ofrecen dos absolutos: nuestro futuro deberá hallarse en algún lugar intermedio dentro de amplísimo rango. Lo más notable de las modernas previsiones de futuro es la forma en que han gravitado —a pesar de todas las pruebas de que disponíamos— hacia uno de estos dos extremos. En el pasado, esta tendencia hacia la dicotomía se solía describir como un choque entre catastrofistas y abundantistas, pero estas etiquetas parecen quedarse demasiado cortas para reflejar la reciente polarización tan extrema de las opiniones, que ha venido acompañada de una mayor propensión hacia los pronósticos cuantitativos anticuados.[4]

Se aplican a todos los ámbitos, desde coches (las ventas de vehículos eléctricos en todo el mundo alcanzarán la cifra de 56 millones para el año 2040) y carbono (la Unión Europea llegará al cero neto en emisiones en el año 2050) hasta transporte aéreo (habrá 8.200 millones de viajeros para el año 2037).[5] O eso es lo que dicen. En realidad, la mayor parte de estos pronósticos no son más que simples conjeturas: cualquier cifra en el año 2050, obtenida a partir de un modelo por ordenador preparado a partir de hipótesis dudosas —o, lo que es peor, de una conveniente decisión política—, tiene una vigencia muy breve. Este es mi consejo: si desea comprender mejor qué aspecto puede tener el futuro, evite por completo estas vetustas profecías *new age*, o utilícelas principalmente como prueba de las expectativas y sesgos prevalentes.

Durante generaciones, las empresas y los gobiernos han sido los que han producido y utilizado pronósticos con mayor frecuencia. A partir de la década de 1950 se les unieron en masa los teóricos y estudiosos, y hoy en día cualquiera puede elaborarlos —aun sin habilidades matemáticas— con solo utilizar un sencillo software o (según las últimas tendencias) simplemente haciendo predicciones cualitativas sin base alguna. Como sucede con tantos otros ejemplos de tareas que han sufrido una reciente expansión (los flujos de información, la educación masiva), la cantidad de pronósticos se ha convertido en algo inversamente proporcional a su calidad. Muchos de ellos no son más que simples extensiones de trayectorias pasadas; otros son el resultado de complicados modelos interactivos que incorporan un gran número de variables y se ejecutan con hipótesis distintas cada vez (en esencia, el equivalente numérico de hipótesis descriptivas); y algunos apenas tienen un componente numérico, por lo que no son más que relatos ilusorios y políticamente correctos.

Los pronósticos cuantitativos pueden pertenecer a una de tres amplias categorías. La primera incluye aquellos que tratan de procesos cuyo funcionamiento es bien conocido y su dinámica está restringida a un grupo de resultados más o menos limitado. La segunda, mucho más amplia, incluye los pronósticos que apuntan a la dirección correcta, pero que sufren de incertidumbres sustanciales en lo que respecta al resultado específico. Y la tercera categoría (en el capítulo anterior ya he descrito algunos de sus recientes ejemplos relativos a la energía y el medioambiente) es la de las fábulas cuantitativas: estos modelos pueden estar repletos de cifras, pero son el resultado de hipótesis (a menudo cuestionables) superpuestas, y los procesos analizados por estos cuentos de hadas computacionales tendrán finales muy distintos en el mundo real. Desde luego, sus creadores pueden defender el valor heurístico de estos ejercicios, mientras que los no expertos podrían sacar partido de algunas de las conclusiones para reforzar sus propios prejuicios y para desechar alternativas razonables.

Solo los pronósticos (o estimaciones, o modelos por ordenador) de la primera categoría ofrecen conocimientos sólidos y directrices adecuadas, en especial si trabajan con una década de anticipación. Las previsiones demográficas en general, y los pronósticos de fertilidad en particular, son algunos de los mejores ejemplos de esta limitada categoría. Consideremos un país cuya tasa de fertilidad —es decir, el número de hijos que una mujer promedio tiene durante su vida— lleve una generación por debajo del nivel de reemplazo (se necesita una media de al menos 2,1 hijos por mujer para reemplazar a los progenitores) y que, además, haya descendido de 1,8 a 1,5 a lo largo de la última década. Es poco probable que se invierta la tendencia de fertilidades así de bajas (no ha sucedido en ningún país durante las últimas tres décadas) y se produzca un aumento sustancial de la población en los próximos diez años.[6] Las perspectivas más probables son una recuperación pequeña de la fertilidad (de 1,5 a 1,7) o una caída aún mayor (hasta 1,3). Aunque es imposible señalar el valor exacto, incluso en un plazo de diez años, un pronóstico puede ofrecer un margen relativamente estrecho de resultados muy probables. Por ejemplo, el pronóstico demográfico que hizo la ONU en 2019 para el año 2030 indica que la población total de Polonia (37,9 millones en 2020) disminuirá hasta los 36,9 millones, con una desviación de solo el ±2 por ciento respecto de la media, y (salvo en caso de inmigración masiva, improbable en un país tan reacio a ella) hay una probabilidad muy alta de que la cifra de población real en el año 2030 se encuentre dentro de ese estrecho margen.[7]

En cambio, incluso las previsiones a corto plazo en sistemas complejos —aquellos que reflejan interacciones entre numerosos factores técnicos, económicos y medioambientales, y que pueden verse muy afectados por diversas decisiones arbitrarias, como subsidios gubernamentales inesperadamente generosos, nuevas leyes o repentinos cambios en las políticas— siguen teniendo un alto grado de incertidumbre, y hasta los pronósticos más próximos ofrecen una amplia variedad de resultados posibles. Los que tratan sobre la adopción de vehículos eléctricos en todo el mundo son un excelente ejemplo de esta categoría.[8] Las dificultades técnicas para la introducción de la electromovilidad personal no han sido insuperables, pero la consolidación del sector ha sido mucho más lenta de lo que sus defensores afirmaban —sin ningún sentido crítico— hace unos años, mientras que los motores de combustión no han dejado de mejorar su eficiencia, y ofrecerán durante años las ventajas de un coste inicial más bajo, una confianza que se extiende a generaciones y un mantenimiento ubicuo.[9]

Y, aunque algunos países han estado promoviendo de forma agresiva la adquisición de coches eléctricos mediante generosas subvenciones o la imposición de cuotas específicas de vehículos nuevos en el futuro, otros solo han ofrecido ayudas menores o ninguna en absoluto. Por consiguiente, los pronósticos a corto plazo para la electrificación mundial del transporte por carretera han sobreestimado invariablemente el porcentaje real: entre 2014 y 2016, se situaban en cotas de hasta el 8 u 11 por ciento para el año 2020, mientras que el porcentaje real fue de solo el 2,5 por ciento.[10] Y, en el año 2019, los pronósticos del porcentaje de coches eléctricos entre todos los vehículos en circulación para el año 2030 diferían en un orden de magnitud, mientras que es posible que las ventas reales de vehículos con motor de combustión interna superen las de los eléctricos durante más de una década.[11]

Es la tercera categoría de pronósticos cuantitativos la que merece ser examinada con más atención, porque, en retrospectiva, muchos de ellos han errado incluso en el orden de magnitud, y sus afirmaciones y conclusiones han resultado ser del todo opuestas a lo que ha sucedido en realidad. Lo más sorprendente es que esto no solo ha ocurrido en el caso de las conocidas profecías históricas, desde las de la Biblia hasta las de Nostradamus, sino que a muchos profetas modernos tampoco les ha ido mucho mejor, aunque con el auge de los ordenadores su número se ha incrementado en gran medida, y con la demanda insaciable de malas noticias por parte de los medios sus predicciones e hipótesis reciben una distribución y una (cada vez más global) atención sin precedentes.[12]

PREDICCIONES FALLIDAS

Dada la abundancia de pronósticos erróneos, sería tedioso enumerarlos de forma sistemática, ya fuera por temas, décadas o regiones. Los lectores de cierta edad recordarán que, a estas alturas, deberíamos estar dependiendo completamente (o, al menos, en gran parte) de la electricidad nuclear, que el Concorde no era más que el preludio de la popularización de los vuelos intercontinentales supersónicos, y que el 1 de enero del año 2000 deberían haber fallado todos los ordenadores. Pero unas referencias rápidas a algunos casos conocidos y unas breves explicaciones de algunos fracasos a los que, sorprendentemente, se les ha prestado poca atención proporcionan una visión realista, y no hay motivos para suponer que esos errores sean cada vez menos comunes. Pasar de pronósticos manuales más o menos simples a complejas previsiones computacionales facilita la realización de los cálculos necesarios y la generación de hipótesis distintas, pero no elimina los inevitables peligros de hacer suposiciones. Incluso es al contrario: los modelos complejos, que combinan más factores económicos, sociales, técnicos y medioambientales, requieren más hipótesis y dan pie a mayores errores.

Un lugar obvio por el que empezar a narrar algunos de los ya clásicos fallos de predicción puede ser fijarnos en el duelo intelectual entre los abundantistas y los catastrofistas. Las preocupaciones, manifestadas durante la década de 1960, sobre cifras de población desatadas que superarían los medios de sustento disponibles eran un reflejo de los índices récord —y, en aquellos tiempos, aún al alza— de crecimiento demográfico en todo el mundo. Durante milenios, el ritmo de este aumento fue de una fracción del 1 por ciento; solo se elevó por encima del 0,5 por ciento durante la década de 1770, y superó el 1 por ciento a mediados de la de 1920. Pero a finales de la década de 1950 estaba cerca del 2 por ciento, y seguía incrementándose. Como era de esperar, muchas personas se apercibieron de ello, en publicaciones tanto profesionales como populares, y en 1960 *Science*, la revista científica más destacada de Estados Unidos, sucumbió a las inquietudes sobre el crecimiento poblacional desenfrenado y publicó un cálculo absurdo que afirmaba que, si se mantenía el índice histórico de crecimiento, el resultado sería un aumento infinitamente rápido de la población mundial para el 13 de noviembre de 2026.[13]

Este resultado —la humanidad creciendo a velocidad infinita— exige cierta imaginación, pero muchas predicciones menos extremas, aunque catastrofistas, ayudaron a crear y poner en marcha el moderno movimiento ecologista.[14] Sin embargo, no era necesario temer a las poblaciones desbocadas: los catastrofistas pasaron por alto el simple hecho de que ninguna forma de crecimiento muy rápido puede proseguir indefinidamente en un planeta finito. El día del juicio final de 2026 era absurdo, sin paliativos. Antes del final de la década de 1960, el crecimiento de la población mundial alcanzó un máximo de alrededor del 2,1 por ciento anual, al cual le siguió un declive relativamente rápido: para el año 2000, el índice global era del 1,32 por ciento, y en 2019, de solo el 1,08 por ciento.[15]

El hecho de que el índice de crecimiento relativo se dividiese por la mitad en cincuenta años, y después hubiese un descenso en términos absolutos (que alcanzó un máximo de unos 93 millones de personas al año en 1987 y se redujo a unos 80 millones para el año 2020), cambió el panorama de un modo tan fundamental que, en algún momento al principio de la década de 2020, la población mundial cruzará un hito demográfico significativo, ya que la mitad de ella vivirá en países cuya tasa de fertilidad estará por debajo del nivel de reemplazo.[16] Esta nueva realidad suscita de inmediato nuevos cálculos catastróficos. Si la tendencia de baja fertilidad prosiguiese, ¿cuándo dejaría de crecer la población mundial? Y, en consecuencia, ¿cuándo sucumbiría el último *Homo sapiens*? Así, un joven catastrofista podría de nuevo especular sobre cuántos millones de personas morirán de hambre (¿en la década de 2080?), no debido a un crecimiento demográfico desenfrenado, sino porque, a medida que las poblaciones envejezcan y se reduzcan en todo el mundo, no habrá suficientes personas (después, incluso, de una robotización intensiva) en edad laboral para alimentar a la humanidad.

Las profecías del fin del mundo relativas a la escasez de recursos no se han limitado a los alimentos: el agotamiento de minerales ha sido otro de los temas favoritos de las visiones catastrofistas; y el futuro del petróleo crudo, la fuente de energía más importante para la civilización del siglo XX, ha sido uno de los más comentados por las profecías distópicas. Las predicciones sobre llegar al pico de máxima extracción de petróleo se remontan a la década de 1920, pero alcanzaron nuevos niveles de alarmismo vital durante la década de 1990 y la primera del siglo XXI.[17] Algunas personas inducidas al culto del fin del petróleo creían que el declive en su extracción no solo traería consigo el colapso de las economías modernas, sino que devolvería a la humanidad a un estado muy anterior a los niveles preindustriales, llegando incluso a los recolectores del Paleolítico, a los homininos que vivieron en el África oriental hace dos millones de años.[18]

¿Qué es lo que ha sucedido, en realidad? A los catastrofistas siempre les ha costado imaginar que el ingenio humano pueda enfrentarse a las necesidades futuras de alimentos, energía y materiales; pero es lo que hemos hecho durante las últimas tres generaciones, a pesar de que la población mundial se ha triplicado desde 1950. En lugar de la muerte de millones de individuos, la proporción de personas desnutridas en países de ingresos bajos se ha estado reduciendo de manera continua, desde alrededor del 40 por ciento en la década de 1960 hasta solo un 11 por ciento aproximadamente para el año 2019; y el suministro de alimento diario medio per cápita en China, la nación más populosa del mundo, es ahora un 15 por ciento más alto que en Japón.[19] En lugar de una terrible escasez de abono, la aplicación de fertilizantes nitrogenados se ha incrementado en más de un factor 2,5 desde 1975, y la cosecha mundial de cereales básicos es ahora 2,2 veces mayor.[20] En cuanto al petróleo crudo, su extracción total se elevó dos tercios entre 1995 y 2019, año al final del cual su precio antes de la COVID-19 (en dinero constante) era más bajo del precio del año 2009.[21] Los catastrofistas, una y otra vez, se equivocan.

Por su parte, los tecnooptimistas, que prometen incontables soluciones cuasimilagrosas, tienen que reconocer un historial igual de escaso. Uno de sus fracasos más conocidos (y lamentablemente bien documentado) ha sido creer en el poder infinito de la fisión nuclear. Muchas personas admiten que el éxito parcial de la generación nuclear (que produjo alrededor del 10 por ciento de la electricidad mundial en 2019, con porcentajes del 20 por ciento en Estados Unidos y, como excepción, aproximadamente el 72 por ciento en Francia) es solo una fracción de lo que en general se esperaba antes de 1980.[22] En aquel momento, importantes científicos y grandes empresas no solo pensaban que la fisión nuclear iba a acabar con el resto de formas de generación de electricidad, sino también que los primeros reactores serían sustituidos con rapidez por los veloces reactores reproductores, capaces de producir (temporalmente) más energía de la que consumían. La promesa nuclear iba mucho más allá de la generación de electricidad, y se hicieron pruebas o costosas investigaciones de algunas ideas sorprendentes pero cuestionables.

¿Qué decisión fue más irracional y estuvo más condenada al fracaso desde el principio: el desarrollo de aviones impulsados por energía nuclear o la producción de gas natural con la ayuda de explosiones nucleares? Era distinto diseñar un pequeño reactor nuclear capaz de impulsar submarinos que hacer que fuese lo bastante ligero para colocarlo en un avión; esto resultó ser un desafío insuperable, pero no se abandonó hasta 1961, después de gastar miles de millones de dólares en esta ímproba tarea.[23] Ningún avión impulsado por fisión despegó jamás, pero sí se detonaron varias bombas nucleares en un intento de incrementar la producción de gas natural. Una bomba de 29 kilotones (una potencia de más del doble de la que se dejó caer sobre Hiroshima) se detonó en diciembre de 1967 a una profundidad de unos 1,2 kilómetros en Nuevo México (con el nombre en clave de Proyecto Gasbuggy); en septiembre de 1969 fue una de 40 kilotones, en Colorado; en 1973, tres bombas de 33 kilotones, también en Colorado; y la Comisión de Energía Atómica de Estados Unidos previó futuras detonaciones de 40 a 50 bombas al año.[24] También había planes para actividades tales como utilizar explosivos nucleares para crear puertos, y alimentar vuelos espaciales con reactores nucleares.

Ha pasado medio siglo y poco ha cambiado desde entonces: abundan las profecías alarmantes y las promesas absolutamente alejadas de la realidad. La última explosión de furia exacerbada ha estado centrada en la degradación del medioambiente en general y en las preocupaciones por el cambio climático global en particular. Periodistas y activistas escriben acerca del apocalipsis climático actual y publican advertencias definitivas. En el futuro, las áreas mejor adaptadas para la presencia humana se reducirán, grandes regiones de la Tierra dejarán pronto de ser habitables, la migración climática redefinirá tanto Estados Unidos como el mundo entero, la renta mundial media disminuirá de forma sustancial, y algunas profecías afirman incluso que puede que solo nos quede alrededor de una década para evitar una catástrofe global; de hecho, en enero de 2020 Greta Thunberg llegó incluso a especificar la cifra de ocho años.[25]

Solo unos meses después, el presidente de la Asamblea General de la ONU nos dio once años para prevenir un colapso social total tras el cual el planeta estará ardiendo (sufriendo de inextinguibles incendios que durarán todo el verano) al mismo tiempo que inundado (por un rápido ascenso del nivel del mar). No obstante, *nihil novi sub sole*: en 1989, otro alto funcionario de Naciones Unidas dijo que «los gobiernos tienen una ventana de oportunidad de diez años para resolver el problema del efecto invernadero antes de que escape del control humano», lo que significa que, en este momento, debemos de estar mucho más allá de ese punto y que nuestra propia existencia en realidad es solo parte de la imaginación de Borges.[26] Estoy convencido de que estaríamos mejor sin esa continua avalancha de predicciones tan preocupantes o alarmantes. ¿Qué tiene de útil que nos digan continuamente que el mundo se va a acabar en 2050, o incluso en 2030?

Esas profecías predeciblemente repetitivas (por muy bien intencionadas que sean, y a pesar de todo el entusiasmo con que se presenten) no ofrecen consejo práctico alguno sobre la implementación de las mejores soluciones técnicas posibles, sobre las formas más eficaces de cooperación global que sean legalmente vinculantes o sobre cómo enfrentarse al difícil reto de convencer a la población entera de la necesidad de efectuar desembolsos significativos cuyos beneficios no serán visibles hasta dentro de décadas. Aunque todo esto es, desde luego, bastante innecesario según quienes afirman que «un futuro sostenible está a nuestro alcance», que los catastrofistas llevan mucho tiempo haciendo sonar falsas alarmas, quienes dan a sus escritos títulos como *Apocalypse Not!* o *Apocalypse Never* y que, en la más manifiesta contraposición al final de la civilización —que supuestamente se aproxima a pasos agigantados—, llegan incluso (como ya he señalado) a ver una cercana singularidad.[27]

¿Por qué deberíamos tener miedo de nada —ya sean peligros ambientales, sociales o económicos— cuando, para el año 2045, o hasta para el 2030, nuestros conocimientos (o, más bien, la inteligencia desplegada por las máquinas que nosotros mismos habremos creado) serán ilimitados y, por tanto, los problemas pasarán a ser muchísimo menos que triviales? En comparación con esta promesa, cualquier otra afirmación desmedida y específica —desde la salvación mediante la nanotecnología hasta la creación de nuevas formas de vida— parecerá algo manido. ¿Qué es lo que va a suceder? ¿Una perdición cuasi infernal inminente, o nuestra omnipotencia cuasi divina alcanzará la velocidad de la luz?

Si nos basamos en los delirios de profecías pasadas, ni una cosa ni la otra. No tenemos la civilización que se contemplaba a principios de la década de 1970 —ni la de una hambruna a escala planetaria ni la energizada por una fisión nuclear sin coste alguno—, y dentro de una generación tampoco estaremos al final de nuestro camino evolutivo ni nuestra civilización se habrá transformado gracias a la singularidad. Seguiremos habitando este planeta en la década de 2030, aunque sin las inimaginables ventajas de una inteligencia supersónica. Y seguiremos tratando de lograr lo imposible, hacer pronósticos a largo plazo, algo que está destinado a provocar más bochorno y realizar predicciones ridículas, así como más sorpresas debidas a acontecimientos imprevistos. Los extremos son bastante fáciles de imaginar; prever las realidades que surgirán al combinar evoluciones naturales y discontinuidades impredecibles sigue siendo algo difícil de llevar a cabo. Es inevitable, por muchos modelos que utilicemos, y nuestras predicciones a largo plazo seguirán errando.[28]

Esto no es contradictorio, ni tampoco es un pronóstico para desestimar los pronósticos futuros, sino únicamente una conclusión muy probable, si no inevitable, basada en la imprevisible interacción de la inercia de los sistemas complejos; con sus constantes incorporadas y sus imperativos a largo plazo por un lado, y las súbitas discontinuidades y sorpresas —bien sean técnicas (el auge de la electrónica de consumo, los posibles avances en el almacenamiento de electricidad) o sociales (el colapso de la URSS, una nueva pandemia mucho más virulenta)— por el otro. Lo que complica aún más hacer predicciones es que, ahora, las transformaciones fundamentales se deben planificar a escalas enormes.

INERCIA, ESCALA Y MASA

Las nuevas perspectivas, las nuevas soluciones y los nuevos logros nos acompañan siempre: somos una especie muy curiosa, con un historial amplio de adaptaciones, y con aún más notables éxitos, en tiempos recientes, a la hora de hacer la vida de la mayor parte de la población mundial más sana, rica, segura y larga. Y, sin embargo, sigue habiendo restricciones fundamentales, que nuestro ingenio nos ha permitido modificar, si bien esto tiene sus propios límites. Por ejemplo, no podemos eliminar la necesidad de tierra, agua y nutrientes en la producción de alimentos. Como hemos visto, el aumento del rendimiento ha reducido la demanda de tierras de cultivo, y aún se podrá reducir más si logramos que sigan disminuyendo las brechas de rendimiento (las diferencias entre el potencial beneficio y las cosechas reales).

Estas brechas siguen siendo sustanciales. Aun en países que practican el cultivo intensivo (con gran uso de fertilizantes e irrigación), los rendimientos podrían aumentar entre un 20 y un 25 por ciento por encima de la media más reciente, en el caso del maíz en Estados Unidos, y del 30 al 40 por ciento para el arroz en China; y, puesto que la productividad media es aún muy baja en el África subsahariana, aquí podrían ser de dos a cuatro veces superiores.[29] En el caso de las agriculturas de alto rendimiento y ya optimizadas, la reducción de tierra cultivada resultante se podría lograr con demandas relativamente bajas de fertilizante e irrigación. En cambio, África precisará de incrementos sustanciales en la aplicación media de macronutrientes y en la extensión de la irrigación. Como sucede en tantos otros casos, las ganancias relativas en el rendimiento futuro (dentro de los límites biológicos) no se deben confundir con una disociación absoluta de las variables de entrada y de salida, mientras que la población mundial siga creciendo y exigiendo una mejor nutrición.

A este respecto, los informes periodísticos sobre agricultura urbana «sin tierra» —cultivos hidropónicos en rascacielos— están particularmente desprovistos de una comprensión real de la demanda global de alimentos. Tales explotaciones de elevado aporte pueden producir verduras de hoja (lechugas, albahaca) y algunas hortalizas (tomates, pimientos) cuyo valor nutritivo se halla casi exclusivamente en su contenido en vitamina C y su uso como forraje.[30] Con seguridad, sería imposible implementar cultivos hidropónicos con iluminación constante para producir los más de 3.000 millones de toneladas de cereales y legumbres, con un alto contenido en carbohidratos y proporciones relativamente elevadas de proteínas y lípidos, que son necesarias para alimentar a los casi 8.000 (y pronto 10.000) millones de personas del planeta.[31]

La inercia de los sistemas grandes y complejos se debe a sus demandas básicas de energía y materiales, así como a la escala de su funcionamiento. La demanda de energía y materiales se ve constantemente afectada por los intentos de lograr mayores eficiencias y de optimizar los procesos de producción, pero las mejoras en el rendimiento y la relativa desmaterialización tienen límites físicos, y las ventajas de las nuevas alternativas tendrán contrapartidas en cuanto a su coste. Tenemos numerosos ejemplos de ello. Fijémonos, de nuevo, en dos productos fundamentales: el mínimo teórico de energía primaria necesario para producir acero (combinando las demandas de los altos hornos y de los hornos de oxígeno básico) es de unos 18 gigajulios por tonelada de metal fundido, y el amoniaco no se puede sintetizar a partir de sus elementos con menos de unos 21 gigajulios por tonelada.[32]

Una posible solución es sustituir el acero por aluminio. Esto reduce la masa del diseño, pero producir aluminio primario requiere de cinco a seis veces más energía que el acero, y no se puede utilizar en muchas aplicaciones que exigen la resistencia, considerablemente mayor, del acero. La forma más radical de rebajar los costes energéticos y el impacto medioambiental de los fertilizantes nitrogenados es reducir la cantidad empleada. Esta opción está disponible en los países prósperos, por su exceso de producción y desperdicio de comida, pero cientos de millones de niños con problemas de desarrollo, sobre todo en África, necesitan beber más leche y comer más carne, y esa proteína solo puede obtenerse con un incremento sustancial de la cantidad de nitrógeno utilizada en los cultivos. Para explicar esta conclusión con claridad, las aplicaciones anuales de fertilizantes suman una media de 160 kg por hectárea de terreno agrícola en Estados Unidos, y menos de 20 kg en Etiopía, una diferencia de un orden de magnitud que ilustra la enorme brecha de desarrollo que con tanta frecuencia se pasa por alto en las evaluaciones de las necesidades globales.[33]

Y, en una civilización en la que la producción de bienes esenciales beneficia ahora a casi 8.000 millones de personas, cualquier abandono de las prácticas establecidas topa continuamente con las restricciones de la escala: como ya hemos visto (véase el capítulo 3), los requisitos materiales fundamentales se miden ahora en cientos y miles de millones de toneladas al año. Esto hace imposible sustituir estas masas por productos por completo diferentes —¿qué puede reemplazar a más de 4.000 millones de toneladas de cemento o casi 2.000 millones de toneladas de acero?— o efectuar una transición rápida (años, más que décadas) a formas totalmente nuevas de producir estos bienes esenciales.

Esta inevitable inercia de las dependencias a gran escala puede, en última instancia, superarse (recuerde que, antes de 1920, debíamos dedicar una cuarta parte de las tierras agrícolas de Estados Unidos al cultivo de pienso para caballos y mulas), pero muchos de los ejemplos pasados de cambios rápidos no sirven para obtener lapsos de tiempo razonables para los éxitos futuros. En el pasado, puede que las transiciones fueran relativamente rápidas porque las magnitudes implicadas eran pequeñas en comparación. Para el año 1900, el consumo de energía primaria en el mundo se repartía *grosso modo* a partes iguales entre la biomasa tradicional y los combustibles fósiles, dominados por el carbón, y que suministraban en su totalidad solo un equivalente a alrededor de 1.000 millones de toneladas de carbón.[34] Para el año 2020, la producción global neta de combustibles fósiles era un orden de magnitud superior a la producción total de energía primaria en 1900, y, aunque nuestros medios técnicos son en la actualidad superiores en muchos sentidos, el ritmo de la nueva transición (la descarbonización) ha sido más lento que el del desplazamiento de la biomasa tradicional por los combustibles fósiles.

A pesar de que la producción de nuevas renovables (eólica, solar, nuevos biocombustibles) ha aumentado de manera impresionante, alrededor de un factor 50, durante los veinte primeros años del siglo XXI, la dependencia de los combustibles fósiles en todo el mundo apenas ha disminuido, del 87 al 85 por ciento de la producción total, y la mayor parte de esta relativamente pequeña reducción se puede atribuir a la expansión de la hidroelectricidad, una forma antigua de energía renovable.[35] La demanda total de energía en 1920 era un orden de magnitud inferior a la del año 2020, por lo que fue mucho más fácil reemplazar la madera por el carbón a principios del siglo XX de lo que es reemplazar los combustibles fósiles por las nuevas renovables (es decir, descarbonizar) a principios del siglo XXI. En consecuencia, aunque el ritmo reciente de descarbonización se multiplicase por tres o por cuatro, el carbono fósil seguiría dominando para el año 2050.

Un error de clasificación —equivocarse al asignar a algo una cualidad o una acción que, en realidad, solo se puede atribuir a entidades de otra clase— es lo que subyace a la frecuente, pero profundamente errónea, conclusión de que en este nuevo mundo, el de la electrónica, todo puede (y podrá) moverse mucho más deprisa.[36] Así sucede con la información y las conexiones, y también con la adopción de nuevos dispositivos personales; pero los imperativos vitales no pertenecen a la misma categoría que los microprocesadores o los teléfonos móviles. Garantizar un suministro adecuado de agua, cultivar y procesar las cosechas, alimentar y sacrificar animales, producir y convertir enormes cantidades de energías primarias, y extraer y modificar materias primas para adaptarlas a multitud de usos son tareas cuya escala (necesaria para cubrir las exigencias de miles de millones de consumidores) e infraestructuras (que posibilitan la producción y distribución de estas necesidades irreemplazables) pertenecen a unas categorías muy distintas a las de crear un nuevo perfil en una red social o comprar un smartphone más caro.

Es más, muchas de las técnicas que han permitido estos avances no son relativamente nuevas. ¿Cuántas personas admiradas ante la delgadez del último smartphone y su capacidad de manejar la información son conscientes de que muchos de los procesos fundamentales que hacen posible que tanta gente lo tenga son más bien añejos? El silicio de gran pureza es la base de todos los microprocesadores, incluidos los que incorporan los dispositivos electrónicos modernos, desde los grandes ordenadores hasta el más compacto de los teléfonos móviles; y fue Jan Czochralski quien descubrió la forma de producir silicio monocristalino en 1915. Un gran número de transistores se fabrican con este material, y Julius Edgar Lilienfeld patentó el primer transistor de efecto de campo en 1925. Además, como ya se ha indicado, los circuitos integrados nacieron entre 1958 y 1959, y los microprocesadores, en 1971.[37]

La mayor parte la electricidad que alimenta todos esos aparatos electrónicos la generan turbinas de vapor, unas máquinas que inventó Charles A. Parsons en 1884, o turbinas de gas, el primer modelo comercial de las cuales se implementó en 1938.[38] Aunque ha bastado una sola generación para reemplazar mil millones de líneas telefónicas fijas por teléfonos móviles, no será posible sustituir los teravatios de potencia instalada en las turbinas de vapor y de gas por células fotovoltaicas o aerogeneradores en un periodo de tiempo similar. Los teléfonos móviles, por complejos que sean, no son más que pequeños dispositivos situados en el ápice de la inmensa pirámide de una industria que genera, transforma y transmite electricidad, algo que exige enormes infraestructuras que construir y mantener.

Estas realidades ayudan a explicar por qué los cimientos de nuestra vida no cambiarán de forma drástica en los próximos veinte ni treinta años, a pesar de las afirmaciones cuasi constantes sobre magníficas innovaciones, desde células solares hasta baterías de iones de litio, desde la impresión 3D de cualquier elemento (de piezas minúsculas a casas enteras) hasta bacterias capaces de sintetizar gasolina. El acero, el cemento, el amoniaco y los plásticos seguirán constituyendo los cuatro pilares materiales de la civilización; una gran parte del transporte en todo el mundo seguirá generándose por combustibles líquidos (gasolina y diésel para la automoción, queroseno para la aviación y diésel y fueloil para la navegación); los campos de cereal serán cultivados por tractores que tirarán de arados, gradas, sembradoras y fertilizadoras, y cosechados mediante cosechadoras que verterán el grano en camiones. Los rascacielos de apartamentos no serán impresos *in situ* por máquinas colosales y, si sufrimos una nueva pandemia, el tan cacareado papel de la inteligencia artificial será tan insignificante como el que ha tenido durante la pandemia del SARS-CoV-2 en 2020.[39]

IGNORANCIA, PERSISTENCIA Y HUMILDAD

La COVID-19 nos ha proporcionado un recordatorio global perfecto —¡y a qué precio!— de nuestra limitada capacidad para prever el futuro, y eso tampoco cambiará (no puede) de forma espectacular durante la generación venidera. La última pandemia llegó después de una década teñida de elogios y adulaciones a los avances científicos y técnicos sin precedentes y, al parecer, realmente «decisivos». Entre ellos, el principal ha sido la ilusión de la inminente llegada de una inteligencia artificial con poderes milagrosos, de las redes neuronales de aprendizaje (una versión suave de la singularidad, podría decirse) y de la edición del genoma, que permitirá la creación a voluntad de formas de vida.[40]

La mejor ilustración de la naturaleza exagerada de estas afirmaciones es el título de un superventas del año 2017, *Homo Deus*, de Yuval Noah Harari.[41] Y, por si hiciesen falta más pruebas, la COVID-19 puso al descubierto la vacuidad de cualquier idea sobre nuestra supuesta capacidad casi divina de controlar nuestros destinos: ninguna de estas proclamadas habilidades sirvió para prevenir la aparición o para frenar la difusión de esas hebras de ARN virales. Lo mejor que hemos podido hacer es lo que hicieron los ciudadanos italianos en la Edad Media: alejarse de las demás personas, quedarse en casa durante cuarenta días, aislarse durante *quaranta giorni*.[42] Las vacunas han llegado relativamente pronto, pero no curan a los enfermos ni previenen la próxima pandemia. También debemos rogar que el próximo evento (¡porque siempre lo habrá!) llegue después de décadas de anodinas epidemias virales estacionales, y no al cabo de pocos años y en una forma mucho más virulenta.

El impacto de la COVID-19 en los países ricos en general, y en Estados Unidos en particular, ilustra también lo erróneo de algunos de nuestros muy publicitados (y bastante caros) proyectos de futuro. Entre los más destacados se encuentran las nuevas iniciativas de vuelo espacial tripulado, en concreto las fantasiosas misiones a Marte; tratar de impulsar una medicina personalizada (diagnósticos y tratamientos adaptados a pacientes individuales, según sus riesgos específicos o su respuesta concreta a una enfermedad), como apareció en *The Economist* —el diario publicó un artículo especial sobre este asunto el 12 de marzo de 2020, en el momento en que la COVID-19 empezaba a arrasar Europa y Estados Unidos, llenando los hospitales de las ciudades de personas que no podían respirar—; y estar ensimismados con el hecho de disponer de una conectividad cada vez más rápida, con un interminable revuelo acerca de las ventajas de las redes 5G.[43] Qué irrelevantes son todas estas inquietudes, cuando (como dice el tópico) el único superpoder que nos queda ha sido incapaz de proveer al personal médico y de enfermería de una cantidad suficiente de equipos de protección personal, incluidos elementos tan simples como guantes, mascarillas, gorros y batas.

En consecuencia, Estados Unidos tuvo que pagar sumas exorbitantes a China —el país en el que los brillantes arquitectos de la globalización concentraron casi toda la fabricación de estos artículos esenciales— a fin de garantizar el transporte aéreo de cantidades ingentes de equipos de protección, sencillamente para impedir que los hospitales tuviesen que cerrar en mitad de una pandemia.[44] El país norteamericano, que tiene un gasto militar anual de más de medio billón de dólares (más que todos sus potenciales adversarios sumados), no estaba preparado para un evento que iba a suceder con absoluta certeza, y carecía de suficientes suministros médicos básicos: una inversión en producción nacional de unos pocos cientos de millones de dólares podría haber reducido de manera significativa las pérdidas económicas ocasionadas por la COVID-19, que han supuesto cifras billonarias.[45]

Tampoco fue muy distinto lo sucedido en Europa. Los estados miembros competían por el transporte en avión de equipos de protección de plástico desde China; la ausencia de fronteras de la que tanto alardeaban se convirtió pronto en políticas de muralla; la unión, que supuestamente era cada vez más estrecha, fue incapaz de alcanzar una respuesta coordinada; así, durante los seis primeros meses de la pandemia, cuatro de las cinco naciones más pobladas del continente (Reino Unido, Francia, Italia y España) y dos de los países más ricos (Suiza y Luxemburgo), cuyos sistemas sanitarios habían sido alabados durante décadas como modelos de excelencia, registraron las mortalidades más altas del mundo.[46] Las crisis ponen al descubierto las realidades y terminan con el oscurantismo y el desvío de la atención. La respuesta a la COVID-19 por parte de las regiones más prósperas del mundo solo merecen un irónico comentario: ¡*Homo deus*, desde luego!

Al mismo tiempo, la reacción de los países ricos a la COVID-19 sirve de ilustración a nuestra siempre ingenua actitud ante las realidades fundamentales, provocada por la tendencia a olvidar incluso las experiencias más traumáticas. Cuando la pandemia de 2020 se empezó a revelar, yo no esperaba que el desafío se contemplase desde la perspectiva histórica adecuada (¿qué se podía esperar en una sociedad dominada por los tuiteos?), por lo que no me sorprendieron las referencias a la gripe de 1918-1919, que provocó el mayor número de muertos —aunque, a nivel mundial, la cifra es incierta— debidos a una pandemia en la historia moderna.[47] No obstante, como ya he señalado en el capítulo sobre riesgos, desde entonces hemos vivido tres episodios notables (y mucho mejor comprendidos) que no han dejado una huella profunda en la memoria colectiva.

Ya ofrecí algunas explicaciones, pero hay otras igualmente verosímiles. La cifra de más de un millón de muertos que hubo en 1957-1958 (que en la mayor parte de países tuvo un incremento progresivo a lo largo de entre seis y nueve meses) ¿se vio a través del prisma de la Segunda Guerra Mundial, cuyas mucho más amplias pérdidas aún estaban frescas en la memoria de todos los adultos? ¿O es que nuestra percepción colectiva ha cambiado hasta el punto de que no podemos aceptar que la mortalidad temporal excesiva siempre estará fuera de nuestro control? ¿O es simplemente que el hecho de que olvidar es una parte esencial de recordar, ya sea en un nivel personal o colectivo, y que esto tampoco va a cambiar, con lo cual nos veremos, una y otra vez, sorprendidos por aquello que deberíamos haber esperado que sucediese?

La persistencia es tan importante como el olvido: a pesar de las promesas de nuevos principios y de audaces cambios, las viejas conductas y las antiguas estrategias pronto resurgen, allanando el camino para una nueva serie de fracasos. A cualquiera de mis lectores que dude de ello, le pido que recuerde cómo se sintió durante e inmediatamente después de la gran crisis financiera de los años 2007 y 2008, y que lo compare con lo que sucedió después. ¿Quién ha sido el responsable de este cuasicolapso sistémico del orden financiero? ¿Qué cambios fundamentales (aparte de enormes inyecciones de capital nuevo) se llevaron a cabo a fin de reformar prácticas cuestionables o de reducir la desigualdad económica?[48]

Volviendo al ejemplo de la COVID-19, este patrón de persistencia significa que nunca se hará responsable a nadie de cualquiera de los errores estratégicos que permitieron la mala gestión de la pandemia incluso antes de que empezase. Sin duda, algunas comparecencias inconexas y algunos documentos de grupos de expertos generarán una lista de recomendaciones, pero serán oportunamente ignorados y no provocarán cambio alguno en hábitos que están arraigados en profundidad. ¿Dio el mundo algún paso firme después de las pandemias de 1918-1919, 1958-1959, 1968-1969 y 2009? Los gobiernos no garantizarán suministros adecuados para una futura pandemia, y su respuesta será tan contradictoria e incoherente como siempre. Los beneficios de encargar la fabricación masiva a un único productor no se cambiarán por una producción descentralizada, menos vulnerable pero más costosa. Y las personas seguirán relacionándose constantemente con todo el mundo, retomando sus vuelos intercontinentales y cruceros hacia ninguna parte, aunque es difícil imaginar una incubadora de virus más eficaz que un buque con 3.000 tripulantes y 5.000 pasajeros, en su mayoría de edad avanzada y con numerosos problemas de salud previos.[49]

Esto también quiere decir que tendremos que volver a aprender, una y otra vez, a reconciliarnos con las realidades que escapan a nuestro control. La COVID-19 nos ofrece un práctico recordatorio de ello. La pandemia ha provocado una gran mortalidad, sobre todo entre nuestros mayores, y, como ya se ha señalado, este resultado está vinculado con nuestros fructíferos esfuerzos para prolongar la esperanza de vida.[50] Yo mismo, que nací en 1943, estoy entre las decenas de millones de personas que han cosechado los beneficios de esta tendencia; pero esto tiene un precio: una esperanza de vida mayor va acompañada de una mayor vulnerabilidad. No es sorprendente que las enfermedades asociadas a una edad avanzada —desde las bastante habituales hipertensión y diabetes hasta las menos comunes formas de cáncer y afectaciones del sistema inmune— han sido los mejores indicadores del exceso de mortalidad viral.[51]

Y, sin embargo, esto no nos impedirá, como tampoco lo hizo en 1968 o en 2009, seguir intentando prolongar la esperanza de vida, para luego temer las probables consecuencias de este empeño (que se pueden contemplar, en una medida más reducida pero aun así sustancial, incluso durante las epidemias de gripe estacionales). Con la salvedad de que, la próxima vez, el riesgo será significativamente más alto, porque el envejecimiento natural sumado a la prolongación de la vida aumentarán en gran medida la proporción de personas mayores de 65 años de edad. La ONU prevé que esa proporción crecerá alrededor del 70 por ciento para el año 2050, y en los países más ricos una persona de cada cuatro tendrá una edad más avanzada aún.[52] ¿Cómo podremos enfrentarnos en el año 2050 a una pandemia que puede ser más infecciosa que la de la COVID-19, cuando en algunos países un tercio de la población se hallará en la categoría más vulnerable?

Estas realidades desmienten cualquier idea general, automática, incorporada o inevitable de progreso y mejora constante que haya sido promovida por muchos tecnooptimistas. Ni la evolución ni la historia de nuestra especie han estado en perpetua ascensión. No hay trayectorias predecibles, ni objetivos definidos. Nuestra acumulación de conocimientos y la capacidad para controlar un número cada vez mayor de variables que afectan a nuestra vida (desde una producción de alimentos que baste para alimentar a toda la población mundial hasta una eficaz vacuna que prevenga la aparición de enfermedades infecciosas que solían representar un peligro) han reducido el riesgo general, pero no han hecho que muchas de las amenazas a nuestra existencia sean más predecibles o más fáciles de gestionar.

En algunos casos críticos, nuestros éxitos y nuestras capacidades para evitar los resultados más desfavorables se han debido al hecho de que somos previsores y de que estamos atentos y decididos a hallar soluciones efectivas. Podemos encontrar ejemplos notables de ello, desde la eliminación de la polio (gracias al desarrollo de vacunas eficaces) hasta la reducción de riesgos en la aviación comercial (a través de la construcción de aviones más fiables y la introducción de mejores medidas de control de vuelo), desde la reducción de patógenos en los alimentos (mediante una combinación de procesamiento correcto, refrigeración e higiene personal) hasta convertir la leucemia infantil en una enfermedad con posibilidades de sobrevivir (con quimioterapia y trasplantes de células madre).[53] En otros casos, hemos tenido suerte, no cabe duda: durante décadas evitamos la confrontación nuclear provocada por un error o un accidente (hemos experimentado ambos casos en varias ocasiones desde la década de 1950), no solo por los sistemas de seguridad implementados, sino gracias al buen juicio de personas que podrían haber tomado la decisión contraria.[54] De nuevo, no hay indicaciones claras de que nuestra capacidad para impedir los accidentes se haya incrementado de manera uniforme.

Fukushima y el Boeing 737 MAX son, por desgracia, dos ejemplos perfectos de estos accidentes, ambos con consecuencias duraderas y a gran escala. ¿Por qué la Tokyo Power Company perdió tres reactores en su planta Fukushima Dai-ichi por culpa del terremoto y tsunami que tuvieron lugar el 11 de marzo de 2011? Después de todo, solo quince kilómetros al sur, en la misma costa del Pacífico afectada por el mismo tsunami, su planta gemela, Fukushima Dai-ni, no sufrió ni el menor daño. Las repercusiones del accidente en Fukushima Dai-ichi se han extendido desde el hecho de que Japón se haya visto privado del 30 por ciento de su capacidad de generación eléctrica hasta la decisión de Alemania de cerrar todos sus reactores para el año 2021; y, por encima de todas ellas, una aún mayor desconfianza por parte del público en la fisión como fuente de energía.[55]

¿Y por qué Boeing —la empresa que lo arriesgó todo en el desarrollo del 747 en 1966, y que siguió introduciendo nuevas y exitosas series de aviones de pasajeros (hasta los actuales 787)— insistió en seguir incrementando el tamaño del 737 (introducido en 1964), un afán cuestionable que terminó en dos accidentes catastróficos?[56] ¿Por qué no se prohibió que el aparato volase, ya fuese por parte de Boeing o de la Administración Federal de Aviación inmediatamente después del primer accidente mortal? De nuevo, las consecuencias de estos errores han sido profundas: en primer lugar, la prohibición temporal de volar para toda la flota de Boeing 737 MAX desde marzo de 2019, seguida por la interrupción de la producción del avión y la cancelación de nuevos pedidos. A largo plazo, esto afectará a la capacidad de Boeing para introducir un muy necesario nuevo diseño con que sustituir al ya maduro 757 (y todas estas consecuencias se ven magnificadas por el colapso de los vuelos internacionales provocado por la COVID-19).

Dado el número de nuevos diseños, estructuras, procesos complejos y operaciones interactivas, los accidentes como los ilustrados por los hechos de Fukushima y del Boeing 737 MAX no se pueden impedir, y en las décadas venideras veremos nuevas (e impredecibles) manifestaciones de esta realidad. El futuro es una repetición del pasado, una combinación de avances admirables y de (in)evitables retrocesos. Pero, si miramos hacia delante, veremos algo nuevo: la cada vez mayor convicción —una tendencia inconfundible (aunque no unánime)— de que, de todos los riesgos a los que nos enfrentamos, el cambio climático global es aquel que debemos atajar de un modo más urgente y eficaz. Y hay dos razones fundamentales por las que este tipo de abordaje será más complicado de llevar a cabo de lo que, en general, se supone.

Compromisos sin precedentes, compensaciones que se retrasan

Enfrentarse a este desafío exigirá, por primera vez en la historia, un compromiso realmente global, sustancial y prolongado. Llegar a la conclusión de que seremos capaces de lograr la descarbonización en un futuro próximo, de forma efectiva y a la escala requerida, se contradice con la experiencia pasada. La primera conferencia sobre el clima de la ONU tuvo lugar en 1992, y en las décadas subsiguientes ha habido diversas reuniones globales e incontables evaluaciones y estudios; y, sin embargo, casi treinta años más tarde, aún no hay un acuerdo internacional vinculante para moderar las emisiones anuales de gases de efecto invernadero, ni expectativas de una próxima adopción.

A fin de ser eficaces, esto debería implicar un acuerdo totalmente global, lo que no significa que doscientas naciones deban limitarse a firmar el documento: las emisiones combinadas de unos cincuenta países pequeños suman menos que el error cometido al cuantificar las emisiones de los cinco mayores productores de gases de efecto invernadero. No se podrá lograr un verdadero progreso hasta que, al menos, estos cinco países, responsables ahora del 80 por ciento de todas las emisiones, lleguen a compromisos claros y vinculantes. Pero estamos muy lejos de conseguirlo.[57] Recuerde que el muy elogiado Acuerdo de París no incluía objetivos específicos de reducción para los mayores emisores del mundo, y sus vacuas promesas no iban a tener como resultado mitigación alguna: ¡acabarían aumentando en un 50 por ciento las emisiones para el año 2050!

Asimismo, cualquier compromiso efectivo será costoso y tendrá que durar al menos dos generaciones a fin de ofrecer el resultado deseado (de una gran disminución, si no una eliminación total, de las emisiones de gases de efecto invernadero), pues incluso reducciones drásticas que vayan mucho más allá de lo realista tardarán décadas en mostrar beneficios convincentes.[58] Esto suscita el problema extremadamente difícil de la equidad intergeneracional, esto es, nuestra habitual propensión a rebajar la importancia del futuro.[59]

Valoramos más el ahora que el después, y actuamos de acuerdo con ello. Un ávido montañero de treinta años está dispuesto a pagar unos sesenta mil dólares por permisos, equipo, sherpas, oxígeno y otros artículos para escalar el monte Everest el año próximo. Pero exigiría un sustancioso descuento —que reflejase obvias incertidumbres tales como su salud, la estabilidad de los futuros gobiernos nepalíes, la probabilidad de intensos terremotos en el Himalaya que impidiesen realizar expediciones y la de que se cerrase el acceso— por la promesa de escalar la montaña en 2050. Esta inclinación universal a desestimar el futuro es fundamental a la hora de considerar empresas tan complejas y costosas como la de asignar un precio al carbono a fin de mitigar el cambio climático, porque no habría ventajas económicas apreciables para la generación que pusiera en marcha tan onerosa aventura. Como los gases de efecto invernadero permanecen en la atmósfera durante largos periodos de tiempo después de su emisión (hasta doscientos años en el caso del CO_2), incluso los esfuerzos de mitigación más enérgicos no darían una clara señal de éxito —lo que sería la primera reducción significativa de la temperatura superficial media en el mundo— durante varias décadas.[60]

Es obvio que un incremento de temperatura que siguiera durante veinticinco o treinta y cinco años después de emprender una descarbonización global masiva supondría un desafío grave a la hora de establecer y desarrollar tan drásticas medidas. Pero, dado que hoy en día no hay compromisos mundiales vinculantes para la adopción generalizada de tales medidas durante los próximos años, tanto el punto de equilibrio como las reducciones de temperatura cuantificables se sitúan aún más hacia el futuro. Un modelo climático y económico utilizado de manera habitual indica que el año de equilibrio (cuando la política óptima empezaría a producir un beneficio económico neto) para los esfuerzos de mitigación iniciados a principios de la década de 2020 estaría alrededor del año 2080.

Si la esperanza de vida mundial (de unos 72 años en 2020) sigue sin cambiar, la generación nacida alrededor de mediados del siglo XXI sería la primera en experimentar el beneficio económico neto acumulado de las políticas para mitigar el cambio climático.[61] ¿Están listos los jóvenes ciudadanos de los países prósperos para priorizar estos distantes beneficios en lugar de las ganancias más inmediatas? ¿Estarán dispuestos a mantener esta trayectoria durante más de medio siglo, aunque los países de bajos ingresos y poblaciones en alza siguen —por una cuestión de pura supervivencia— ampliando su dependencia en el carbono fósil? ¿Se sentirán preparadas las personas en su cuarentena o cincuentena para unirse a ellos, a fin de lograr compensaciones que nunca podrán ver?

La última pandemia ha servido como nuevo recordatorio de que una de las mejores formas de minimizar el impacto de problemas cada vez más globales es disponer de un conjunto de prioridades y medidas básicas para enfrentarse a ellos; pero la pandemia, con sus incoherentes y contradictorias medidas inter e intranacionales, nos ha mostrado también la dificultad para codificar tales principios y seguir tales directrices. Los errores revelados durante las crisis ilustran de manera onerosa y convincente nuestra reiterada incapacidad para hacer bien lo más básico, para encargarnos de lo más fundamental. A estas alturas, los lectores de este libro apreciarán que esta (breve) lista debe incluir la seguridad del suministro de alimentación, energía y materias básicas, todo ello proporcionado con el mínimo impacto posible en el medioambiente y llevado a cabo al tiempo que se evalúan de manera realista los pasos que podemos seguir para minimizar el alcance del calentamiento global en el futuro. Es una perspectiva abrumadora, y nadie puede estar seguro de que lo logremos, pero tampoco de que vayamos a fracasar.

Ser agnóstico sobre el futuro lejano significa ser honesto: tenemos que admitir los límites de nuestra comprensión, abordar los retos planetarios con humildad, y reconocer que los avances, contratiempos y reveses seguirán formando parte de nuestra evolución, así como que no puede haber garantía de éxito —sea cual sea— en última instancia, ni de la llegada de singularidad alguna; pero que, mientras sigamos haciendo uso de nuestro conocimiento acumulado con determinación y perseverancia, tampoco veremos el fin del mundo en los próximos tiempos. El futuro aflorará a partir de nuestros logros y nuestros fracasos, y, aunque quizá seamos lo bastante inteligentes (y afortunados) para prever algunas de sus formas y características, en términos globales sigue siendo impreciso, incluso cuando lo contemplamos en el espacio de solo una generación.

El primer borrador de este último capítulo lo escribí el 8 de mayo de 2020, cuando se cumplían setenta y cinco años del final de la Segunda Guerra Mundial en Europa. Imaginemos una hipótesis en la que, en aquel día de primavera de mediados del siglo XX, un pequeño grupo de personas que encarnasen todos los conocimientos de los que disponíamos en aquel momento se hubiese sentado a comentar y predecir el estado del mundo en 2020. Conscientes de los últimos avances en ámbitos desde la ingeniería (turbinas de gas, reactores nucleares, computación electrónica, cohetes) hasta la biología (antibióticos, pesticidas, herbicidas, vacunas), podían prever correctamente muchos progresos, desde la automovilización masiva y el vuelo intercontinental asequible hasta los ordenadores, y desde el aumento del rendimiento de las cosechas hasta incrementos significativos de la esperanza de vida.

Pero no habrían sido capaces de describir los progresos, complejidades y matices del mundo que hemos creado con nuestros logros y fracasos durante los setenta y cinco años transcurridos. Para recalcar esta imposibilidad, piense simplemente en términos nacionales. En 1945, las ciudades de Japón, hechas de madera, habían sido (con la excepción de Kioto) destruidas casi por completo. Europa estaba sumida en un caos de posguerra, y pronto quedaría dividida por la Guerra Fría. La URSS había salido victoriosa, pero a un coste enorme, y seguía bajo el dominio implacable de Stalin. Estados Unidos surgió como superpotencia sin precedentes, generando alrededor de la mitad del producto económico mundial. China era muy pobre y, de nuevo, estaba al borde de la guerra civil. ¿Quién podría haber trazado sus trayectorias específicas de auge y caída (en el caso de Japón); de nueva prosperidad, nuevos problemas, nueva unidad y nueva desunión (Europa); de agresiva confianza —«¡Os enterraremos!»— y hundimiento (URSS); de errores, derrotas, logros desperdiciados y posibilidades no cumplidas (Estados Unidos); y de sufrimiento, la peor hambruna de la historia, lenta recuperación y ascensión a cotas cuestionables (China)?

En 1945, nadie habría predicho un mundo con más de cinco mil millones de personas más, que además están mejor alimentadas que en ningún otro momento de la historia, aunque desperdicie una parte inexcusablemente alta de toda la comida que cultiva. Tampoco habría podido prever nadie un mundo que hubiese relegado diversas enfermedades infecciosas (en particular la polio a nivel mundial, y la tuberculosis en las naciones prósperas) a meras notas a pie de página en los libros de historia, pero que fuese incapaz, en cambio, de impedir que la desigualdad económica se incremente, incluso en los países más ricos; un mundo que es mucho más limpio y sano, pero a la vez está más contaminado en nuevas formas (desde el plástico en el océano hasta los metales pesados en los suelos) y es, debido a la constante degradación de la biosfera, también más precario; o un mundo saturado de información instantánea y esencialmente gratuita, que se obtiene al precio de una amplia difusión de desinformación, mentiras y afirmaciones condenables.

Una vida entera más tarde, no hay motivos para creer que estemos en una posición mejor para prever el alcance de las innovaciones técnicas que están por venir (a menos, claro está, que crea en una cuasi inminente singularidad), los eventos que darán forma a la fortuna de las naciones, y las decisiones (o la lamentable falta de ellas) que determinarán el destino de nuestra civilización durante los próximos 75 años. A pesar de la reciente inquietud por los eventuales efectos del calentamiento global y de la necesidad de una rápida descarbonización, son pocas las incertidumbres que resultarán tan importantes a la hora de determinar nuestro futuro como la trayectoria de la población mundial durante lo que resta del siglo XXI.

Las previsiones más extremas ofrecen futuros muy diferentes: ¿sobrepasará la población mundial los 15.000 millones al llegar el año 2100 (casi el doble que en 2020), o se reducirá hasta 4.800 millones, perdiendo más de la mitad del total actual y la población china, un 48 por ciento?[62] Como se espera, las variantes medias de estos pronósticos no están tan alejadas entre sí (8.800 millones y 10.900 millones). Aun así, los 2.000 millones de personas de diferencia no son una separación irrelevante, y estas comparaciones muestran hasta qué punto divergen, después de una sola generación, incluso los pronósticos de población más básicos. Como es evidente, incluso si las previsiones se extienden solo la duración de la actual esperanza de vida en los países prósperos, las implicaciones de sus valores extremos describen dos trayectorias económicas, sociales y medioambientales muy distintas. Y, puesto que los dos borradores iniciales de este libro se escribieron durante la primera y la segunda oleadas de la COVID-19, es bastante realista preguntarse si las nuevas pandemias a las que nos enfrentaremos durante el resto del siglo xxi —dada su frecuencia después del año 1900 (1918, 1957, 1968, 2009, 2020), podemos esperar al menos dos o tres de estos eventos antes de 2100— serán similares, mucho más débiles o extremadamente más virulentas que el evento de 2020. Vivir con estas incertidumbres fundamentales sigue siendo la esencia de la condición humana, y limita nuestra capacidad para actuar con previsión.

Como ya indiqué en la introducción, no soy ni pesimista ni optimista: soy científico. No hay plan oculto alguno, salvo el de entender cómo funciona *realmente* el mundo.

Una comprensión realista de nuestro pasado, nuestro presente y el incierto futuro es la mejor base para enfocar la extensión incognoscible de tiempo que tenemos por delante. Aunque no podemos ser específicos, sí sabemos que el panorama más probable es una mezcla de progreso y retroceso, de dificultades aparentemente insuperables y avances prácticamente milagrosos. El futuro, como siempre, no está predeterminado. Los resultados dependen de nuestras acciones.

Apéndice

Comprender los números: órdenes de magnitud

El tiempo vuela, los organismos crecen, las cosas cambian. En el mundo de la ficción, estos procesos y resultados inexorables se manejan, casi sin excepción, en términos cualitativos. En los cuentos de hadas, el momento siempre ha sido «érase una vez», y los protagonistas son ricos (príncipes) y pobres (Cenicientas), hermosos (doncellas) y feos (ogros), audaces (caballeros) o tímidos (ratones). Generalmente, los números solo aparecen al servicio de la trama, con frecuencia en tríos: tres hermanos, tres deseos, tres cerditos... En la ficción moderna no hay muchos cambios. Lady Brett Ashley, de Hemingway, es «endiabladamente atractiva», pero no sabemos cuánto mide; y el celebrado Gatsby de Fitzgerald hace acto de presencia tan solo como «un hombre más o menos de mi edad», la cual desconocemos, así como su verdadera riqueza. Solo la hora exacta parece algo más prominente, con frecuencia en la primera frase. *El dinero*, de Zola: «Acababan de dar las once en el reloj de la Bolsa...»; *Intruso en el polvo*, de Faulkner: «Era mediodía justo aquel domingo por la mañana...»; *Un día en la vida de Iván Denísovich*, de Solzhenitsyn: «A las cinco de la mañana, como siempre...».

En cambio, el mundo actual está repleto de números. Los nuevos cuentos de hadas, las historias sobre multimillonarios imposibles, señalan indefectiblemente las últimas cifras en su cuenta; las nuevas tragedias, los informes del último hundimiento de un ferry o de otro homicidio en masa, van siempre acompañadas del número de víctimas. Las cifras diarias de muertes nacionales y mundiales se han convertido en la señal ineludible de la pandemia de 2020. Nuestro nuevo mundo es cuantitativo, un mundo en el que las personas miden el número de «amigos» (en Facebook), de los pasos que dan cada día (en Fitbit) y de su destreza inversora (superando el promedio de NASDAQ). Esta cuantificación generalizada tiene, con frecuencia, una calidad cuestionable, ya que las cifras varían desde medidas precisas y repetidas hasta descuidadas suposiciones y negligentes estimaciones. Por desgracia, de las personas que ven, repiten y utilizan estas cifras, son pocas las que cuestionan sus orígenes, y aún menos las que tratan de valorarlas según su contexto. Pero incluso las mejores cifras de la actualidad —las que podrían ser medidas perfectas de complejas realidades— son con frecuencia difíciles de aprehender, porque representan cantidades demasiado grandes o pequeñas para asimilarlas de manera intuitiva.

De esta forma, a menudo se convierten en objetos fáciles de tergiversar o de malversar. Incluso los niños más pequeños tienen un sistema mental de representación de la magnitud que crea un «sentido numérico» intuitivo, y esta capacidad mejora con la escolarización.[1] Como es evidente, este sistema numérico solo es aproximado, y falla cuando las cantidades se elevan a miles, millones y miles de millones. Ahí es donde los órdenes de magnitud revelan su utilidad. Piense en ellos simplemente como el número total de cifras que siguen a la primera en cualquier número entero o, en un decimal, el número de cifras entre el primer dígito y la coma. Ninguna cifra sigue al 7 ni hay ninguna adicional entre el primer número y la coma decimal en 3,5, por lo que ambos dígitos tienen un orden de magnitud cero. Esto se expresa en una escala logarítmica de base 10 (decádica) como 10^0. Cualquier número entre 1 y 10 será múltiplo de 10^0, así, 10 se convierte en 10^1 y 20 es 2×10^1. Las ventajas de esta nomenclatura se hacen evidentes enseguida a medida que los números crecen. Un aumento de diez veces nos lleva a elementos que se cuentan en centenares (10^2), luego en millares (10^3), decenas de millares (10^4), cientos de millares (10^5) y millones (10^6).

Más allá de esto, entramos en dominios en los que es fácil cometer errores de orden de magnitud: algunas familias ricas (fundadores o propietarios de empresas, o afortunados millonarios) suman anualmente a sus propiedades decenas (10^7) o centenares (10^8) de millones de dólares; en 2020 había en el mundo unos 2.100 milmillonarios (10^9 dólares), y los más ricos entre ellos poseían más de cien mil millones, o 10^{11} dólares.[2] En términos de fortunas individuales, comparado con los pocos dólares que valen las ropas andrajosas y los zapatos gastados de un indigente emigrante africano, la diferencia es de diez órdenes de magnitud.

Esta diferencia es tan grande que no podemos hallar equivalencia entre las propiedades que separan las dos clases más notables de animales terrestres: aves y mamíferos. Las masas corporales del menor y del mayor de los mamíferos terrestres (la musarañita, de 10^0 g, y el elefante africano, de 10^6 g) difieren en «solo» seis órdenes de magnitud. La diferencia entre la envergadura de la menor y la mayor de las aves voladoras (el colibrí zunzuncito, de 3 cm, y el cóndor andino, de 320 cm) es de solo dos órdenes de magnitud.[3] Está claro que algunos humanos han ido mucho más allá de lo que nunca pudo hacerlo la evolución natural para distinguirse de la multitud.

Y hay una forma aún más sencilla de indicar órdenes de magnitud que la de pronunciar los valores o escribirlos como exponentes de logaritmos decádicos. Como se trata de múltiplos que aparecen con frecuencia tanto en la investigación científica como en ingeniería, se les asignaron nombres griegos específicos a modo de prefijos para los tres primeros órdenes de magnitud: 10^1 es deca–, 10^2 es hecto–, 10^3 es kilo–; y, luego, para cada tercer orden: 10^6 es mega–, 10^9 es giga–, hasta llegar a yotta–, 10^{24}, que es actualmente el mayor orden de magnitud con nombre propio. Todo ello —desde los números en sí hasta los nombres específicos— se resume en la siguiente tabla:

Múltiplos del Sistema Internacional de Unidades utilizados en el texto:

Prefijo	Abreviatura	Notación científica
hecto–	h	10^2
kilo–	k	10^3
mega–	M	10^6
giga–	G	10^9
tera–	T	10^{12}
peta–	P	10^{15}
exa–	E	10^{18}
zetta–	Z	10^{21}
yotta–	Y	10^{24}

Otra forma de ilustrar el rango sin precedentes de magnitudes en que se basan las sociedades modernas es compararlas con el rango de experiencias conocidas. Bastarán dos ejemplos fundamentales. En las sociedades preindustriales, los extremos de las velocidades de viaje en tierra diferían solo en un factor dos, desde la marcha lenta (4 km/h) hasta los carros tirados por caballos (8 km/h) para los que podían pagar un asiento (que, con frecuencia, no estaba tapizado). En cambio, las velocidades de viaje actuales varían más de dos órdenes de magnitud, entre los 4 km/h de la marcha lenta y los 900 km/h de los aviones de pasajeros a reacción.

Y el motor primario (un organismo o máquina que proporciona energía cinética) más potente que alguien podía controlar usualmente durante la era preindustrial era un caballo robusto, de 750 W.[4] Ahora, cientos de millones de personas conducen vehículos cuya potencia varía entre los 100 y los 300 kW —hasta 400 veces la potencia de un caballo de tiro—, y el piloto de un avión de pasajeros de fuselaje ancho tiene en su control unos 100 MW (el equivalente de más de 130.000 caballos robustos) a velocidad de crucero. Estas ganancias han sido demasiado grandes como para hacerse una idea de ellas, tanto directamente como de forma intuitiva: ¡comprender el mundo moderno exige prestar mucha atención a los órdenes de magnitud!

Notas

I. Comprender la energía: combustibles y electricidad

1. Nunca será posible ubicar este evento con precisión: se ha situado hace entre 3.700 y 2.500 millones de años. T. Cardona, «Thinking twice about the evolution of photosynthesis», *Open Biology*, vol. 9, n.º (3 (2019), 180246.

2. A. Herrero y E. Flores, eds., *The Cyanobacteria: Molecular Biology, Genomics and Evolution*, Wymondham (Gran Bretaña), Caister Academic Press, 2008.

3. M. L. Droser y J. G. Gehling, «The advent of animals: The view from the Ediacaran», *Proceedings of the National Academy of Sciences*, vol. 112, n.º 16 (2015), pp. 4865-4870.

4. G. Bell, *The Evolution of Life*, Oxford, Oxford University Press, 2015.

5. C. Stanford, *Upright: The Evolutionary Key to Becoming Human*, Boston, Houghton Mifflin Harcourt, 2003.

6. El momento en que tuvo lugar el primer uso deliberado y controlado del fuego por parte de los homininos será siempre una incertidumbre, pero las mejores pruebas revelan que fue, como máximo, hace 800.000 años: N. Goren-Inbar *et al.*, «Evidence of hominin control of fire at Gesher Benot Ya'aqov, Israel», *Science*, vol. 304, n.º 5671 (2004), pp. 725-727.

7. Wrangham sostiene que la cocción de los alimentos fue uno de los más importantes avances evolutivos: R. Wrangham, *Catching Fire: How Cooking Made Us Human*, Basic Books, Nueva York, 2009 [hay trad. cast.: *En llamas: cómo la cocina nos hizo humanos*, Madrid, Capitán Swing, 2019].

8. La domesticación de numerosas especies de plantas ocurrió de forma independiente en diversas regiones del Viejo y del Nuevo Mun-

do, pero fue en Oriente Próximo donde se produjo la primera serie de casos: M. Zeder, «The origins of agriculture in the Near East», *Current Anthropology*, n.º 52, sup. 4 (2011), S221-S235.

9. Entre los animales de tiro ha habido vacas, búfalos acuáticos, yaks, caballos, mulas, asnos, camellos, llamas, elefantes y (con menos frecuencia) renos, ovejas, cabras y perros. Aparte de los equinos (caballos, asnos y mulas), solo los camellos, los yaks y los elefantes se han usado habitualmente como montura.

10. Se puede seguir la evolución de estas máquinas en V. Smil, *Energy and Civilization: A History*, Cambridge (Massachusetts), MIT Press, 2017, pp. 146-163 [hay trad. cast.: *Energías: una guía ilustrada de la biosfera y la civilización*, Barcelona, Crítica, 2001].

11. P. Warde, *Energy Consumption in England and Wales, 1560-2004*, Nápoles, Consiglio Nazionale delle Ricerche, 2007.

12. Para la historia de la minería de carbón en Inglaterra y Gran Bretaña, véanse: J. U. Nef, *The Rise of the British Coal Industry*, Londres, G. Routledge, 1932; y M. W. Flinn *et al.*, *History of the British Coal Industry*, 5 vols., Oxford, Oxford University Press, 1984-1993.

13. R. Stuart, *Descriptive History of the Steam Engine*, Londres, Wittaker, Treacher and Arnot, 1829.

14. R. L. Hills, *Power from Steam: A History of the Stationary Steam Engine*, Cambridge, Cambridge University Press, 1989, p. 70; J. Kanefsky y J. Robey, «Steam engines in 18th-century Britain: A quantitative assessment», *Technology and Culture*, n.º 21, 1980, pp. 161-186.

15. Estos cálculos son una estimación; aunque supiéramos los totales exactos de mano de obra y de animales de tiro, aún tendríamos que hacer hipótesis en cuanto a su potencia típica y horas de trabajo acumuladas.

16. Los totales reales eran de menos de 0,5 EJ (exajoules) en 1800, lo que se elevaba a casi 22 EJ para 1900, casi 350 EJ para el año 2000 y cerca de 525 EJ en 2020. Para un relato histórico detallado de las transiciones energéticas mundiales (y muchas de las nacionales), véase V. Smil, *Energy Transitions: Global and National Perspectives*, Santa Bárbara (California), Praeger, 2017.

17. Los promedios compuestos de las eficiencias energéticas históricas los he tomado de los cálculos que efectué para: Smil, *Energy and Civilization*, pp. 297-301. Para las eficiencias de conversión globales en años recientes, véanse los diagramas de Sankey de flujos de energía en todo el mundo (<https://www.iea.org/sankey>) o de países individuales; y de

Estados Unidos, véase <https://flowcharts.llnl.gov/content/assets/ima ges/energy/us/Energy_US_2019.png>.

18. Los datos para estos cálculos se pueden hallar en el *Anuario de Estadísticas de Energía* de Naciones Unidas, <https://unstats.un.org/unsd/ energystats/pubs/yearbook/>, y en el *Statistical Review of World Energy* de la empresa BP, <https://www.bp.com/en/global/corporate/energy-economics/statistical-review-of-world-energy/downloads.html>.

19. L. Boltzmann, *Der zweite Hauptsatz der mechanischen Wärmetheorie* (conferencia presentada en la «Sesión festiva» de la Academia Imperial de las Ciencias en Viena, 29 de mayo de 1886). Véase también P. Schuster, «Boltzmann and evolution: Some basic questions of biology seen with atomistic glasses», en G. Gallavotti *et al.*, eds., *Boltzmann's Legacy*, Zúrich, European Mathematical Society, 2008, pp. 1-26.

20. E. Schrödinger, *What Is Life?*, Cambridge, Cambridge University Press, 1944, p. 71 [hay trad. cast: *¿Qué es la vida?*, Barcelona, Círculo de Lectores, 2009].

21. A. J. Lotka, «Natural selection as a physical principle», *Proceedings of the National Academy of Sciences*, vol. 8, n.° 6 (1922), pp. 151-154.

22. H. T. Odum, *Environment, Power, and Society*, Nueva York, Wiley Interscience, 1971, p. 27 [hay trad. cast.: *Ambiente, energía y sociedad*, Barcelona, Blume, 1980].

23. R. Ayres, «Gaps in mainstream economics: Energy, growth, and sustainability», en S. Shmelev, ed., *Green Economy Reader: Lectures in Ecological Economics and Sustainability*, Berlín, Springer, 2017, p. 40. Véase también R. Ayres, *Energy, Complexity and Wealth Maximization*, Cham, Springer, 2016.

24. Smil, *Energy and Civilization*, p. 1.

25. Ayres, «Gaps in mainstream economics», p. 40.

26. La historia del concepto de energía se revela en detalle en J. Coopersmith, *Energy: The Subtle Concept*, Oxford, Oxford University Press, 2015.

27. R. S. Westfall, *Force in Newton's Physics: The Science of Dynamics in the Seventeenth Century*, Nueva York, Elsevier, 1971.

28. C. Smith, *The Science of Energy: A Cultural History of Energy Physics in Victorian Britain*, Chicago, University of Chicago Press, 1998; D. S. L. Cardwell, *From Watt to Clausius: The Rise of Thermodynamics in the Early Industrial Age*, Londres, Heinemann Educational, 1971.

29. J. C. Maxwell, *Theory of Heat*, Londres, Longmans, Green, and Company, 1872, p. 101.

30. R. Feynman, *The Feynman Lectures on Physics*, Redwood City (California), Addison-Wesley, 1988, vol. 4, p. 2.

31. No faltan los libros introductorios sobre termodinámica, pero de ellos aún destaca el siguiente: K. Sherwin, *Introduction to Thermodynamics*, Dordrecht, Springer Netherlands, 1993.

32. N. Friedman, *U.S. Submarines Since 1945: An Illustrated Design History*, Annapolis (Maryland), US Naval Institute, 2018.

33. El factor de capacidad (de carga) es la relación entre la generación real y la producción máxima de la que es capaz una unidad. Por ejemplo, una gran turbina eólica de 5 MW que funcionase sin interrupción todo el día generaría 120 MWh de electricidad; si su producción real es de solo 30 MWh, su factor de capacidad es del 25 por ciento. Los factores de carga medios anuales en Estados Unidos en 2019 fueron (redondeando): 21 por ciento para los paneles solares, 35 por ciento para las turbinas eólicas, 39 por ciento para las centrales hidroeléctricas y 94 por ciento para las centrales nucleares; Tabla 6.07.B, «Capacity Factors for Utility Scale Generators Primarily Using Non-Fossil Fuels», <https://www.eia.gov/electricity/monthly/epm_ table_grapher.php?t=epmt_6_07_b>. El bajo factor de capacidad de las células solares en Alemania es de esperar: ¡tanto Berlín como Múnich tienen menos horas de sol al año que Seattle!

34. Una vela votiva —que pesa unos 50 g, la densidad energética de la parafina es de 42 kJ/g— contiene 2,1 MJ (50 × 42.000) de energía química, y su potencia promedio durante una combustión de quince horas será de casi 40 W (como el de una bombilla eléctrica no muy luminosa). Pero, en ambos casos, solo una pequeña parte de la energía total se convierte en luz: menos del 2 por ciento para una bombilla incandescente moderna, y solo el 0,02 por ciento para una vela de parafina. Para conocer pesos y tiempos de combustión de velas, véase <https://www.candlewarehouse.ie/shopcontent.asp?type=burn-times>; para eficiencias lumínicas, véase <https://web.archive.org/web/20120423123823/http://www.ccri.edu/physics/keefe/light.htm>.

35. Los cálculos del metabolismo basal se hallan en consulta mixta FAO/OMS/UNU, *Human Energy Requirements*, Roma, FAO, 2001, p. 37, <http://www.fao.org/3/a-y5686e.pdf>.

36. *The Engineering Toolbox*, «Fossil and Alternative Fuels – Energy Content» (2020), <https://www.engineeringtoolbox.com/fossil-fuels-energy-content-d_1298.html>.

37. V. Smil, *Oil: A Beginner's Guide*, Londres, Oneworld, 2017; L. Maugeri, *The Age of Oil: The Mythology, History, and Future of the World's Most Controversial Resource*, Westport (Connecticut), Praeger, 2006.

38. T. Mang, ed., *Encyclopedia of Lubricants and Lubrication*, Berlín, Springer, 2014.

39. Asphalt Institute, *The Asphalt Handbook*, Lexington (Kentucky), Asphalt Institute, 2007.

40. Agencia Internacional de la Energía, *The Future of Petrochemicals*, París, IEA, 2018.

41. C. M. V. Thuro, *Oil Lamps: The Kerosene Era in North America*, Nueva York, Wallace-Homestead Book Company, 1983.

42. G. Li, *World Atlas of Oil and Gas Basins*, Chichester, Wiley-Blackwell, 2011; R. Howard, *The Oil Hunters: Exploration and Espionage in the Middle East*, Londres, Hambledon Continuum, 2008.

43. R. F. Aguilera y M. Radetzki, *The Price of Oil*, Cambridge, Cambridge University Press, 2015; A. H. Cordesman y K. R. al-Rodhan, *The Global Oil Market: Risks and Uncertainties*, Washington D. C., CSIS Press, 2006.

44. El rendimiento medio de los coches estadounidenses era de unos 15 l/100 km a principios de la década de 1930, y se fue deteriorando poco a poco durante cuatro décadas, hasta llegar a los 17,7 l/100 km en 1973. Los nuevos estándares CAFE (siglas en inglés de «economía de combustible promedio corporativa») lo duplicaron hasta 8,55 l/100 km para el año 1985, pero los subsiguientes precios bajos del petróleo supusieron la interrupción de ulteriores progresos hasta 2010. V. Smil, *Transforming the Twentieth Century*, Nueva York, Oxford University Press, 2006, pp. 203-208.

45. Estadísticas detalladas sobre producción y consumo de energía están disponibles en el *Anuario de Estadísticas de Energía* de Naciones Unidas y en el *Statistical Review of World Energy* de la empresa BP.

46. S. M. Ghanem, *OPEC: The Rise and Fall of an Exclusive Club*, Londres, Routledge, 2016; V. Smil, *Energy Food Environment*, Oxford, Oxford University Press, 1987, pp. 37-60.

47. J. Buchan, *Days of God: The Revolution in Iran and Its Consequences*, Nueva York, Simon & Schuster, 2013; S. Maloney, *The Iranian Revolution at Forty*, Washington D. C., Brookings Institution Press, 2020.

48. Las industrias que hacen un uso intensivo de la energía (metalurgia, síntesis química) fueron los primeros sectores en reducir su uso de energía específica; ya se tenía constancia del éxito de los estándares CAFE en Estados Unidos (véase la nota 44), y casi toda la generación de electri-

cidad, que anteriormente se apoyaba en la combustión de petróleo crudo o un combustible derivado de este, se convirtió a carbón o gas natural.

49. Los porcentajes del petróleo crudo después de 1980 se han calculado a partir de los datos de consumo de la *Statistical Review of World Energy* de la empresa BP.

50. Feynman, *The Feynman Lectures on Physics*, vol. 1, pp. 4-6.

51. Estas cuestiones afectan actualmente a una parte cada vez mayor de la población mundial; desde el año 2007, más de la mitad de la misma vive en ciudades, y para 2025, alrededor del 10 por ciento residirá en megalópolis.

52. B. Bowers, *Lengthening the Day: A History of Lighting*, Oxford, Oxford University Press, 1988.

53. V. Smil, «Luminous efficacy», *IEEE Spectrum* (abril de 2019), p. 22.

54. Los primeros usos comerciales de los motores eléctricos de corriente alterna tuvieron lugar en Estados Unidos a finales de la década de 1880, y durante la de 1890, se vendieron casi cien mil unidades de un pequeño ventilador impulsado por un motor de 125 W: L. C. Hunter y L. Bryant, *A History of Industrial Power in the United States, 1780-1930, vol. 3: The Transmission of Power*, Cambridge (Massachusetts), MIT Press, 1991, p. 202.

55. S. H. Schurr, «Energy use, technological change, and productive eficiency», *Annual Review of Energy*, n.º 9 (1984), pp. 409-425.

56. Dos diseños básicos son los motores de vibración de masa rotatoria excéntrica y los motores de vibración lineal. Los motores de tipo moneda son actualmente las unidades disponibles más delgadas (hasta 1,8 mm; <https://www.vibrationmotors.com/vibration-motor-product- guide/cell-phone-vibration-motor>). Dadas las ventas globales de smartphones —mil trescientos setenta millones de unidades en 2019 (<https://www.canalys.com/newsroom/canalys-global-smartphone-market-q4-2019>)—, actualmente no se fabrica ningún otro motor eléctrico en cantidades comparables.

57. Los trenes TGV, franceses, tienen dos locomotoras cuyos motores tienen una potencia total de entre 8,8 y 9,6 MW. En el Shinkansen Serie N700, catorce de los dieciséis vagones son también locomotoras, con una potencia total de 17 MW: <http://railway-research.org/IMG/pdf/r.1.3.3.3.pdf>.

58. En los vehículos de lujo, la masa total de estos pequeños servomotores eléctricos puede alcanzar los 40 kg: G. Ombach, «Challenges

and requirements for high volume production of electric motors», *SAE* (2017), <http://www.sae.org/events/training/symposia/emotor/pre sentations/2011/GrzegorzOmbach.pdf>

59. Para más información sobre motores eléctricos en electrodomésticos de cocina, véase Johnson Electric, «Custom motor drives for food processors» (2020), <https://www.johnsonelectric.com/en/featu res/custom-motor-drives-for-food-processors>.

60. Ciudad de México es el mejor ejemplo de esta extraordinaria demanda: el agua de la principal fuente, el río Cutzamala, suministra unos dos tercios de la demanda total y debe elevarse más de 1 km; con un suministro anual total de más de trescientos millones de metros cúbicos, esto representa una energía potencial de más de 3 PJ, equivalente a casi ochenta mil toneladas de diésel. R. Salazar *et al.*, «Energy and environmental costs related to water supply in Mexico City», *Water Supply*, n.° 12 (2012), pp. 768-772.

61. Estos motores son bastante pequeños (de entre 0,25 y 0,5 hp; es decir, entre unos 190 y unos 370 W), ya que incluso el motor del mayor ventilador tiene menos potencia que el de un pequeño robot de cocina (entre 400 y 500 W). Impulsar aire es una tarea mucho más fácil que picar y amasar.

62. La historia de la electricidad en sus inicios está narrada en L. Figuier, *Les nouvelles conquêtes de la science: L'électricité*, París, Manoir Flammarion, 1888; A. Gay y C. H. Yeaman, *Central Station Electricity Supply*, Londres, Whittaker & Company, 1906; M. MacLaren, *The Rise of the Electrical Industry During the Nineteenth Century*, Princeton (New Jersey), Princeton University Press, 1943; Smil, *Creating the Twentieth Century*, pp. 32-97.

63. Incluso en Estados Unidos es solo ligeramente más alto. En 2019, el 27,5 por ciento de todos los combustibles fósiles del país (entre carbón y gas natural; los combustibles líquidos suponían una parte insignificante) se utilizaron para generar electricidad: <https://flowcharts. llnl.gov/content/assets/images/energy/us/Energy_US_2019.png>.

64. Comisión Internacional de Grandes Presas, *World Register of Dams*, París, ICOLD, 2020.

65. Organismo Internacional de Energía Atómica, *The Database of Nuclear Power Reactors*, Viena, IAEA, 2020.

66. Datos de British Petroleum, *Statistical Review of World Energy*.

67. Tokyo Metro, *Tokyo Station Timetable*, <https://www.tokyometro.jp/lang_en/station/tokyo/timetable/marunouchi/a/index.html> (consultado en 2020).

68. Hay disponible una gran colección de imágenes de satélite nocturnas en <https://earthobservatory.nasa.gov/images/event/79869/earth-at-night>.

69. Electric Power Research Institute, *Metrics for Micro Grid: Reliability and Power Quality*, Palo Alto (California), EPRI, 2016, <http://integratedgrid.com/wp-content/uploads/2017/01/4-Key-Microgrid-Reliability-PQ-metrics.pdf>.

70. No hubo problemas de suministro eléctrico durante los periodos de alta mortandad de la COVID-19, pero en algunas ciudades tuvieron insuficiencias temporales de espacio en los tanatorios y utilizaron en su lugar camiones refrigerados. La refrigeración de los tanatorios es otro sector esencial que depende de los motores eléctricos: <https://www.fiocchetti.it/en/prodotti.asp?id=7>.

71. El concepto comprende el hecho de que no será posible eliminar todas las emisiones antropogénicas de CO_2, pero tampoco hay acuerdo alguno sobre cómo debería ser la captación directa del aire, ni sobre asequibles procesos a gran escala para hacerlo. En el último capítulo contemplaré algunas de estas opciones.

72. Convención Marco de las Naciones Unidas sobre el Cambio Climático, «Commitments to net zero double in less than a year» (septiembre de 2020), <https://unfccc.int/news/commitments-to-net-zero-double-in-less-than-a-year>. Véase también el *Climate Action Tracker* (<https://climateactiontracker.org/countries/>).

73. Danish Energy Agency, *Annual Energy Statistics (2020)*, <https://ens.dk/en/our-services/statistics-data-key-figures-and-energy-maps/annual-and-monthly-statistics>.

74. Se pueden hallar datos de capacidad y generación en Alemania: Bundesverband der Energie-und Wasserwirtschaft, «Kraftwerkspark in Deutschland» (2018), <https://www.bdew.de/energie/kraftwerkspark-deutschland-gesamtfoliensatz/>; VGB, «Stromerzeugung 2018/2019», <https://www.vgb.org/daten_stromer-zeugung.html?dfid=93254>.

75. Clean Line Energy, la empresa que planeó desarrollar cinco grandes proyectos de transmisión en Estados Unidos, cerró en 2019, y la Plains & Eastern Clean Line, que iba a convertirse en el nuevo eje central de una nueva red para el país de cara al año 2020 (su declaración de impacto medioambiental ya estaba completada en 2014), terminó cuando el Departamento de Energía de Estados Unidos se retiró del proyecto; puede que no se construya, ni siquiera para el año 2030.

76. N. Troja y S. Law, «Let's get flexible–Pumped storage and the future of power systems», sitio web del IHA (septiembre de 2020). En 2019, Florida Power and Light anunció el mayor almacenamiento en baterías del mundo: el proyecto Manatee, de 900 MWh, que debía completarse a finales de 2021. Pero la mayor central hidroeléctrica reversible (Bath County, en Estados Unidos) tiene una capacidad de 24 GWh, 27 veces la del futuro almacenamiento de Florida Power and Light, y la capacidad mundial de las centrales hidroeléctricas reversibles en 2019 era de 9 TWh, comparados con los alrededor de 7 GWh en baterías, una diferencia de casi un factor 1.300.

77. Un solo día de almacenamiento para una megápolis de veinte millones de personas debería proporcionar al menos 300 GWh, un total más de trescientas veces superior al del mayor almacenamiento en baterías del mundo, que está situado en Florida.

78. Comisión Europea, *Going Climate-Neutral by 2050*, Bruselas, Comisión Europea, 2020.

79. En 2019, las baterías de iones de litio de los vehículos eléctricos más vendidos llegaban a unos 250 Wh/kg: G. Bower, «Tesla Model 3 2170 Energy Density Compared to Bolt, Model S1009D», *InsideEVs* (febrero de 2019), <https://insideevs.com/news/342679/tesla-model-3-2170-energy-density-compared-to-bolt-model-s-p100d/>.

80. En enero de 2020, los vuelos regulares más largos eran Newark-Singapur (9534 km), Auckland-Doha (unas 18 horas) y Perth-Londres: T. Pallini, «The 10 longest routes flown by airlines in 2019», *Business Insider* (abril de 2020), <https://www.businessinsider.com/top-10-longest-flight-routes-in-the-world-2020-4>.

81. Bundesministerium für Wirtschaft und Energie, *Energiedaten: Gesamtausgabe*, Berlín, BWE, 2019.

82. The Energy Data and Modelling Center, *Handbook of Japan's & World Energy & Economic Statistics*, Tokio, EDMC, 2019.

83. Datos de consumo de British Petroleum, *Statistical Review of World Energy*.

84. Agencia Internacional de la Energía, *World Energy Outlook 2020*, París, IEA, 2020, <https://www.iea.org/reports/world-energy-outlook-2020>.

85. V. Smil, «What we need to know about the pace of decarbonization», *Substantia*, vol. 3, n.º 2, sup. 1 (2019), pp. 13-28; V. Smil, «Energy (r)evolutions take time», *World Energy*, n.º 44 (2019), pp. 10-14. Para una

perspectiva distinta, véase Energy Transitions Commission, *Mission Possible: Reaching Net-Zero Carbon Emissions from Harder-to-Abate Sectors by Mid-Century* (2018), <http://www.energy-transitions.org/sites/default/files/ETC_MissionPossible_FullReport.pdf>.

2. COMPRENDER LA PRODUCCIÓN DE ALIMENTOS: COMER COMBUSTIBLES FÓSILES

1. B. L. Pobiner, «New actualistic data on the ecology and energetics of hominin scavenging opportunities», *Journal of Human Evolution*, n.° 80 (2015), pp. 1-16; R. J. Blumenschine y J. A. Cavallo, «Scavenging and human evolution», *Scientific American*, vol. 267, n.° 4 (1992), pp. 90-95.

2. V. Smil, *Energy and Civilization: A History*, Cambridge (Massachusetts), MIT Press, 2018, pp. 28-40.

3. K. W. Butzer, *Early Hydraulic Civilization in Egypt*, Chicago, University of Chicago Press, 1976; K. W. Butzer, «Long-term Nile flood variation and political discontinuities in Pharaonic Egypt», en J. D. Clark y S. A. Brandt, eds., *From Hunters to Farmers*, Berkeley, University of California Press, 1984, pp. 102-112.

4. FAO, *The State of Food Security and Nutrition in the World*, Roma, FAO, 2020, <http://www.fao.org/3/ca9692en/CA9692EN.pdf> [hay trad. cast.: *El estado de la seguridad alimentaria y la nutrición en el mundo*, Roma, FAO, 2020, <https://www.fao.org/3/ca9692es/ca9692es.pdf>.]

5. Las longitudes de onda que son absorbidas en su mayoría van de los 450 a los 490 nm para la parte azul del espectro y de los 635 a los 700 nm para la parte roja; el verde (de 520 a 560 nm) se refleja casi por completo, de ahí el color dominante de la vegetación.

6. La productividad anual total de la fotosíntesis terrestre (bosques, praderas, cultivos) y oceánica (sobre todo del fitoplancton) es aproximadamente la misma; pero, a diferencia de las plantas terrestres, el fitoplancton tiene una vida muy breve, de solo unos pocos días.

7. Relatos detallados de las prácticas agrícolas en Estados Unidos durante el siglo XIX se recopilan en L. Rogin, *The Introduction of Farm Machinery*, Berkeley, University of California Press, 1931. El cronograma para el año 1800 se basa en las prácticas predominantes entre 1790 y 1820, que se detallan en la página 234 del mismo.

8. Cálculos basados en los datos de Rogin sobre cultivo de trigo en el condado de Richland (Dakota del Norte) en 1893, p. 218.

9. Smil, *Energy and Civilization*, p. 111.

10. Para el tamaño medio de las granjas estadounidenses entre 1850 y 1940, véase Departamento de Agricultura de Estados Unidos, *U.S. Census of Agriculture: 1940*, p. 68. Para el tamaño de las granjas en Kansas, véase Departamento de Agricultura de Kansas, *Kansas Farm Facts (2019)*, <https://agriculture.ks.gov/about-kda/kansas-agriculture>.

11. Para imágenes y especificaciones técnicas de grandes tractores, véase el sitio web de John Deere, <https://www.deere.com/en/agriculture/>.

12. Mis cálculos se basan en las previsiones de cosechas para 2020 para el trigo sin irrigación en Kansas, y en estimaciones de ritmos de trabajo típicos: Kansas State University, *2020 Farm Management Guides for Non-Irrigated Crops*, <https://www.agmanager.info/farm-mgmt-guides/2020-farm-management-guides-non-irrigated-crops>; B. Battel y D. Stein, *Custom Machine and Work Rate Estimates*, 2018, <https://www.canr.msu.edu/farm_management/uploads/files/2018%20custom%20machine%20work%20rates.pdf>.

13. La cuantificación de estos usos indirectos de la energía requiere efectuar numerosas e inevitables hipótesis y aproximaciones, por lo que nunca será tan precisa como el seguimiento del consumo directo de combustible.

14. Por ejemplo, las aplicaciones europeas de glifosato, el herbicida más utilizado en el mundo, rondan solo entre 100 y 300 g de ingrediente activo por hectárea: C. Antier, «Glyphosate use in the European agricultural sector and a framework for its further monitoring», *Sustainability* n.° 12 (2020), p. 5682.

15. V. Gowariker *et al.*, *The Fertilizer Encyclopedia*, Chichester, John Wiley, 2009; H. F. Reetz, *Fertilizers and Their Efficient Use*, París, International Fertilizer Association, 2016.

16. Pero el cultivo que ha recibido, con diferencia, las mayores aplicaciones de nitrógeno es el de té verde de Japón. Sus hojas secas contienen entre un 5 y un 6 por ciento de este elemento; las plantaciones suelen recibir más de 500 kg N/ha, y a veces hasta 1 t N/ha: K. Oh *et al.*, «Environmental problems from tea cultivation in Japan and a control measure using calcium cyanamide», *Pedosphere*, vol. 16, n.° 6 (2006), pp. 770-777.

17. G. J. Leigh, ed., *Nitrogen Fixation at the Millennium*, Ámsterdam, Elsevier, 2002; T. Ohyama, ed., *Advances in Biology and Ecology of Nitrogen Fixation*, Londres, IntechOpen, 2014, <https://www.intechopen.com/books/advances-in-biology-and-ecology-of-nitrogen-fixation>.

18. Sustainable Agriculture Research and Education, *Managing Cover Crops Profitably*, College Park (Maryland), SARE, 2012.

19. Émile Zola, *The Fat and the Thin*, <https://www.gutenberg.org/files/5744/5744-h/5744-h.htm> [hay trad. cast.: *El vientre de París*, Madrid, Alianza, 2008].

20. Para la historia de la síntesis del amoniaco, véanse V. Smil, *Enriching the Earth: Fritz Haber, Carl Bosch, and the Transformation of World Food Production*, Cambridge (Massachusetts), MIT Press, 2001; D. Stoltzenberg, *Fritz Haber: Chemist, Nobel Laureate, German, Jew*, Filadelfia (Pensilvania), Chemical Heritage Press, 2004.

21. N. R. Borlaug, *The Green Revolution Revisited and The Road Ahead*, conferencia a la entrega del Premio Nobel en 1970, <https://assets.nobelprize.org/uploads/2018/06/borlaug-lecture.pdf>; M. S. Swaminathan, *50 Years of Green Revolution: An Anthology of Research Papers*, Singapur, World Scientific Publishing, 2017.

22. G. Piringer y L. J. Steinberg, «Reevaluation of energy use in wheat production in the United States», *Journal of Industrial Ecology*, vol. 10, n.ºs 1-2 (2006), pp. 149-167; C. G. Sørensen *et al.*, «Energy inputs and GHG emissions of tillage systems», *Biosystems Engineering*, n.º 120 (2014), pp. 2-14; W. M. J. Achten y K. van Acker, «EU-average impacts of wheat production: A meta-analysis of life cycle assessments», *Journal of Industrial Ecology*, vol. 20, n.º 1 (2015), pp. 132-144; B. Degerli *et al.*, «Assessment of the energy and exergy eficiencies of farm to fork grain cultivation and bread making processes in Turkey and Germany», *Energy*, n.º 93 (2015), pp. 421-434.

23. El diésel lo utilizan todas las grandes máquinas agrícolas (tractores, cosechadoras, camiones, bombas de irrigación), así como los medios para el transporte masivo a larga distancia de las cosechas (trenes de mercancías impulsados por locomotoras diésel, barcazas, buques). Los pequeños tractores y camionetas funcionan con gasolina, y el propano se usa para el secado de cereales.

24. Esto es un volumen algo inferior a la taza que se utiliza en Estados Unidos para medir ingredientes en recetas de cocina es exactamente 236,59 ml.

25. N. Myhrvold y F. Migoya, *Modernist Bread*, vol. 3, Bellevue (Washington), The Cooking Lab, 2017, p. 63.

26. «Extraction rate», *Bakerpedia*, <https://bakerpedia.com/proces ses/extraction-rate/>.

27. Carbon Trust, *Industrial Energy Eficiency Accelerator: Guide to the Industrial Bakery Sector*, Londres, Carbon Trust, 2009; K. Andersson y T. Ohlsson, «Life cycle assessment of bread produced on different scales», *International Journal of Life Cycle Assessment*, n.° 4 (1999), pp. 25-40.

28. Para más detalles sobre las macrogranjas para carne de engorde, véase V. Smil, *Should We Eat Meat?*, Chichester, Wiley-Blackwell, 2013, pp. 118-127, 139-149.

29. Departamento de Agricultura de Estados Unidos, *Agricultural Statistics (2019)*, tablas 1-75, <https://downloads.usda.library.cornell. edu/usda-esmis/files/j3860694x/ft849j281/vx022816w/Ag_Stats_ 2019_Complete_Publication.pdf>

30. National Chicken Council, «U.S. Broiler Performance» (2020), <https://www.nationalchickencouncil.org/about-the-industry/statis tics/u-s-broiler-performance/>.

31. Para ver comparaciones de pesos en vivo, en canal y en carne comestible de animales de engorde, véase Smil, *Should We Eat Meat?*, pp. 109-110.

32. V. P. da Silva *et al.*, «Variability in environmental impacts of Brazilian soybean according to crop production and transport scenarios», *Journal of Environmental Management*, vol. 91, n.° 9 (2010), pp. 1831-1839.

33. M. Ranjaniemi y J. Ahokas, «A case study of energy consumption measurement system in broiler production», *Agronomy Research Biosystem Engineering*, sup. Especial (2012), pp. 195-204; M. C. Mattioli *et al.*, «Energy analysis of broiler chicken production system with dark-house installation», *Revista Brasileira de Engenharia Agrícola e Ambiental*, n.° 22 (2018), pp. 648-652.

34. Oficina de Estadísticas Laborales de Estados Unidos, «Average Retail Food and Energy Prices, U.S. and Midwest Region», <https:// www.bls.gov/regions/mid-atlantic/data/averageretailfoodandener-gyprices_usandmidwest_table.htm> (consultado en 2020); FranceAgri Mer, «Poulet» (accedido en 2020), <https://rnm.franceagrimer.fr/ prix?POULET> (consultado en 2020).

35. R. Mehta, «History of tomato (poor man's apple)», *IOSR Journal of Humanities and Social Science*, vol. 22, n.° 8 (2017), pp. 31-34.

36. Un tomate contiene unos 20 mg de vitamina C por cada 100 g; la ingesta alimentaria diaria recomendada de este nutriente es de 60 mg para adultos.

37. D. P. Neira *et al.*, «Energy use and carbon footprint of the tomato production in heated multi-tunnel greenhouses in Almeria within an exporting agrifood system context», *Science of the Total Environment*, n.° 628 (2018), pp. 1627-1636.

38. Los cultivos de tomates de Almería reciben de 1.000 a 1.500 kg N/ha cada año, mientras que un cultivo promedio de maíz en Estados Unidos recibe 150 kg N/ha: Departamento de Agricultura de Estados Unidos, *Fertilizer Use and Price (2020)*, tabla 10, <https://www.ers. usda.gov/data-products/fertilizer-use-and-price.aspx>.

39. «Spain: Almeria already exports 80 percent of the fruit and veg it produces», *Fresh Plaza* (2018), <https://www.freshplaza.com/article/ 9054436/spain-almeria-already-exports-80-of-the-fruit-and-veg-it-produces/>.

40. El consumo de combustible típico de los camiones de larga distancia europeos es de 30 l/100 km o 11 MJ/km: International Council of Clean Transportation, *Fuel Consumption Testing of Tractor-Trailers in the European Union and the United States* (mayo de 2018).

41. La pesca a escala industrial tiene ahora lugar en más del 55 por ciento de los océanos del mundo, y abarca un área cuatro veces mayor que la dedicada a la agricultura: D. A. Kroodsma *et al.*, «Tracking the global footprint of fisheries», *Science*, vol. 359, n.° 6378 (2018), pp. 904-908. Los barcos de pesca ilegales desconectan sus transpondedores, pero las ubicaciones de miles de embarcaciones de pesca que operan legalmente (señales de color naranja) se pueden ver en tiempo real en <https:// www.marinetraffic.com>.

42. R. W. R. Parker y P. H. Tyedmers, «Fuel consumption of global fishing fleets: Current understanding and knowledge gaps», *Fish and Fisheries*, vol. 16, n.° 4 (2015), pp. 684-696.

43. El mayor coste energético corresponde a los crustáceos (gambas y langostas) capturados mediante las destructivas redes de arrastre en Europa, con máximos de hasta 17,3 l/kg de captura.

44. D. A. Davis, *Feed and Feeding Practices in Aquaculture*, Sawston, Woodhead Publishing, 2015; A. G. J. Tacon *et al.*, «Aquaculture feeds: addressing the long-term sustainability of the sector», en *Farming the Waters for People and Food*, Roma, FAO, 2010, pp. 193-231.

45. S. Gingrich *et al.*, «Agroecosystem energy transitions in the old and new worlds: trajectories and determinants at the regional scale», *Regional Environmental Change*, n.° 19 (2018), pp. 1089-1101; E. Aguilera *et*

al., *Embodied Energy in Agricultural Inputs: Incorporating a Historical Perspective*, Sevilla, Universidad Pablo de Olavide, 2015; J. Woods *et al.*, «Energy and the food system», *Philosophical Transactions of the Royal Society B: Biological Sciences*, n.° 365 (2010), pp. 2991-3006.

46. V. Smil, *Growth: From Microorganisms to Megacities*, Cambridge (Massachusetts), MIT Press, 2019, p. 311.

47. S. Hicks, «Energy for growing and harvesting crops is a large component of farm operating costs», *Today in Energy* (17 de octubre de 2014), <https://www.eia.gov/todayinenergy/detail.php?id=18431>.

48. P. Canning *et al.*, *Energy Use in the U.S. Food System*, Washington D. C., Departamento de Agricultura de Estados Unidos, 2010.

49. La consolidación de las explotaciones agrícolas ha progresado de manera continua: J. M. MacDonald *et al.*, «Three Decades of Consolidation in U.S. Agriculture», *USDA Economic Information Bulletin*, n.° 189 (marzo de 2018). Las importaciones como parte del consumo total han estado aumentando, incluso en muchos países que son grandes exportadores netos de alimentos (Estados Unidos, Canadá, Australia, Francia), sobre todo debido a la mayor demanda de frutas y hortalizas frescas, pescado y marisco. Desde 2010, la parte del presupuesto norteamericano destinado a alimentos no domésticos ha superado a la de los alimentos domésticos: M. J. Saksena *et al.*, *America's Eating Habits: Food Away From Home*, Washington D. C., Departamento de Agricultura de Estados Unidos, 2018.

50. S. Lebergott, «Labor force and Employment, 1800-1960», en D. S. Brady, ed., *Output, Employment, and Productivity in the United States After 1800*, Cambridge (Massachusetts), NBER, 1966, pp. 117-204.

51. Smil, *Growth*, pp. 122-124.

52. Para el contenido en nitrógeno de muchos tipos de desechos orgánicos, véase Smil, *Enriching the Earth*, apéndice B, pp. 234-236. Para el contenido en nitrógeno de fertilizantes, véase *Yara Fertilizer Industry Handbook 2018*, <https://www.yara.com/siteassets/investors/057-reports-and-presentations/other/2018/fertilizer-industry-handbook-2018-with-notes.pdf/>.

53. He calculado los flujos mundiales de nitrógeno en producción de alimentos cultivados para mediados de la década de 1990 (V. Smil, «Nitrogen in crop production: An account of global flows», *Global Biogeochemical Cycles* n.° 13, 1999, pp. 647-662) y he utilizado los últimos datos disponibles sobre cultivos y número de cabezas de animales para preparar una versión actualizada para 2020.

54. C. M. Long *et al.*, «Use of manure nutrients from concentrated animal feeding operations», *Journal of Great Lakes Research* n.º 44 (2018), pp. 245-252.

55. X. Ji *et al.*, «Antibiotic resistance gene abundances associated with antibiotics and heavy metals in animal manures and agricultural soils adjacent to feedlots in Shanghai; China», *Journal of Hazardous Materials* n.º 235-236 (2012), pp. 178-185.

56. FAO, *Nitrogen Inputs to Agricultural Soils from Livestock Manure: New Statistics*, Roma, FAO, 2018.

57. El amoniaco volatilizado es también una amenaza para la salud humana: su reacción con los compuestos ácidos de la atmósfera forma finas partículas que causan enfermedades pulmonares; y el amoniaco depositado en los suelos o en las aguas puede causar cargas excesivas de nitrógeno: S. G. Sommer *et al.*, «New emission factors for calculation of ammonia volatilization from European livestock manure management systems», *Frontiers in Sustainable Food Systems*, n.º 3 (noviembre de 2019).

58. Para conocer los intervalos típicos de biofijación por parte de las cubiertas vegetales de leguminosas, véase Smil, *Enriching the Earth*, apéndice C, p. 237. Las aplicaciones medias de nitrógeno en los principales cultivos de Estados Unidos están disponibles en Departamento de Agricultura de Estados Unidos, *Fertilizer Use and Price*, <https://www.ers.usda.gov/data-products/fertilizer-use-and-price.aspx>. El suministro cada vez menor de legumbres en grano (judías, lentejas, garbanzos) está documentado en <http://www.fao.org/faostat/en/#data/FBS>.

59. Los rendimientos medios mundiales en épocas recientes han sido de unas 4,6 t/ha para el arroz, 3,5 t/ha para el trigo, 2,7 t/ha para la soja y solo 1,1 t/ha para las lentejas. Las diferencias de rendimiento son aún mayores en China: 7 t/ha para el arroz y 5,4 t/ha para el trigo, comparados con las 1,8 t/ha para la soja y las 3,7 t/ha para los cacahuetes (la otra legumbre favorita del país). Los datos han sido extraídos de <http://www.fao.org/faostat/en/#data>.

60. La doble cosecha significa cultivar lo mismo sucesivamente durante el mismo año (algo habitual con el arroz en la China), o alternar un cultivo de leguminosas con uno de cereales (por ejemplo, la rotación entre el cacahuete y el trigo es habitual en la llanura del norte de China).

61. S.-J. Jeong *et al.*, «Effects of double cropping on summer climate of the North China Plain and neighbouring regions», *Nature Climate Change*, vol. 4, n.º 7 (2014), pp. 615-619; C. Yan *et al.*, «Plastic-film mulch

in Chinese agriculture: Importance and problem», *World Agriculture*, vol. 4, n.º 2 (2014), pp. 32-36.

62. Para las cifras de población mantenidas por unidad de área de terreno de cultivo, véase Smil, *Enriching the Earth*.

63. La ingesta media diaria de los estadounidenses mayores de dos años es de unas 2.100 kcal, mientras que la oferta media per cápita es de más de 3.600 kcal, ¡una diferencia de más del 70 por ciento! Cifras similares se dan en la mayor parte de países de la Unión Europea, y entre las naciones prósperas, solo en Japón la oferta es mucho más próxima al consumo real (unas 2.700 frente a 2.000 kcal/día).

64. FAO, *Global Initiative on Food Loss and Waste Reduction*, Roma, FAO, 2014.

65. WRAP, *Household food waste: Restated data for 2007-2015* (2018).

66. Departamento de Agricultura de Estados Unidos, «Food Availability (Per Capita) Data System», <https://www.ers.usda.gov/data-products/food-availability-per-capita-data-system/>.

67. El suministro medio diario de alimentos en la China es ahora de unas 3.200 kcal/cápita, comparado con la media japonesa de unas 2.700 kcal/cápita. Acerca del desperdicio de alimentos en China, véase H. Liu, «Food wasted in China could feed 30-50 million: Report», *China Daily* (marzo de 2018).

68. La familia norteamericana media gasta ahora en comida solo el 9,7 por ciento de sus ingresos disponibles; las medias en la Unión Europea varían del 7,8 por ciento en el Reino Unido al 27,8 por ciento en Rumanía: Eurostat, «How much are households spending on food?» (2019).

69. C. B. Stanford y H. T. Bunn, eds., *Meat-Eating and Human Evolution*, Nueva York, Oxford University Press, 2001; Smil, *Should We Eat Meat?*

70. Sobre el consumo de carne entre los chimpancés comunes, véanse C. Boesch, «Chimpanzees–red colobus: A predator-prey system», *Animal Behaviour*, n.º 47 (1994), pp. 1135-1148; C. B. Stanford, *The Hunting Apes: Meat Eating and the Origins of Human Behavior*, Princeton, Princeton University Press, 1999. Sobre el consumo de carne entre los bonobos, véase G. Hohmann y B. Fruth, «Capture and meat eating by bonobos at Lui Kotale, Salonga National Park, Democratic Republic of Congo», *Folia Primatologica*, vol. 79, n.º 2 (2008), pp. 103-110.

71. Esta tendencia está documentada en minuciosas estadísticas históricas japonesas. En 1900, los estudiantes de diecisiete años de edad me-

dían, en promedio, 157,9 cm; para 1939, la media era de 162,5 cm (un incremento de 1,1 mm/año); la escasez de alimentos durante la guerra y la posguerra redujo la media a 160,6 cm en 1948; pero, para el año 2000, las mejoras en la nutrición la habían incrementado hasta los 170,8 cm (unos 0,2 mm/año): Oficina de Estadísticas de Japón, *Historical Statistics of Japan*, Tokio, Statistics Bureau, 1996.

72. Z. Hrynowski, «What percentage of Americans are vegetarians?», *Gallup* (septiembre de 2019), <https://news.gallup.com/poll/267074/percentage-americans-vegetarian.aspx>.

73. La oferta anual de carne (peso en canal) per cápita está disponible en <http://www.fao.org/faostat/en/#data/FBS>.

74. Para obtener más detalles sobre el cambio en los hábitos de consumo de carne de los franceses, véase C. Duchène *et al.*, *La consommation de viande en France*, París, CIV, 2017.

75. La Unión Europea utiliza ahora alrededor del 60 por ciento del total de su producción de cereales (trigo, maíz, cebada, avena y centeno) como pienso: Departamento de Agricultura de Estados Unidos, *Grain and Feed Annual 2020*.

76. Basado en los promedios de oferta de carne per cápita (peso en canal): <http://www.fao.org/faostat/en/#data/FBS>.

77. L. Lassaletta *et al.*, «50 year trends in nitrogen use efficiency of world cropping systems: the relationship between yield and nitrogen input to cropland», *Environmental Research Letters*, n.° 9 (2014), 105011.

78. J. Guo *et al.*, «The rice production practices of high yield and high nitrogen use eficiency in Jiangsu», *Nature Scientific Reports*, n.° 7 (2016), art. 2101.

79. El primer prototipo de demostración de un tractor eléctrico construido por John Deere, la empresa pionera de tractores del mundo, no lleva baterías: está alimentado por un cable de un kilómetro de longitud situado en un raíl fijado al vehículo; una solución universal interesante, pero no demasiado adecuada: <https://enrg.io/john-deere-electric-tractor-everything-you-need-to-know/>.

80. M. Rosenblueth *et al.*, «Nitrogen fixation in cereals», *Frontiers in Microbiology*, n.° 9 (2018), p. 1794; D. Dent y E. Cocking, «Establishing symbiotic nitrogen fixation in cereals and other non-legume crops: The Greener Nitrogen Revolution», *Agriculture & Food Security*, n.° 6 (2017), p. 7.

81. H. T. Odum, *Environment, Power, and Society*, Nueva York, Wiley-Interscience, 1971, pp. 115-116 [hay trad. cast.: *Ambiente, energía y sociedad*, Barcelona, Blume, 1980].

3. COMPRENDER NUESTRO MUNDO MATERIAL: LOS CUATRO PILARES DE LA CIVILIZACIÓN MODERNA

1. El primer producto comercial que utilizó transistores fue una radio Sony, en 1954; el primer microprocesador fue el 4004 de Intel, en 1971; el primer ordenador personal de uso generalizado fue el Apple II, presentado en 1977, seguido por el IBM PC en 1981, e IBM lanzó el primer smartphone en 1992.

2. P. Van Zant, *Microchip Fabrication: A Practical Guide to Semiconductor Processing*, Nueva York, McGraw-Hill Education, 2014. Para costes energéticos, véase M. Schmidt *et al.*, «Life cycle assessment of silicon wafer processing for microelectronic chips and solar cells», *International Journal of Life Cycle Assessment*, n.º 17 (2012), pp. 126-144.

3. Semiconductor and Materials International, «Silicon shipment statistics» (2020), <https://www.semi.org/en/products-services/market-data/materials/si-shipment-statistics>.

4. V. Smil, *Making the Modern World: Materials and Dematerialization*, Chichester, John Wiley, 2014; Smil, «What we need to know about the pace of decarbonization». Para más información sobre el coste energético de los materiales, véase T. G. Gutowski *et al.*, «The energy required to produce materials: constraints on energy-intensity improvements, parameters of demand», *Philosophical Transactions of the Royal Society A*, n.º 371 (2013), 20120003.

5. Los totales anuales de producción nacional y global de todos los metales y minerales no metálicos importantes desde un punto de vista comercial están disponibles, y regularmente actualizados, en publicaciones del Servicio Geológico de Estados Unidos. La última edición es *Mineral Commodity Summaries 2020*, <https://pubs.usgs.gov/periodicals/mcs2020/mcs2020.pdf>.

6. J. P. Morgan, *Mountains and Molehills: Achievements and Distractions on the Road to Decarbonization*, Nueva York, J. P. Morgan Private Bank, 2019.

7. Estos son mis cálculos aproximados, basados en una producción anual de 1,8 Gt de acero, 4,5 Gt de cemento, 150 Mt de NH_3 y 370 Mt de plásticos.

8. Smil, «What we need to know about the pace of decarbonization». Para un punto de vista optimista sobre las posibilidades de descarbonización en los sectores más difíciles de llevar a cabo esta reducción, véase Energy Transitions Commission, *Mission Possible*.

9. M. Appl, *Ammonia: Principles & Industrial Practice*, Weinheim, Wiley-VCH, 1999; Smil, *Enriching the Earth*.

10. Science History Institute, «Roy J. Plunkett», <https://www.sciencehistory.org/historical-profile/roy-j-plunkett>.

11. Para más detalles, véase V. Smil, *Grand Transitions: How the Modern World Was Made*, Nueva York, Oxford University Press, 2021.

12. Para conocer la historia de los cambios globales en el uso de la tierra, véase «Hyde (History Database of the Global Environment)» (2010), <http://themasites.pbl.nl/en/themasites/hyde/index.html>.

13. Florida y Carolina del Norte aún producen más del 75 por ciento de la roca de fosfato de Estados Unidos, que supone ahora alrededor del 10 por ciento de la producción mundial: Servicio Geológico de Estados Unidos, «Phosphate rock» (2020), <https://pubs.usgs.gov/periodicals/mcs2020/mcs2020-phosphate.pdf>.

14. Smil, *Enriching the Earth*, pp. 39-48.

15. W. Crookes, *The Wheat Problem*, Londres, John Murray, 1899, pp. 45-46.

16. Para los precursores del descubrimiento de Haber y descripciones detalladas, véase Smil, *Enriching the Earth*, pp. 61-80.

17. Para la vida y obra de Carl Bosch, véase K. Holdermann, *Im Banne der Chemie: Carl Bosch Leben und Werk*, Düsseldorf, Econ-Verlag, 1954.

18. En aquel tiempo, el porcentaje de fertilizantes nitrogenados inorgánicos en la agricultura china era de menos del 2 por ciento: Smil, *Enriching the Earth*, p. 250.

19. V. Pattabathula y J. Richardson, «Introduction to ammonia production», *CEP* (septiembre de 2016), pp. 69-75; T. Brown, «Ammonia technology portfolio: optimize for energy efficiency and carbon eficiency», *Ammonia Industry* (2018); V. S. Marakatti y E. M. Giagneaux, «Recent advances in heterogeneous catalysis for ammonia synthesis», *ChemCatChem* (2020).

20. V. Smil, *China's Past, China's Future: Energy, Food, Environment*, Londres, Routledge-Curzon, 2004, pp. 72-86.

21. Para obtener detalles sobre el proceso del amoniaco de M. W. Kellogg, véase Smil, *Enriching the Earth*, pp. 122-130.

22. FAO, <http://www.fao.org/ag/agn/nutrition/Indicatorsfiles/FoodSupply.pdf>.

23. L. Ma *et al.*, «Modeling nutrient flows in the food chain of China», *Journal of Environmental Quality*, vol. 39, n.º 4 (2010), pp. 1279-1289. La parte correspondiente a la India es también así de alta: H. Pathak *et al.*, «Nitrogen, phosphorus, and potassium in Indian agriculture», *Nutrient Cycling in Agroecosystems*, n.º 86 (2010), pp. 287-299.

24. Me parece curioso cuando veo otra lista de los inventos modernos más importantes donde aparecen el ordenador, el transistor o al automóvil... ¡y se omite la síntesis del amoniaco!

25. El consumo anual per cápita de carne (peso en canal) es un buen indicador de estas diferencias: las medias recientes han sido de unos 120 kg en Estados Unidos, 60 kg en China y solo 4 kg en la India: <http://www.fao.org/faostat/en/#data/FBS>.

26. La potencia del amoniaco para disolver las manchas hacen de él un componente favorito. Windex, el líquido limpiacristales más común en Estados Unidos, contiene un 5 por ciento de NH_3.

27. J. Sawyer, «Understanding anhydrous ammonia application in soil» (2019), <https://crops.extension.iastate.edu/cropnews/2019/03/understanding-anhydrous-ammonia-application-soil>.

28. *Yara Fertilizer Industry Handbook*.

29. El este y el sur de Asia (ocupados, respectivamente, por China e India) consumen ahora poco más del 60 por ciento de toda la urea: Nutrien, *Fact Book 2019*, <https://www.nutrien.com/nutrien-fact-book>.

30. La media global de absorción de nitrógeno aplicado por cultivos (eficiencia de uso de fertilizante) se redujo entre 1961 y 1980 (del 68 al 45 por ciento), y desde entonces se ha estabilizado en alrededor del 47 por ciento: L. Lassaletta *et al.*, «50 year trends in nitrogen use efficiency of world cropping systems: the relationship between yield and nitrogen input to cropland», *Environmental Research Letters*, n.º 9 (2014), 105011.

31. J. E. Addicott, *The Precision Farming Revolution: Global Drivers of Local Agricultural Methods*, Londres, Palgrave Macmillan, 2020.

32. Calculado a partir de los datos de: <http://www.fao.org/faostat/en/#data/RFN>.

33. Europa aplica ahora 3,5 veces más nitrógeno por hectárea de terreno de cultivo que África, y las diferencias entre las tierras fertilizadas de manera más intensiva en Estados Unidos y los cultivos más pobres en

el África subsahariana son de más de un factor diez: <http://www.fao.org/faostat/en/#data/RFN>.

34. Algunas reacciones de polimerización —el proceso de convertir moléculas simples (monómeros) en largas cadenas o redes tridimensionales— habituales solo requieren una masa apenas mayor que la aportación inicial: 1,03 unidades de etileno son necesarias para producir una unidad de polietileno de baja densidad (cuyo uso más común es la fabricación de bolsas de plástico), y la misma proporción se aplica a la conversión del cloruro de vinilo en cloruro de polivinilo (PVC, habitual en productos sanitarios). P. Sharpe, «Making plastics: from monomer to polymer», *CEP* (septiembre de 2015).

35. M. W. Ryberg *et al.*, *Mapping of Global Plastics Value Chain and Plastics Losses to the Environment*, París, UNEP, 2018.

36. *The Engineering Toolbox*, «Young's Modulus–Tensile and Yield Strength for Common Materials» (2020), <https://www.engineering-toolbox.com/young-modulus-d_417.html>.

37. El Boeing 787 fue el primer avión de pasajeros construido en su mayor parte de materiales compuestos; en volumen, representan el 89 por ciento de la nave, y en peso, el 50 por ciento. De este porcentaje, el 20 por ciento es aluminio, el 15 por ciento titanio y el 10 por ciento acero: J. Hale, «Boeing 787 from the ground up», *Boeing AERO*, n.º 24 (2006), pp. 16-23.

38. W. E. Bijker, *Of Bicycles, Bakelites, and Bulbs: Toward a Theory of Sociotechnical Change*, Cambridge (Massachusetts), MIT Press, 1995.

39. S. Mossman, ed., *Early Plastics: Perspectives, 1850-1950*, Londres, Science Museum, 1997; S. Fenichell, *Plastic: The Making of a Synthetic Century*, Nueva York, HarperBusiness, 1996; R. Marchelli, *The Civilization of Plastics: Evolution of an Industry Which has Changed the World*, Pont Canavese, Museo Sandretto, 1996.

40. N. A. Barber, *Polyethylene Terephthalate: Uses, Properties and Degradation*, Haupaugge, Nueva York, Nova Science Publishers, 2017.

41. P. A. Ndiaye, *Nylon and Bombs: DuPont and the March of Modern America*, Baltimore (Maryland), Johns Hopkins University Press, 2006.

42. R. Geyer *et al.*, «Production, use, and fate of all plastic ever made», *Science Advances*, n.º 3 (2017), e1700782.

43. Y no solo todo tipo de pequeños artículos: suelos, biombos separadores, placas de techo, puertas y marcos de ventana pueden también ser de plástico.

44. He aquí una revisión exhaustiva de los déficits de PPE en Estados Unidos: S. Gondi *et al.*, «Personal protective equipment needs in the USA during the COVID-19 pandemic», *The Lancet*, n.º 390 (2020), e90-e91. Y esta es solo una de las docenas de noticias en los medios: Z. Schlanger, «Begging for Thermometers, Body Bags, and Gowns: U.S. Health Care Workers Are Dangerously Ill-Equipped to Fight COVID-19», *Time* (20 de abril de 2020). Para obtener una perspectiva global, véase Organización Mundial de la Salud, «Shortage of personal protective equipment endangering health workers worldwide» (3 de marzo de 2020).

45. C. E. Wilkes y M. T. Berard, *PVC Handbook*, Cincinnati (Ohio), Hanser, 2005.

46. M. Eriksen *et al.*, «Plastic pollution in the world's oceans: More than 5 trillion plastic pieces weighing over 250,000 tons afloat at sea», *PLoS ONE*, vol. 9, n.º 12 (2014) e111913. Y he aquí la explicación de por qué la mayoría de ellas no son plástico: G. Suaria *et al.*, «Microfibers in oceanic surface waters: A global characterization», *Science Advances*, vol. 6, n.º 23 (2020).

47. Gráficos y tablas básicos que resumen la caracterización del acero y del hierro fundido están disponibles en <https://www.mah.se/upload/_upload/steel%20and%20cast%20iron.pdf>.

48. Para conocer la larga historia de la fundición de hierro, véase V. Smil, *Still the Iron Age: Iron and Steel in the Modern World*, Ámsterdam, Elsevier, 2016, pp. 19-31.

49. Para más detalles sobre los procesos de elaboración de acero antes de la era moderna en Japón, China, India y Europa, véase Smil, *Still the Iron Age*, pp. 12-17.

50. Las resistencias a la compresión del granito y del acero son de hasta doscientos cincuenta millones de pascales (MPa), pero la resistencia a la tracción del granito no pasa de los 25 MPa, en contraste con los entre 350 y 750 MPa de los aceros de construcción: Departamento de Ingeniería de la Universidad de Cambridge, *Materials Data Book (2003)*, <http://www-mdp.eng.cam.ac.uk/web/library/enginfo/cueddata-books/materials.pdf>.

51. Para acceder al tratamiento más detallado, véase J. E. Bringas, ed., *Handbook of Comparative World Steel Standards*, West Conshohocken (Pensilvania), ASTM International, 2004.

52. M. Cobb, *The History of Stainless Steel*, Ohio, Materials Park, ASM International, 2010.

53. Council on Tall Buildings and Human Habitat, «Burj Khalifa» (2020), <http://www.skyscrapercenter.com/building/burj-khali fa/3>.

54. The Forth Bridges, «Three bridges spanning three centuries» (2020), <https://www.theforthbridges.org/>.

55. D. MacDonald e I. Nadel, *Golden Gate Bridge: History and Design of an Icon*, San Francisco, Chronicle Books, 2008.

56. «Introduction of Akashi-Kaikyō Bridge», *Bridge World* (2005), <https://www.jb-honshi.co.jp/english/bridgeworld/bridge.html>.

57. J. G. Speight, *Handbook of Offshore Oil and Gas Operations*, Ámsterdam, Elsevier, 2011.

58. Smil, *Making the Modern World*, p. 61.

59. World Steel Association, «Steel in Automotive» (2020), <https://www.worldsteel.org/steel-by-topic/steel-markets/automotive.html>.

60. International Association of Motor Vehicle Manufacturers, «Production Statistics» (2020), <http://www.oica.net/production-statistics/>.

61. Nippon Steel Corporation, *Rails* (2019), <https://www.nipponsteel.com/product/catalog_download/pdf/K003en.pdf>.

62. Para la historia de los buques portacontenedores, véase V. Smil, *Prime Movers of Globalization*, Cambridge (Massachusetts), MIT Press, 2010, pp. 180-194.

63. Oficina de Estadística de Transporte de Estados Unidos, «U.S. oil and gas pipeline mileage» (2020), <https://www.bts.gov/content/us-oil-and-gas-pipeline-mileage>.

64. Los carros de combate son las armas de acero más pesadas implementadas a gran escala por los ejércitos modernos: la versión más grande del tanque estadounidense M1 Abrams (hecho casi en su totalidad de acero) pesa 66,8 t.

65. D. Alfè *et al.*, «Temperature and composition of the Earth's core», *Contemporary Physics*, vol. 48, n.° 2 (2007), pp. 63-68.

66. «Composition of the crust», *Sandatlas* (2020), <https://www.sandatlas.org/composition-of-the-earths-crust/>.

67. Servicio Geológico de Estados Unidos, «Iron ore» (2020), <https://pubs.usgs.gov/periodicals/mcs2020/mcs2020-iron-ore.pdf>.

68. A. T. Jones, *Electric Arc Furnace Steelmaking*, Washington D. C., American Iron and Steel Institute, 2008.

69. Un EAF que consuma solo 340 kWh/t de acero tiene una potencia de entre 125 y 130 MW, y su funcionamiento diario (cuarenta periodos de calentamiento de 120 t) precisará de 1,63 GWh de electricidad. Utilizando el promedio de consumo eléctrico doméstico anual en Estados Unidos, unos 29 kWh/día, y el tamaño medio de un núcleo familiar, 2,52 personas, llegamos a la equivalencia de unos 56.000 hogares o 141.000 personas.

70. «Alang, Gujarat: «The World's Biggest Ship Breaking Yard & A Dangerous Environmental Time Bomb», *Marine Insight* (marzo de 2019), <https://www.marineinsight.com/environment/alang-gujarat-the-world%E2%80%99s-biggest-ship-breaking-yard-a-dangerous-environmental-time-bomb/>. En marzo de 2020, los satélites de Google captaron más de setenta buques y torres de perforación en diversas fases de desmantelamiento en las playas de Alang, entre P. Rajesh Shipbreaking, en el extremo sur, y Rajendra Shipbreakers, unos 10 km hacia el noroeste.

71. Concrete Reinforcing Steel Institute, «Recycled materials» (2020), <https://www.crsi.org/index.cfm/architecture/recycling>.

72. Bureau of International Recycling, *World Steel Recycling in Figures 2014-2018*, Bruselas, Bureau of International Recycling, 2019.

73. World Steel Association, *Steel in Figures 2019*, Bruselas, World Steel Association, 2019.

74. Para conocer la larga historia de los altos hornos, véase Smil, *Still the Iron Age*. Y, para conocer la construcción y funcionamiento de los altos hornos modernos, véanse M. Geerdes *et al.*, *Modern Blast Furnace Ironmaking*, Ámsterdam, IOS Press, 2009; I. Cameron *et al.*, *Blast Furnace Ironmaking*, Ámsterdam, Elsevier, 2019.

75. La invención y difusión de hornos de oxígeno básicos se examina en W. Adams y J. B. Dirlam, «Big steel, invention, and innovation», *Quarterly Journal of Economics*, n.º 80 (1966), pp. 167-189; T. W. Miller *et al.*, «Oxygen steelmaking processes», en D. A. Wakelin, ed., *The Making, Shaping and Treating of Steel: Ironmaking Volume*, Pittsburgh (Pensilvania), The AISE Foundation, 1998, pp. 475-524; J. Stubbles, «EAF steelmaking–past, present and future», *Direct from MIDREX*, n.º 3 (2000), pp. 3-4.

76. World Steel Association, «Energy use in the steel industry» (2019), <https://www.worldsteel.org/en/dam/jcr:f07b864c-908e-4229-9f92-669f1c3abf4c/fact_energy_2019.pdf>.

77. Para obtener información sobre tendencias históricas, véase Smil, *Still the Iron Age*; Administración de Información Energética de Es-

tados Unidos, «Changes in steel production reduce energy intensity» (2016), <https://www.eia.gov/todayinenergy/detail.php?id=27292>.

78. World Steel Association, *Steel's Contribution to a Low Carbon Future and Climate Resilient Societies*, Bruselas, World Steel Association, 2020; H. He *et al.*, «Assessment on the energy flow and carbon emissions of integrated steelmaking plants», *Energy Reports*, n.° 3 (2017), pp. 29-36.

79. J. P. Saxena, *The Rotary Cement Kiln: Total Productive Maintenance, Techniques and Management*, Boca Ratón (Florida), CRC Press, 2009.

80. V. Smil, «Concrete facts», *Spectrum IEEE* (marzo de 2020), pp. 20-21; National Concrete Ready Mix Associations, *Concrete CO_2 Fact Sheet* (2008).

81. F.-J. Ulm, «Innovationspotenzial Beton: Von Atomen zur Grünen Infrastruktur», *Beton- und Stahlbetonbauer*, n.° 107 (2012), pp. 504-509.

82. Los edificios de madera modernos son cada vez más altos, pero no utilizan madera común, sino contralaminada, un material de ingeniería patentado que es prefabricado a partir de varias capas (tres, cinco, siete o nueve) de madera secada en hornos y pegada entre sí: <https://cwc.ca/how-to-build-with-wood/wood-products/mass-timber/cross-laminated-timber-clt/>. En 2020, el edificio más alto del mundo hecho de madera contralaminada (85,4 m) era Mjøstårnet, del estudio Voll Arkitekter de Brumunddal (Noruega), una estructura multiuso (alberga apartamentos, un hotel, oficinas, un restaurante, una piscina) que se completó en 2019: <https://www.dezeen.com/2019/03/19/mjostarne-worlds-tallest-timber-tower-voll-arkitekter-norway/>.

83. F. Lucchini, *Pantheon—Monumenti dell'Architettura*, Roma, Nuova Italia Scientifica, 1966.

84. A. J. Francis, *The Cement Industry, 1796-1914: A History*, Newton Abbot, David and Charles, 1978.

85. Smil, «Concrete facts».

86. J.-L. Bosc, *Joseph Monier et la naissance du ciment armé*, París, Editions du Linteau, 2001; F. Newby, ed., *Early Reinforced Concrete*, Burlington (Vermont), Ashgate, 2001.

87. American Society of Civil Engineers, «Ingalls building» (2020), <https://www.asce.org/about-civil-engineering/history-and-heritage/historic-landmarks/ingalls-building>; M. M. Ali, «Evolution of Concrete Skyscrapers: from Ingalls to Jin Mao», *Electronic Journal of Structural Engineering*, n.° 1 (2001), pp. 2-14.

88. M. Peterson, «Thomas Edison's Concrete Houses», *Invention & Technology*, vol. 11, n.º 3 (1996), pp. 50-56.

89. D. P. Billington, *Robert Maillart and the Art of Reinforced Concrete*, Cambridge (Massachusetts), MIT Press, 1990.

90. B. B. Pfeiffer y D. Larkin, *Frank Lloyd Wright: The Masterworks*, Nueva York, Rizzoli, 1993 [hay trad. cast.: *Frank Lloyd Wright*, Barcelona, GG, 1998].

91. E. Freyssinet, *Un amour sans limite*, París, Editions du Linteau, 1993.

92. *Sydney Opera House: Utzon Design Principles*, Sídney, Sydney Opera House, 2002.

93. History of Bridges, «The World's Longest Bridge–Danyang-Kunshan Grand Bridge» (2020), <http://www.historyofbridges.com/famous-bridges/longest-bridge-in-the-world/>.

94. Servicio Geológico de Estados Unidos, «Materials in Use in U.S. Interstate Highways» (2006), <https://pubs.usgs.gov/fs/2006/3127/2006-3127.pdf>.

95. Associated Engineering, «New runway and tunnel open skies and roads at Calgary International Airport» (junio 2015).

96. Entre los numerosos libros acerca de la presa Hoover, destacan los relatos de testigos oculares contenidos en la siguiente publicación: A. J. Dunar y D. McBride, *Building Hoover Dam: An Oral History of the Great Depression*, Las Vegas, University of Nevada Press, 2016.

97. Power Technology, «Three Gorges Dam Hydro Electric Power Plant, China» (2020), <https://www.power-technology.com/projects/gorges/>.

98. Los datos de producción, comercio y consumo de cemento estadounidense están disponibles en los resúmenes anuales que publica el Servicio Geológico de Estados Unidos. La edición de 2020 es *Mineral Commodity Summaries 2020*, <https://pubs.usgs.gov/periodicals/mcs2020/mcs2020.pdf>.

99. Con trescientos veinte millones de toneladas, la producción de la India en 2019, la segunda del mundo, es solo el 15 por ciento del total de la de China: Servicio Geológico de Estados Unidos, «Cement» (2020), <https://pubs.usgs.gov/periodicals/mcs2020/mcs2020-cement.pdf>.

100. N. Delatte, ed., *Failure, Distress and Repair of Concrete Structures*, Cambridge, Woodhead Publishing, 2009.

101. D. R. Wilburn y T. Goonan, *Aggregates from Natural and Recycled Sources*, Washington D. C., Servicio Geológico de Estados Unidos, 2013.

102. American Society of Civil Engineers, *2017 Infrastructure Report Card*, <https://www.infrastructurereportcard.org/>.

103. C. Kenny, «Paving Paradise», Foreign Policy (enero-febrero de 2012), pp. 31-32.

104. Entre las estructuras de hormigón abandonadas en todo el mundo hay todo tipo de edificios, desde bases de submarinos nucleares hasta reactores de fisión (en Ucrania se pueden encontrar ambas), y también estaciones de tren, grandes estadios deportivos, teatros y monumentos.

105. Calculado a partir de los datos chinos oficiales publicados anualmente en el *China Statistical Yearbook*. La última edición está disponible en: <http://www.stats.gov.cn/tjsj/ndsj/2019/indexeh.htm>.

106. M. P. Mills, *Mines, Minerals, and "Green" Energy: A Reality Check*, Nueva York, Manhattan Institute, 2020.

107. V. Smil, «What I see when I see a wind turbine», *IEEE Spectrum* (marzo de 2016), p. 27.

108. H. Berg y M. Zackrisson, «Perspectives on environmental and cost assessment of lithium metal negative electrodes in electric vehicle traction batteries», *Journal of Power Sources*, n.° 415 (2019), pp. 83-90; M. Azevedo *et al.*, *Lithium and Cobalt: A Tale of Two Commodities*, Nueva York, McKinsey & Company, 2018.

109. C. Xu *et al.*, «Future material demand for automotive lithium-based batteries», *Communications Materials*, n.° 1 (2020), p. 99.

4. COMPRENDER LA GLOBALIZACIÓN: MOTORES, MICROCHIPS Y MÁS ALLÁ

1. Para los orígenes de las piezas del iPhone, véase «Here's where all the components of your iPhone come from», *Business Insider*, <https://i. insider.com/570d5092dd089568298b4978>; y las piezas en sí se pueden ver en: «iPhone 11 Pro Max Teardown», *iFixit* (septiembre 2019), <https://www.ifixit.com/Teardown/iPhone+11+Pro+Max+Teardown/126000>.

2. Casi 1,1 millones de estudiantes extranjeros se matricularon en universidades de Estados Unidos durante el curso académico 2018/2019, lo que supuso el 5,5 por ciento del total y aportó 44.700 millones de dólares a la economía del país: *Open Doors 2019 Data Release*, <https://opendoorsdata.org/annual-release/>.

3. No hay nada que exprese mejor la plaga de sobreturismo antes de la COVID-19 que las imágenes de los principales destinos turísticos in-

vadidos por masas de personas: no hay más que buscar «sobreturismo» y hacer clic en «Imágenes».

4. Organización Mundial del Comercio, *Highlights of World Trade* (2019), <https://www.wto.org/english/res_e/statis_e/wts2019_e/wts 2019chapter02_e.pdf>.

5. Banco Mundial, «Foreign direct investment, net inflows», <https://data.worldbank.org/indicator/BX.KLT.DINV.CD.WD> (consultado en 2020); A. Debnath y S. Barton, «Global currency trading surges to $6.6 trillion-a-day market», *Bloomberg* (septiembre de 2019), < https://www.bloomberg.com/news/articles/2019-09-16/global-currency-trading-surges-to-6-6-trillion-a-day-market>.

6. V. Smil, «Data world: Racing toward yotta», *IEEE Spectrum* (julio de 2019), p. 20. Para más detalles sobre los submúltiplos de la unidad, véase el Apéndice.

7. Peterson Institute for International Economics, «What is globalization?», <https://www.piie.com/microsites/globalization/what-is-globalization> (consultado en 2020).

8. W. J. Clinton, *Public Papers of the Presidents of the United States: William J. Clinton, 2000-2001*, Washington, D. C., Best Books, 2000.

9. Banco Mundial, «Foreign direct investment, net inflows».

10. Obviamente, la falta de libertades personales o los altos niveles de corrupción no son un obstáculo para las grandes entradas de inversiones. La puntuación de libertad financiera de China es de 10 y la de la India, de 71 sobre un posible 100 (la de Canadá es 98), y los dos primeros países comparten el primer lugar en el índice de percepción de corrupción (80, comparado con el 3 de Finlandia): Freedom House, «Countries and territories», <https://freedomhouse.org/countries/freedom-world/scores> (consultado en 2020); Transparency International, «Corruption perception index», <https://www.transparency.org/en/cpi/2020/index/nzl> (consultado en 2020).

11. G. Wu, «Ending poverty in China: What explains great poverty reduction and a simultaneous increase in inequality in rural areas?», *World Bank Blogs* (octubre de 2016), <https://blogs.worldbank.org/eas tasiapacific/ending-poverty-in-china-what-explains-great-poverty-re duction-and-a-simultaneous-increase-in-inequality-in-rural-areas>.

12. Esta es solo una reducida selección de diversas aportaciones dignas de mención: J. E. Stiglitz, *Globalization and Its Discontents*, Nueva York, W. W. Norton, 2003 [hay trad. cast.: *El malestar en la globaliza-*

ción, Madrid, Suma de Letras, 2003]; G. Buckman, *Globalization: Tame It or Scrap It?: Mapping the Alternatives of the Anti-Globalization Movement*, Londres, Zed Books, 2004; M. Wolf, *Why Globalization Works*, New Haven (Connecticut), Yale University Press, 2005; P. Marber, «Globalization and its contents», *World Policy Journal*, n.° 21 (2004), pp. 29-37; J. Bhagvati, *In Defense of Globalization*, Oxford, Oxford University Press, 2007; J. Miśkiewicz y M. Ausloos, «Has the world economy reached its globalization limit?», *Physica A: Statistical Mechanics and its Applications*, n.° 389 (2009), pp. 797-806; L. J. Brahm, *The Anti-Globalization Breakfast Club: Manifesto for a Peaceful Revolution*, Chichester, John Wiley, 2009; D. Rodrik, *The Globalization Paradox: Democracy and the Future of the World Economy*, Nueva York, W.W. Norton, 2011 [hay trad. cast.: *La paradoja de la globalización: democracia y el futuro de la economía mundial*, Barcelona, Antoni Bosch, 2012]; R. Baldwin, *The Great Convergence: Information Technology and the New Globalization*, Cambridge (Massachusetts), Belknap Press, 2016 [hay trad. cast.: *La gran convergencia: migración, tecnología y la nueva globalización*, Barcelona, Antoni Bosch, 2017].

13. J. Yellin *et al.*, «New evidence on prehistoric trade routes: The obsidian evidence from Gilat, Israel», *Journal of Field Archaeology*, n.° 23 (2013), pp. 361-368.

14. Dion Casio, *Romaika LXVIII:29*: «Y luego arribó al océano mismo, y cuando supo de su naturaleza y ya había visto un barco zarpar hacia la India, dijo: "Yo mismo debería haber cruzado hacia el Indi, de no ser por mi edad". Porque empezó a cavilar sobre el Indi y se interesó por sus asuntos, y consideró a Alejandro un hombre afortunado».

15. V. Smil, *Why America is Not a New Rome*, Cambridge (Massachusetts), MIT Press, 2008.

16. J. Keay, *The Honourable Company: A History of the English East India Company*, Macmillan, Londres, 1994; F. S. Gaastra, *The Dutch East India Company*, Zutpen, Walburg Press, 2007.

17. Los porteadores que llevaban cargas pesadas (entre 50 y 70 kg) en terreno montañoso no podían recorrer más de 9 a 11 km al día; con cargas más ligeras (entre 35 y 40 kg) podían cubrir hasta 24 km al día, la misma distancia que las caravanas de caballos: N. Kim, *Mountain Rivers, Mountain Roads: Transport in Southwest China, 1700-1850*, Leiden, Brill, 2020, p. 559.

18. J. R. Bruijn *et al.*, *Dutch-Asiatic Shipping in the 17th and 18th Centuries*, La Haya, Martinus Nijhoff, 1987.

19. J. Lucassen, «A multinational and its labor force: The Dutch East India Company, 1595-1795», *International Labor and Working-Class History*, n.º 66 (2004), pp. 12-39.

20. C. Mukerji, *From Graven Images: Patterns of Modern Materialism*, Nueva York, Columbia University Press, 1983.

21. W. Franits, *Dutch Seventeenth-Century Genre Painting*, New Haven (Connecticut), Yale University Press, 2004; D. Shawe-Taylor y Q. Buvelot, *Masters of the Everyday: Dutch Artists in the Age of Vermeer*, Londres, Royal Collection Trust, 2015.

22. W. Fock, «Semblance or Reality? The Domestic Interior in Seventeenth-Century Dutch Genre Painting», en M. Westermann, ed., *Art & Home: Dutch Interiors in the Age of Rembrandt*, Zwolle, Waanders, 2001, pp. 83-101.

23. J. de Vries, «Luxury in the Dutch Golden Age in theory and practice», en M. Berg y E. Eger, eds., *Luxury in the Eighteenth Century*, Londres, Palgrave Macmillan, 2003, pp. 41-56.

24. D. Hondius, «Black Africans in seventeenth century Amsterdam», *Renaissance and Reformation*, n.º 31 (2008), pp. 87-105; T. Moritake, «Netherlands and tea», *World Green Tea Association* (2020), <http://www.o-cha.net/english/teacha/history/netherlands.html>.

25. A. Maddison, «Dutch income in and from Indonesia 1700-1938», *Modern Asia Studies*, n.º 23 (1989), pp. 645-670.

26. R. T. Gould, *Marine Chronometer: Its History and Developments*, Nueva York, ACC Art Books, 2013.

27. C. K. Harley, «British shipbuilding and merchant shipping: 1850-1890», *Journal of Economic History*, vol. 30, n.º 1 (1970), pp. 262-266.

28. R. Knauerhase, «The compound steam engine and productivity: Changes in the German merchant marine fleet, 1871-1887», *Journal of Economic History*, vol. 28, n.º 3 (1958), pp. 390-403.

29. C. L. Harley, «Steers afloat: The North Atlantic meat trade, liner predominance, and freight rates, 1870-1913», *Journal of Economic History*, vol. 68, n.º 4 (2008), pp. 1028-1058.

30. Para la historia del telégrafo, véanse F. B. Jewett, *100 Years of Electrical Communication in the United States*, Nueva York, American Telephone and Telegraph, 1944; D. Hochfelder, *The Telegraph in America, 1832-1920*, Baltimore (Maryland), Johns Hopkins University Press, 2013; R. Wenzlhuemer, *Connecting the Nineteenth-Century World. The Telegraph and Globalization*, Cambridge, Cambridge University Press, 2012.

31. Para los inicios de la historia del teléfono, véanse H. N. Casson, *The History of the Telephone*, Chicago, A. C. McClurg & Company, 1910; E. Garcke, «Telephone», en *Encyclopaedia Britannica*, 11.ª ed., vol. 26, Cambridge, Cambridge University Press, 1911, pp. 547-557.

32. Smil, *Creating the Twentieth Century*.

33. G. Federico y A. Tena-Junguito, «World trade, 1800-1938: a new synthesis», *Revista de Historia Económica/Journal of Iberian and Latin America Economic History*, vol. 37, n.º 1 (2019); CEPII, «Databases», <http://www.cepii.fr/CEPII/en/bdd_modele/bdd.asp>; M. J. Klasing y P. Milionis, «Quantifying the evolution of world trade, 1870-1949», *Journal of International Economics*, vol. 92, n.º 1 (2014), pp. 185-197. Para una historia de la «globalización del vapor», véase J. Darwin, *Unlocking the World: Port Cities and Globalization in the Age of Steam, 1830-1930*, Londres, Allen Lane, 2020.

34. Departamento de Seguridad Nacional de Estados Unidos, «Total immigrants by decade», <http://teacher.scholastic.com/activities/immigration/pdfs/by_decade/decade_line_chart.pdf>.

35. El auge del turismo en el siglo xix se describe en P. Smith, *The History of Tourism: Thomas Cook and the Origins of Leisure Travel*, Londres, Psychology Press, 1998; E. Zuelow, *A History of Modern Tourism*, Londres, Red Globe Press, 2015.

36. Lenin vivió y viajó por Europa occidental (Francia, Suiza, Inglaterra, Alemania y Bélgica) y la Polonia austriaca entre julio de 1900 y noviembre de 1905, y de nuevo entre diciembre de 1907 y abril de 1917: R. Service, *Lenin: A Biography*, Cambridge (Massachusetts), Belknap Press, 2002 [hay trad. cast.: *Lenin: una biografía*, Tres Cantos, Siglo XXI de España, 2017].

37. Smil, *Prime Movers of Globalization*.

38. F. Oppel, ed., *Early Flight*, Secaucus, New Jersey, Castle, 1987; B. Gunston, *Aviation: The First 100 Years*, Hauppauge (Nueva York), Barron's, 2002.

39. M. Raboy, *Marconi: The Man Who Networked the World*, Oxford, Oxford University Press, 2018; H. G. J. Aitkin, *The Continuous Wave: Technology and the American Radio, 1900-1932*, Princeton (New Jersey), Princeton University Press, 1985.

40. Smil, *Prime Movers of Globalization*.

41. J. J. Bogert, «The new oil engines», *The New York Times* (26 de septiembre de 1912), p. 4.

42. E. Davies *et al.*, *Douglas DC-3: 60 Years and Counting*, Elk Grove (California), Aero Vintage Books, 1995; M. D. Klaás, *Last of the Flying Clippers*, Atglen (Pensilvania), Schiffer Publishing, 1998; «Pan Am across the Pacific», *Pan Am Clipper Flying Boats* (2009), <https://www.clipper-flyingboats.com/transpacific-airline-service>.

43. M. Novak, «What international air travel was like in the 1930s», *Gizmodo* (2013), <https://paleofuture.gizmodo.com/what-internatio nal-air-travel-was-like-in-the-1930s-1471258414>.

44. J. Newman, «Titanic: Wireless distress messages sent and received April 14-15, 1912», *Great Ships* (2012), <https://greatships.net/distress>.

45. A. K. Johnston *et al.*, *Time and Navigation*, Washington D. C., Smithsonian Books, 2015.

46. Para ver un gráfico de índices de adopción de nuevos dispositivos, véase D. Thompson, «The 100-year march of technology in 1 graph», *The Atlantic* (abril 2012), <https://www.theatlantic.com/technology/archi ve/2012/04/the-100-year-march-of-technology-in-1-graph/255573/>.

47. V. Smil, *Made in the USA: The Rise and Retreat of American Manu-facturing*, Cambridge (Massachusetts), MIT Press, 2013.

48. S. Okita, «Japan's Economy and the Korean War», *Far Eastern Survey*, n.° 20 (1951), pp. 141-144.

49. Hay estadísticas históricas (nacionales y mundiales) de produc-ción de acero, cemento y amoniaco (nitrógeno) disponibles en Servicio Geológico de Estados Unidos, «Commodity statistics and information», <https://www.usgs.gov/centers/nmic/commodity-statistics-and-in formation>. Para la producción de plástico, véase R. Geyer *et al.*, «Pro-duction, use, and fate of all plastics ever made», *Science Advances*, vol. 3, n.° 7 (2017), e1700782.

50. R. Solly, *Tanker: The History and Development of Crude Oil Tankers*, Barnsley, Chatham Publishing, 2007.

51. Naciones Unidas, *World Energy Supplies in Selected Years 1929-1950*, Nueva York, ONU, 1952; British Petroleum, *Statistical Review of World Energy*.

52. P. G. Noble, «A short history of LNG shipping, 1959-2009», *SNAME* (2009).

53. M. Levinson, *The Box*, Princeton (New Jersey), Princeton Uni-versity Press, 2006; Smil, *Prime Movers of Globalization*.

54. Para el auge de las importaciones y el declive de la proporción de coches fabricados en Detroit, véase Smil, *Made in the USA*.

55. La empresa alemana MAN (Maschinenfabrik-Augsburg-Nürnberg) estuvo a la cabeza de los avances técnicos en motores diésel después de la Segunda Guerra Mundial, pero actualmente las mayores máquinas las diseña la finlandesa Wärtsilä, y se fabrican en Asia (Japón, Corea del Sur, China): <https://www.wartsila.com/marine/build/engines-and-generating-sets/diesel-engines> (consultado en 2020).

56. Smil, *Prime Movers of Globalization*, pp. 79-108.

57. G. M. Simons, *Comet! The World's First Jet Airliner*, Filadelfia, Casemate, 2019.

58. E. E. Bauer, *Boeing: The First Century*, Enumclaw (Washington), TABA Publishers, 2000; A. Pelletier, *Boeing: The Complete Story*, Sparkford, Haynes Publishing, 2010.

59. Se han publicado más libros sobre el Boeing 747 que de cualquier otro avión comercial de la historia. J. Sutter y J. Spenser, *747: Creating the World's First Jumbo Jet and Other Adventures from a Life in Aviation*, Washington D. C., Smithsonian, 2006. Para una mirada al interior de la nave, véase C. Wood, *Boeing 747 Owners' Workshop Manual*, Londres, Zenith Press, 2012.

60. Pratt & Whitney, «JT9D Engine», <https://prattwhitney.com/products-and-services/products/commercial-engines/jt9d> (consultado en 2020). Para más detalles sobre turbofanes, véase N. Cumpsty, *Jet Propulsion*, Cambridge, Cambridge University Press, 2003; A. Linke-Diesinger, *Systems of Commercial Turbofan Engines*, Berlín, Springer, 2008.

61. E. Lacitis, «50 years ago, the first 747 took off and changed aviation», *The Seattle Times* (febrero de 2019).

62. S. McCartney, *ENIAC*, Nueva York, Walker & Company, 1999.

63. T. R. Reid, *The Chip*, Nueva York, Random House, 2001; C. Lécuyer y D. C. Brock, *Makers of the Microchip*, Cambridge (Massachusetts), MIT Press, 2010.

64. Intel, «The story of the Intel 4044», <https://www.intel.com/content/www/us/en/history/museum-story-of-intel-4004.html> (consultado en 2020).

65. Banco Mundial, «Export of goods and services (percentage of GDP)», <https://data.worldbank.org/indicator/ne.exp.gnfs.zs> (consultado en 2020).

66. Naciones Unidas, *World Economic Survey, 1975*, Nueva York, ONU, 1976.

67. S. A. Camarota, *Immigrants in the United States, 2000*, Washington D. C., Center for Immigration Studies, 2001, <https://cis.org/Report/Immigrants-United-States-2000>.

68. P. Nolan, *China and the Global Business Revolution*, Londres, Palgrave, 2001; L. Brandt *et al.*, eds., *China's Great Transformation*, Cambridge, Cambridge University Press, 2008.

69. S. Kotkin, *Armageddon Averted: The Soviet Collapse, 1970-2000*, Oxford, Oxford University Press, 2008.

70. C. VanGrasstek, *The History and Future of the World Trade Organization*, Ginebra, Organización Mundial del Comercio, 2013.

71. Banco Mundial, «GDP per capita growth (annual percent–India», <https://data.worldbank.org/indicator/NY.GDP.PCAP.KD.ZG?locations=IN> (consultado en 2020).

72. Organización Mundial del Comercio, *World Trade Statistical Review 2019*, Ginebra, OMC, 2019, <https://www.wto.org/english/res_e/statis_e/wts2019_e/wts2019_e.pdf>.

73. Banco Mundial, «Trade share (percent of GDP)», <https://data.worldbank.org/indicator/ne.trd.gnfs.zs> (consultado en 2020).

74. Banco Mundial, «Foreign direct investment, net outflows (percent of GDP)», <https://data.worldbank.org/indicator/BM.KLT.DINV.WD.GD.ZS> (consultado en 2020).

75. S. Shulgin *et al.*, «Measuring globalization: Network approach to countries' global connectivity rates and their evolution in time», *Social Evolution & History*, vol. 18, n.° 1 (2019), pp. 127-138.

76. Conferencia de las Naciones Unidas sobre Comercio y Desarrollo, *Review of Maritime Transport, 1975*, Nueva York, UNCTAD, 1977; *Review of Maritime Transport, 2019*, Nueva York, UNCTAD, 2020; *50 Years of Review of Maritime Transport, 1968-2018*, Nueva York, UNCTAD, 2018.

77. Maersk, «About our group», <https://web.archive.org/web/20071012231026/http://about.maersk.com/en>; Mediterranean Shipping Company, «Gülsün Class Ships», <https://www.msc.com/che/sustainability/new-ships> (consultado en 2020).

78. Asociación Internacional de Transporte Aéreo, *World Air Transport Statistics*, Montreal, IATA, 2019, y los volúmenes anteriores de esta publicación anual.

79. Organización Mundial del Turismo, «Tourism statistics», <https://www.e-unwto.org/toc/unwtotfb/current> (consultado en 2020).

80. K. Koens *et al.*, *Overtourism? Understanding and Managing Urban Tourism Growth beyond Perceptions*, Madrid, Organización Mundial del Turismo, 2018.

81. G. E. Moore, «Cramming more components onto integrated circuits», *Electronics*, vol. 38, n.° 8 (1965), pp. 114-117; «Progress in digital integrated electronics», compendio técnico de la IEEE International Electron Devices Meeting (1975), pp. 11-13; «No exponential is forever: but 'Forever' can be delayed!», artículo presentado en la Solid-State Circuits Conference, San Francisco (2003); Intel, «Moore's law and Intel innovation», <http://www.intel.com/content/www/us/en/history/museum-gordon-moore-law.html> (cosultado en 2020).

82. C. Tung *et al.*, *ULSI Semiconductor Technology Atlas*, Hoboken (New Jersey), Wiley-Interscience, 2003.

83. J. V. der Spiegel, «ENIAC-on-a-chip», Moore School of Electrical Engineering (1995), <https://www.seas.upenn.edu/~jan/eniacproj.html>.

84. H. Mujtaba, «AMD 2nd gen EPYC Rome processors feature a gargantuan 39.54 billion transistors, IO die pictured in detail», *WCCF Tech* (octubre de 2019), <https://wccftech.com/amd-2nd-gen-epyc-rome-iod-ccd-chipshots-39-billion-transistors/>.

85. P. E. Ceruzzi, *GPS*, Cambridge (Massachusetts), MIT Press, 2018; A. K. Johnston *et al.*, *Time and Navigation*, Washington D. C., Smithsonian Books, 2015.

86. *Marine Traffic*, <https://www.marinetraffic.com>.

87. *Flightradar24*, <https://www.flightradar24.com>; *Flight Aware*, <https://flightaware.com/live/>.

88. Por ejemplo, la ruta de vuelo normal (siguiendo la ruta ortodrómica) de Frankfurt (FRA) a Chicago (ORD) pasa por debajo del extremo sur de Groenlandia (véase, *Great Circle Mapper*, <http://www.gcmap.com/mapui?P=FRA-ORD>). Pero, en caso de corriente en chorro intensa, la trayectoria se desplaza hacia el norte y los aviones sobrevuelan los glaciares de la isla.

89. La interrupción de vuelos más notable de los últimos tiempos se debió a la erupción del volcán islandés Eyjafjallajökull en abril y mayo de 2010: British Geological Survey Research, «Eyjafjallajökull eruption, Iceland», <https://www.bgs.ac.uk/research/volcanoes/icelandic_ash.html> (consultado en 2020).

90. M. J. Klasing y P. Milionis, «Quantifying the evolution of world trade, 1870-1949», *Journal of International Economics*, n.° 92 (2014), pp. 185-197.

91. Para ver un mapa de la proporción de autosuficiencia alimentaria, véase FAO, «Food self-suficiency and international trade: a false dichotomy?», en *The State of Agricultural Markets IN DEPTH 2015-16*, Roma, FAO, 2016, <http://www.fao.org/3/a-i5222e.pdf>.

92. Internet, siempre útil, sugiere 10, 13, 20, 23, 50 o 100 destinos para poner en la lista de imprescindibles; basta con buscar, en inglés, «Bucket list places to visit».

93. Las proporciones en declive de Estados Unidos y la Unión Europea en la fabricación mundial se revisan en M. Levinson, *U.S. Manufacturing in International Perspective*, Congressional Research Service, 2018, <https://fas.org/sgp/crs/misc/R42135.pdf>; y en R. Marschinski y D. Martínez-Turégano, «The EU's shrinking share in global manufacturing: a value chain decomposition analysis», *National Institute Economic Review*, n.° 252 (2020), R19-R32.

94. A pesar de un crónicamente arraigado gran déficit comercial con China, en 2019 las importaciones de Canadá incluyeron casi 500.000 millones de dólares en papel, cartón y pasta de papel; y, sin embargo, el área per cápita de bosques del país que se regeneran de forma natural es unas noventa veces superior a la de China: FAO, *GlobalForest Resources Assessment 2020*, <http://www.fao.org/3/ca9825en/CA9825EN.pdf>.

95. A. Case y A. Deaton, *Deaths of Despair and the Future of Capitalism*, Princeton (New Jersey), Princeton University Press, 2020.

96. S. Lund *et al.*, *Globalization in Transition: The Future of Trade and Value Chains*, Washington D. C., McKinsey Global Institute, 2019.

97. Organización para la Cooperación y el Desarrollo Económicos (OCDE), *Trade Policy Implications of Global Value Chains*, París, OECD, 2020.

98. A. Ashby, «From global to local: reshoring for sustainability», *Operations Management Research*, vol. 9, n.°s 3-4 (2016), pp. 75-88; O. Butzbach *et al.*, «Manufacturing discontent: National institutions, multinational firm strategies, and anti-globalization backlash in advanced economies», *Global Strategy Journal*, n.° 10 (2019), pp. 67-93.

99. OCDE, *COVID-19 and global value chains: Policy options to build more resilient production networks*, París, OCDE, junio de 2020; Conferencia de las Naciones Unidas sobre Comercio y Desarrollo, *World Investment Report 2020*, Nueva York, UNCTAD, 2020; Swiss Re Institute, «De-risking global supply chains: Rebalancing to strengthen resilience», *Sigma*, n.° 6 (2020); A. Fish y H. Spillane, «Reshoring advanced manufacturing supply chains to generate good jobs», *Brookings* (julio de 2020),

<https://www.brookings.edu/research/reshoring-advanced-manufac-turing-supply-chains-to-generate-good-jobs/>.

100. V. Smil, «History and risk», *Inference*, vol. 5, n.º 1 (abril de 2020). Seis meses después del inicio de la pandemia de la COVID-19, los hospitales estadounidenses seguían sufriendo de graves carencias de equipos de protección personal: D. Cohen, «Why a PPE shortage still plagues America and what we need to do about it», *CNBC* (agosto de 2020), <https://www.cnbc.com/2020/08/22/coronavirus-why-a-ppe-shortage-still-plagues-the-us.html>.

101. P. Haddad, «Growing Chinese transformer exports cause concern in U.S.», *Power Transformer News* (mayo de 2019), <https://www.powertransformernews.com/2019/05/02/growing-chinese-transformer-exports-cause-concern-in-u-s/>.

102. N. Stonnington, «Why reshoring U.S. manufacturing could be the wave of the future», *Forbes* (9 de septiembre de 2020); M. Leonard, «64 percent of manufacturers say reshoring is likely following pandemic: survey», *Supply Chain Dive* (mayo de 2020), <https://www.supplychaindive.com/news/manufacturing-reshoring-pandemic-thomas/577971/>.

5. COMPRENDER LOS RIESGOS: DE LOS VIRUS A LAS DIETAS, PASANDO POR LAS ERUPCIONES SOLARES

1. A. de Waal, «The end of famine? Prospects for the elimination of mass starvation by political action», *Political Geography*, n.º 62 (2017), pp. 184-195.

2. Sobre el impacto de un lavado de manos más frecuente, véase Global Handwashing Partnership, «About handwashing», <https://globalhandwashing.org/about-handwashing/> (consultado en 2020). El peligro de envenenamiento por CO solía ser especialmente alto en climas fríos, en los que la única fuente de calor eran estufas de leña: J. Howell *et al.*, «Carbon monoxide hazards in rural Alaskan homes», *Alaska Medicine*, n.º 39 (1997), pp. 8-11. Con la actual gran variedad de asequibles detectores de CO (los primeros se introdujeron comercialmente a comienzos de la década de 1990), ya no hay excusa para muerte alguna en los hogares por causa de combustión incompleta.

3. Probablemente no haya otro diseño cuya simplicidad sea comparable a la del cinturón de seguridad de automóvil con tres puntos de an-

claje (creado por Nils Ivar Bohlin para Volvo en 1959), al que se puede atribuir la salvación de un gran número de vidas y la prevención de muchas más lesiones graves, y todo ello con un coste muy bajo. Con razón, en 1985 la Oficina de Patentes alemana lo clasificó entre las ocho innovaciones más importantes de los cien años precedentes. N. Bohlin, «A statistical analysis of 28,000 accident cases with emphasis on occupant restraint value», *SAE Technical Paper 670925* (1967); T. Borroz, «Strapping success: The 3-point seatbelt turns 50», *Wired* (agosto de 2009).

4. Esta cuestión ha representado un escollo histórico en las relaciones exteriores de Japón. El país ha rechazado repetidamente la firma del Convenio de La Haya sobre los Aspectos Civiles de la Sustracción Internacional de Menores (firmado en 1980, en vigor desde el 1 de diciembre de 1983): Convenio sobre los Aspectos Civiles de la Sustracción Internacional de Menores, <https://assets.hcch.net/docs/e86d9f72-dc8d-46f3-b3bf-e102911c8532.pdf>. Y, a pesar de que terminó firmándolo en 2014, son pocos los estadounidenses o europeos que han logrado reivindicar sus derechos parentales.

5. Sobre el declive de los conflictos violentos, véase J. R. Oneal, «From realism to the liberal peace: Twenty years of research on the causes of war», en G. Lundestad, ed., *International Relations Since the End of the Cold War: Some Key Dimensions*, Oxford, Oxford University Press, 2012, pp. 42-62; S. Pinker, «The decline of war and conceptions of human nature», *International Studies Review*, vol. 15, n.º 3 (2013), pp. 400-405.

6. Instituto Nacional del Cáncer, «Asbestos exposure and cancer risk», <https://www.cancer.gov/about-cancer/> (consultado en 2020); American Cancer Society, «Talcum powder and cancer», <https://www.cancer.org/cancer/cancer-causes/talcum-powder-and-cancer.html> (consultado en 2020); J. Entine, *Scared to Death: How Chemophobia Threatens Public Health*, Washington D. C., American Council on Science and Health, 2011. Sobre el calentamiento global, hay una amplia variedad de libros apocalípticos recientes, y el desafío se tratará en los dos capítulos siguientes.

7. S. Knobler *et al.*, *Learning from SARS: Preparing for the Next Disease Outbreak—Workshop Summary*, Washington D. C., National Academies Press, 2004; D. Quammen, *Ebola: The Natural and Human History of a Deadly Virus*, Nueva York, W. W. Norton, 2014 [hay trad. cast.: *Ébola: la historia de un virus mortal*, Barcelona, Debate, 2016].

8. La literatura acerca de riesgos es ahora ingente, con muchas ramas especializadas; los libros y artículos sobre gestión de riesgos laborales son particularmente numerosos, seguidos por los artículos dedicados a los peligros naturales. Las tres publicaciones periódicas más importantes son *Risk Analysis*, *Journal of Risk Research* y *Journal of Risk*.

9. Para la historia de la evolución humana durante el Paleolítico, véase F. J. Ayala y C. J. Cela Conde, *Processes in Human Evolution: The Journey from Early Hominins to Neandertals and Modern Humans*, Nueva York, Oxford University Press, 2017. Para afirmaciones sobre la eficacia de la dieta «paleolítica», véase <https://thepaleodiet.com/>. Para una revisión imparcial de esta, véase Harvard T. H. Chan School of Public Health, «Diet review: paleo diet for weight loss», <https://www.hsph.harvard.edu/nutritionsource/healthy-weight/diet-reviews/paleo-diet/> (consultado en 2020). No faltan los libros que prometen no solo convertir a uno en vegetariano, o incluso vegano, sino «literalmente salvar el mundo». Estos son dos de entre los más publicitados: J. M. Masson, *The Face on Your Plate: The Truth About Food*, Nueva York, W. W. Norton, 2010; y J. S. Foer, *We Are the Weather: Saving the Planet Begins at Breakfast*, Nueva York, Farrar, Straus and Giroux, 2019.

10. E. Archer *et al.*, «The failure to measure dietary intake engendered a fictional discourse on diet-disease relations», *Frontiers in Nutrition*, n.º 5 (2019), p. 105. Para el intercambio de opiniones más extenso, y también el más acusatorio, sobre los estudios dietéticos prospectivos modernos, véanse los cuatro grupos de comentarios que empiezan con E. Archer *et al.*, «Controversy and debate: Memory-Based Methods Paper 1: The fatal flaws of food frequency questionnaires and other memorybased dietary assessment methods», *Journal of Clinical Epidemiology*, n.º 104 (2018), pp. 113-124.

11. La controversia de mayor alcance se ha referido al papel de las grasas y el colesterol de la dieta en la enfermedad coronaria. Para las afirmaciones originales, véanse American Heart Association, «Dietary guidelines for healthy American adults», *Circulation*, n.º 94 (1966), pp. 1795-1800; A. Keys, *Seven Countries: A Multivariate Analysis of Death and Coronary Heart Disease*, Cambridge (Massachusetts), Harvard University Press, 1980. Para la crítica y revocaciones de las afirmaciones iniciales, véase A. F. La Berge, «How the ideology of low fat conquered America», *Journal of the History of Medicine and Allied Sciences*, vol. 63, n.º 2 (2008), pp. 139-177; R. Chowdhury *et al.*, «Association of dietary, circulating, and

supplement fatty acids with coronary risk: a systematic review and meta-analysis», *Annals of Internal Medicine*, vol. 160, n.° 6 (2014), pp. 398-406; R. J. De Souza *et al.*, «Intake of saturated and trans unsaturated fatty acids and risk of all cause mortality, cardiovascular disease, and type 2 diabetes: systematic review and meta-analysis of observational studies», *British Medical Journal* (2015); M. Dehghan *et al.*, «Associations of fats and carbohydrate intake with cardiovascular disease and mortality in 18 countries from five continents (PURE): a prospective cohort study», *The Lancet*, vol. 390, n.° 10107 (2017), pp. 2050-2062; American Heart Association, «Dietary cholesterol and cardiovascular risk: A science advisory from the American Heart Association», *Circulation*, n.° 141 (2020), pp. e39-e53.

12. Las esperanzas de vida, promediadas cada cinco años, entre 1950 y 2020 están disponibles para todos los países y regiones en Naciones Unidas, *World Population Prospects 2019*, <https://population.un.org/wpp/Download/Standard/Population/>.

13. Esta tendencia está documentada en detalladas estadísticas históricas japonesas. Oficina de Estadísticas de Japón, Tokio, 1996.

14. H. Toshima *et al.*, eds., *Lessons for Science from the Seven Countries Study: A 35-Year Collaborative Experience in Cardiovascular Disease Epidemiology*, Berlín, Springer, 1994.

15. Para más información sobre el consumo total de azúcar y de azúcares agregados en Estados Unidos y Japón, véase S. A. Bowman *et al.*, *Added Sugars Intake of Americans: What We Eat in America*, NHANES 2013-2014 (mayo de 2017); A. Fujiwara *et al.*, «Estimation of starch and sugar intake in a Japanese population based on a newly developed food composition database», *Nutrients*, n.° 10 (2018), p. 1474.

16. Entre las buenas introducciones están M. Ashkenazi y J. Jacob, *The Essence of Japanese Cuisine*, Filadelfia, University of Philadelphia Press, 2000; K. J. Cwiertka, *Modern Japanese Cuisine*, Londres, Reaktion Books, 2006; E. C. Rath y S. Assmann, eds., *Japanese Foodways: Past & Present*, Urbana (Illinois), University of Illinois Press, 2010.

17. Los índices aparentes de consumo en España provienen de Fundación Foessa, *Estudios sociológicos sobre la situación social de España, 1975*, Madrid, Euramérica, 1976, p. 513; Ministerio de Agricultura, Pesca y Alimentación, *Informe del Consumo Alimentario en España 2018*, Madrid, Ministerio de Agricultura, Pesca y Alimentación, 2019.

18. Comparaciones basadas en FAO, «Food Balances» (accedido en

2020), <http://www.fao.org/faostat/en/#data/FBS> (consultado en 2020).

19. Para la mortalidad por enfermedades cardiovasculares, véase L. Serramajem *et al.*, «How could changes in diet explain changes in coronary heart disease mortality in Spain–The Spanish Paradox», *American Journal of Clinical Nutrition*, n.° 61 (1995), pp. S1351- S1359; OCDE, *Cardiovascular Disease and Diabetes: Policies for Better Health and Quality of Care*, París, OCDE, junio de 2015. Para datos sobre la esperanza de vida, véase Naciones Unidas, *World Population Prospects 2019*.

20. C. Starr, «Social benefit versus technological risk», *Science*, n.° 165 (1969), pp. 1232-1238.

21. Según todas las evaluaciones de riesgo cuantitativas detalladas, el humo de tabaco contiene dieciocho componentes perjudiciales y potencialmente dañinos: K. M. Marano *et al.*, «Quantitative risk assessment of tobacco products: A potentially useful component of substantial equivalence evaluations», *Regulatory Toxicology and Pharmacology*, n.° 95 (2018), pp. 371-384.

22. M. Davidson, «Vaccination as a cause of autism—myths and controversies», *Dialogues in Clinical Neuroscience*, vol. 19, n.° 4 (2017), pp. 404-407; J. Goodman y F. Carmichael, «Coronavirus: Bill Gates "microchip" conspiracy theory and other vaccine claims fact-checked», *BBC News* (29 de mayo de 2020).

23. A principios de septiembre de 2020, dos tercios de los estadounidenses aseguraban que no se pondrían la vacuna de la COVID-19 cuando esta estuviera disponible: S. Elbeshbishi y L. King, «Exclusive: Two-thirds of Americans say they won't get COVID-19 vaccine when it's first available, USA TODAY/Suffolk Poll shows», *USA Today* (septiembre de 2020).

24. Informes exhaustivos sobre las consecuencias sanitarias de los dos desastres están disponibles en B. Bennett *et al.*, *Health Effects of the Chernobyl Accident and Special Health Care Programmes, Report of the UN Chernobyl Forum*, Ginebra, OMS, 2006; Organización Mundial de la Salud, *Health Risk Assessment from the Nuclear Accident after the 2011 Great East Japan Earthquake and Tsunami Based on a Preliminary Dose Estimation*, Ginebra, OMS, 2013.

25. Asociación Nuclear Mundial, «Nuclear power in France», <https://www.world-nuclear.org/information-library/country-profiles/countries-a-f/france.aspx> (consultado en 2020).

26. C. Joppke, *Mobilizing Against Nuclear Energy: A Comparison of Germany and the United States*, Berkeley (California), University of California Press, 1993; Tresantis, *Die Anti-Atom-Bewegung: Geschichte und Perspektiven*, Berlín, Assoziation A, 2015.

27. Estos comentarios fueron hechos de modo repetido por Baruch Fischhoff y por Paul Slovic: B. Fischhoff *et al.*, «How safe is safe enough? A psychometric study of attitudes towards technological risks and benefits», *Policy Sciences*, n.º 9 (1978), pp. 127-152; B. Fischhoff, «Risk perception and communication unplugged: Twenty years of process», *Risk Analysis*, vol. 15, n.º 2 (1995), pp. 137-145; B. Fischhoff y J. Kadvany, *Risk: A Very Short Introduction*, Nueva York, Oxford University Press, 2011 [hay trad. cast.: *Riesgo: una breve introducción*, Madrid, Alianza, 2013]; P. Slovic, «Perception of risk», *Science*, vol. 236, n.º 4799 (1987), pp. 280-285; P. Slovic, *The Perception of Risk*, Londres, Earthscan, 2000; P. Slovic, «Risk perception and risk analysis in a hyperpartisan and virtuously violent world», *Risk Analysis*, vol. 40, n.º 3 (2020), pp. 2231-2239.

28. Tres notables desastres en los últimos tiempos indican el orden de magnitud de las víctimas en los accidentes industriales y de construcción: el descarrilamiento, incendio y explosión de un tren de transporte de petróleo crudo en Lac-Mégantic (Quebec), el 6 de julio de 2013, que causó 47 muertes; el derrumbamiento de un edificio en Daca, donde murieron mil ciento veintinueve obreros de la confección, el 24 de abril de 2013, y la catástrofe de la presa de Brumadinho, en Brasil, que causó 233 muertes, el 25 de enero de 2019.

29. Después de una caída libre de solo cuatro segundos en posición paralela al suelo, un saltador BASE recorre 72 m y alcanza una velocidad de 120 km/h: «BASE jumping freefall chart», *The Great Book of Base* (2010), <https://base-book.com/BASEFreefallChart>.

30. A. S. Ramírez *et al.*, «Beyond fatalism: Information overload as a mechanism to understand health disparities», *Social Science and Medicine*, n.º 219 (2018), pp. 11-18.

31. D. R. Kouabenan, «Occupation, driving experience, and risk and accident perception», *Journal of Risk Research*, n.º 5 (2002), pp. 49-68; B. Keeley *et al.*, «Functions of health fatalism: Fatalistic talk as face saving, uncertainty management, stress relief and sense making», *Sociology of Health & Illness*, n.º 31 (2009), pp. 734-747.

32. A. Kayani et al., «Fatalism and its implications for risky road use and receptiveness to safety messages: A qualitative investigation in Pakis-

tan», *Health Education Research*, n.° 27 (2012), pp. 1043-1054; B. Mahembe y O. M. Samuel, «Influence of personality and fatalistic belief on taxi driver behaviour», *South African Journal of Psychology*, vol. 46, n.° 3 (2016), pp. 415-426.

33. A. Suárez-Barrientos *et al.*, «Circadian variations of infarct size in acute myocardial infarction», *Heart*, n.° 97 (2011), 970e976.

34. Organización Mundial de la Salud, «Falls» (enero de 2018), <https://www.who.int/news-room/fact-sheets/detail/falls>.

35. Acerca de la *Salmonella*, véase Centros para el Control y Prevención de Enfermedades (CDC), «*Salmonella* and Eggs», <https://www.cdc.gov/foodsafety/communication/salmonella-and-eggs.html>. Acerca de los residuos de pesticidas en el té, véase J. Feng *et al.*, «Monitoring and risk assessment of pesticide residues in tea samples from China», *Human and Ecological Risk Assessment: An International Journal*, vol. 21, n.° 1 (2015), pp. 169-183.

36. Las últimas estadísticas del FBI sobre asesinatos y homicidios involuntarios (por cada cien mil personas) son de 51 casos para Baltimore, 9,7 para Miami y 6,4 para Los Ángeles: <https://ucr.fbi.gov/crime-in-the-u.s/2018/crime-in-the-u.s.-2018/topic-pages/murder>.

37. La última retirada reciente de fármacos contaminados procedentes de China incluía antihipertensivos recetados habitualmente: Administración de Alimentos y Medicamentos, «FDA updates and press announcements on angiotensin II receptor blocker (ARB) recalls (valsartan, losartan, and irbesartan)», FDA (noviembre de 2019), <https://www.fda.gov/drugs/drug-safety-and-availability/fda-updates-and-press-announcements-angiotensin-ii-receptor-blocker-arb-recalls-valsartan-losartan>.

38. Office of National Statistics, «Deaths registered in England and Wales: 2019», <https://www.ons.gov.uk/peoplepopulationandcommunity/birthsdeathsandmarriages/deaths/bulletins/deathsregistration-summarytables/2019>.

39. K. D. Kochanek *et al.*, «Deaths: Final Data for 2017», *National Vital Statistics Reports*, n.° 68 (2019), pp. 1-75; J. Xu *et al.*, *Mortality in the United States, 2018*, NCHS Data Brief, n.° 355 (enero de 2020).

40. Starr, «Social benefit versus technological risk». La métrica de micromuerte, introducida en 1989 por Ronald Howard, la ha utilizado en numerosas publicaciones David Spiegelhalter: R. A. Howard, «Micro-risks for medical decision analysis», *International Journal of Technology Assessment in Health Care*, vol. 5, n.° 3 (1989), pp. 357-370; M. Blastland y

D. Spiegelhalter, *The Norm Chronicles: Stories and Numbers about Danger and Death*, Nueva York, Basic Books, 2014.

41. Naciones Unidas, *World Mortality 2019*, <https://www.un.org/en/development/desa/population/publications/pdf/mortality/WMR2019/WorldMortality2019DataBooklet.pdf>.

42. CDC, «Heart disease facts», <https://www.cdc.gov/heartdisease/facts.htm>; D. S. Jones y J. A. Greene, «The decline and rise of coronary heart disease», *Public Health Then and Now*, n.º 103 (2014), pp. 10207-10218; J. A. Haagsma *et al.*, «The global burden of injury: incidence, mortality, disability-adjusted life years and time trends from the Global Burden of Disease study 2013», *Injury Prevention*, vol. 22, n.º 1 (2015), pp. 3-16.

43. Organización Mundial de la Salud, «Falls» (enero de 2018), <https://www.who.int/news-room/fact-sheets/detail/falls>.

44. Statistics Canada, «Deaths and mortality rates, by age group», <https://www150.statcan.gc.ca/t1/tbl1/en/tv.action?pid=1310071001&pickMembers percent5B0percent5D=1.1&pickMemberspercent5B1percent5D=3.1> (consultado en 2020).

45. L. T. Kohn *et al.*, *To Err Is Human: Building a Safer Health System*, Washington D. C., National Academies Press, 1999.

46. M. Makary y M. Daniel, «Medical error–the third leading cause of death in the US», *British Medical Journal*, n.º 353 (2016), i2139.

47. K. G. Shojania y M. Dixon-Woods, «Estimating deaths due to medical error: the ongoing controversy and why it matters», *British Medical Journal Quality and Safety*, n.º 26 (2017), pp. 423-428.

48. J. E. Sunshine *et al.*, «Association of adverse effects of medical treatment with mortality in the United States», *JAMA Network Open*, vol. 2, n.º 1 (2019), e187041.

49. En 2016 hubo 35,7 millones de ingresos hospitalarios en Estados Unidos, que duraron una media de 4,6 días: W. J. Freeman *et al.*, «Overview of U.S. hospital stays in 2016: Variation by geographic region» (diciembre de 2018), <https://www.hcup-us.ahrq.gov/reports/statbriefs/sb246-Geographic-Variation-Hospital-Stays.jsp>.

50. Oficina de Estadística de Transporte de Estados Unidos, «U.S. Vehicle-miles» (2019), <https://www.bts.gov/content/us-vehicle-miles>.

51. A. R. Sehgal, «Lifetime risk of death from firearm injuries, drug overdoses, and motor vehicle accidents in the United States», *American Journal of Medicine*, vol. 133, n.º 10 (octubre de 2020), pp. 1162-1167.

52. World Health Rankings, «Road trafic accidents», <https://www.worldlifeexpectancy.com/cause-of-death/road-trafic-accidents/by-country/> (consultado en 2020).

53. Es posible que el misterio del vuelo 370 de Malaysia Airlines no se resuelva jamás: abundan las insinuaciones y las especulaciones, pero en este momento parece que solo una pista accidental e inesperada podría arrojar luz sobre él. La investigación de los dos accidentes sucesivos del Boeing 737 MAX (en los que murieron 346 personas) puso de manifiesto las cuestionables prácticas de la empresa en la fabricación de su popular diseño, así como en el suministro de instrucciones y directrices para su manejo.

54. Organización de Aviación Civil Internacional, *State of Global Aviation Safety*, Montreal, ICAO, 2020.

55. K. Soreide *et al.*, «How dangerous is BASE jumping? An analysis of adverse events in 20,850 jumps from the Kjerag Massif, Norway», *Trauma*, vol. 62, n.º 5 (2007), pp. 1113-1117.

56. United States Parachute Association, «Skydiving safety», <https://uspa.org/Find/FAQs/Safety> (consultado en 2020).

57. Asociación de Ala Delta y Parapente de Estados Unidos, «Fatalities», <https://www.ushpa.org/page/fatalities> (consultado en 2020).

58. National Consortium for the Study of Terrorism and Responses to Terrorism, *American Deaths in Terrorist Attacks, 1995-2017*, septiembre de 2018.

59. National Consortium for the Study of Terrorism and Responses to Terrorism, *Trends in Global Terrorism: Islamic State's Decline in Iraq and Expanding Global Impact; Fewer Mass Casualty Attacks in Western Europe; Number of Attacks in the United States Highest since 1980s*, octubre de 2019.

60. Para un buen resumen del peligro de terremotos en la costa oeste, véase R. S. Yeats, *Living with Earthquakes in California*, Corvallis (Oregón), Oregon State University Press, 2001. Para las consecuencias transpacíficas de los terremotos en la costa oeste, véase B. F. Atwater, *The Orphan Tsunami of 1700*, Seattle (Washington), University of Washington Press, 2005.

61. E. Agee y L. Taylor, «Historical analysis of U.S. tornado fatalities (1808-2017): Population, science, and technology», *Weather, Climate and Society*, n.º 11 (2019), pp. 355-368.

62. R. J. Samuels, *3.11: Disaster and Change in Japan*, Ithaca (Nueva York), Cornell University Press, 2013; V. Santiago-Fandiño *et al.*, eds.,

The 2011 Japan Earthquake and Tsunami: Reconstruction and Restoration, Insights and Assessment after 5 Years, Berlín, Springer, 2018.

63. E. N. Rappaport, «Fatalities in the United States from Atlantic tropical cyclones: New data and interpretation», *Bulletin of American Meteorological Society,* n.° 1014 (marzo de 2014), pp. 341-346.

64. National Weather Service, «How dangerous is lightning?», <https://www.weather.gov/safety/lightning-odds> (consultado en 2020); R. L. Holle *et al.,* «Seasonal, monthly, and weekly distributions of NLDN and GLD360 cloud-to-ground lightning», *Monthly Weather Review,* n.° 144 (2016), pp. 2855-2870.

65. Munich Re, *Topics. Annual Review: Natural Catastrophes 2002,* Múnich, Munich Re, 2003; P. Löw, «Tropical cyclones cause highest losses: Natural disasters of 2019 in figures», Munich Re (enero de 2020), <https://www.munichre.com/topics-online/en/climate-change-and-natural-disasters/natural-disasters/natural-disasters-of-2019-in-figu res-tropical-cyclones-cause-highest-losses.html>.

66. O. Unsalan *et al.,* «Earliest evidence of a death and injury by a meteorite», *Meteoritics & Planetary Science* (2020), pp. 1-9.

67. National Research Council, *Near-Earth Object Surveys and Hazard Mitigation Strategies: Interim Report,* Washington D. C., NRC, 2009; M. A. R. Khan, «Meteorites», *Nature,* vol. 136, n.° 1030 (1935), p. 607.

68. D. Finkelman, «The dilemma of space debris», *American Scientist,* vol. 102, n.° 1 (2014), pp. 26-33.

69. M. Mobberley, *Supernovae and How to Observe Them,* Nueva York, Springer, 2007.

70. NASA, «2012: Fear no Supernova» (diciembre de 2011), <https://www.nasa.gov/topics/earth/features/2012-supernova.html>.

71. NASA, «Asteroid fast facts» (marzo de 2014), <https://www.nasa.gov/mission_pages/asteroids/overview/fastfacts.html>; National Research Council, *Near-Earth Object Surveys and Hazard Mitigation Strategies*; M. B. E. Boslough y D. A. Crawford, «Low-altitude airbursts and the impact threat», *International Journal of Impact Engineering,* vol. 35, n.° 12 (2008), pp. 1441-1448.

72. Servicio Geológico de Estados Unidos, «What would happen if a "supervolcano" eruption occurred again at Yellowstone?», <https://www.usgs.gov/faqs/what-would-happen-if-a-supervolcano-erup tion-occurred-again-yellowstone>; R. V. Fisher *et al., Volcanoes: Crucibles of Change,* Princeton (New Jersey), Princeton University Press, 1997.

73. Space Weather Prediction Center, «Coronal mass ejections», National Oceanic and Atmospheric Administration, <https://www.swpc.noaa.gov/phenomena/coronal-mass-ejections> (consultado en 2020).

74. R. R. Britt, «150 years ago: The worst solar storm ever», *Space* (septiembre de 2009), <https://www.space.com/7224-150-years-worst-solar-storm.html>.

75. S. Odenwald, «The day the Sun brought darkness», NASA (marzo de 2009), <https://www.nasa.gov/topics/earth/features/sun_darkness.html>.

76. Solar and Heliospheric Observatory, <https://sohowww.nascom.nasa.gov/>.

77. T. Phillips, «Near miss: The solar superstorm of July 2012», NASA (julio de 2014), <https://science.nasa.gov/science-news/science-at-nasa/2014/23jul_superstorm>.

78. P. Riley, «On the probability of occurrence of extreme space weather events», *Space Weather*, n.° 10 (2012), S02012.

79. D. Moriña *et al.*, «Probability estimation of a Carrington-like geomagnetic storm», *Scientific Reports*, vol. 9, n.° 1 (2019).

80. K. Kirchen *et al.*, «A solar-centric approach to improving estimates of exposure processes for coronal mass ejections», *Risk Analysis*, n.° 40 (2020), pp. 1020-1039.

81. E. D. Kilbourne, «Influenza pandemics of the 20th century», *Emerging Infectious Diseases*, vol. 12, n.° 1 (2006), pp. 9-14.

82. C. Viboud *et al.*, «Global mortality impact of the 1957-1959 influenza pandemic», *Journal of Infectious Diseases*, vol. 213, n.° 5 (2016), pp. 738-745; CDC, «1968 Pandemic (H3N2 virus)», <https://www.cdc.gov/flu/pandemic-resources/1968-pandemic.html> (consultado en 2020); J. Y. Wong *et al.*, «Case fatality risk of influenza A (H1N1pdm09): a systematic review», *Epidemiology*, vol. 24, n.° 6 (2013).

83. Foro Económico Mundial, *Global Risks 2015, 10th Edition*, Colonia, FEM, 2015.

84. Organización Mundial de la Salud, «Advice on the use of masks in the context of COVID-19: Interim guidance» (2020).

85. J. Paget *et al.*, «Global mortality associated with seasonal influenza epidemics: New burden estimates and predictors from the GLaMOR Project», *Journal of Global Health*, vol. 9, n.° 2 (diciembre de 2019), 020421.

86. W. Yang *et al.*, «The 1918 influenza pandemic in New York City: Age-specific timing, mortality, and transmission dynamics», *Influenza and Other Respiratory Viruses*, n.º 8 (2014), pp. 177-188; A. Gagnon *et al.*, «Age-specific mortality during the 1918 influenza pandemic: Unravelling the mystery of high young adult mortality», *PLoS ONE*, vol. 8, n.º 8 (agosto de 2013), e6958; W. Gua *et al.*, «Comorbidity and its impact on 1590 patients with COVID-19 in China: A nationwide analysis», *European Respiratory Journal*, vol. 55, n.º 6 (2020), art. 2000547.

87. J. M. Robine *et al.*, eds., *Human Longevity, Individual Life Duration, and the Growth of the Oldest-Old Population*, Berlín, Springer, 2007.

88. CDC, «Weekly Updates by Select Demographic and Geographic Characteristics», <https://www.cdc.gov/nchs/nvss/vsrr/covid_weekly/index.htm#AgeAndSex> (consultado en 2020).

89. D. M. Morens *et al.*, «Predominant role of bacterial pneumonia as a cause of death in pandemic influenza: implications for pandemic influenza preparedness», *Journal of Infectious Disease*, vol. 198, n.º 7 (octubre de 2008), pp. 962-970.

90. A. Noymer y M. Garenne, «The 1918 influenza epidemic's effects on sex differentials in mortality in the United States», *Population and Development Review*, vol. 26, n.º 3 (2000), pp. 565-581.

91. Véase nota 60 de este mismo capítulo.

92. P. Gilbert, *The A-Z Reference Book of Syndromes and Inherited Disorders*, Berlín, Springer, 1996.

93. Japón, cuya población está concentrada en terrenos bajos —que constituyen solo alrededor del 15 por ciento de su montañoso país— y cuyo riesgo de potentes terremotos, erupciones volcánicas y destructivos tsunamis es omnipresente, es un ejemplo perfecto de esta realidad, así como lugares tan densamente poblados como Java o la zona costera de Bangladesh, por varias razones.

94. Se puede hallar mucha más información sobre estas cuestiones en numerosas publicaciones recientes, como O. Renn, *Risk Governance: Towards an Integrative Approach*, Ginebra, International Risk Governance Council, 2006; G. Gigerenzer, *Risk Savvy: How to Make Good Decisions*, Nueva York, Penguin Random House, 2015.

95. V. Janssen, «When polio triggered fear and panic among parents in the 1950s», *History* (marzo de 2020), <https://www.history.com/news/polio-fear-post-wwii-era>.

96. En 1958, el PIB de Estados Unidos aumentó en más de un 5 por ciento respecto del de 1957, y el incremento fue de más del 7 por ciento

en 1969. *Fred Economic Data*, <https://fred.stlouisfed.org/series/GDP> (consultado en 2020).

97. The Museum of Flight, «Boeing 747-121», <https://www.mu seumofflight.org/aircraft/boeing-747-121> (consultado en 2020).

98. Y. Tsuji *et al.*, «Tsunami heights along the Pacific Coast of Northern Honshu recorded from the 2011 Tohoku and previous great earthquakes», *Pure and Applied Geophysics*, n.° 171 (2014), pp. 3183-3215.

99. En noviembre de 2004, Osama bin Laden explicó a los ciudadanos estadounidenses que eligió ese ataque a fin de sangrar al país «hasta el punto de la bancarrota», y cómo esto fue impulsado por «la demanda de la Casa Blanca de abrir frentes de guerra». Una transcripción completa del discurso está disponible en <https://www.aljazeera.com/archive/2004/11/200849163336457223.html>. También mencionó el cálculo del Royal Institute of International Affairs según el cual el montaje de los ataques no costó más de 500.000 dólares, mientras que, para el año 2018, el coste de las guerras estadounidenses en Irak, Pakistán y Siria ascendía a unos 5,9 billones de dólares, y los costes futuros (intereses de los préstamos, asistencia a veteranos) podían hacer que esta cifra llegase hasta los ocho billones de dólares en los próximos cuarenta años: Watson Institute, «Costs of War» (2018), <https://watson.brown.edu/costsofwar/papers/summary>.

100. C. R. Sunstein, «Terrorism and probability neglect», *Journal of Risk and Uncertainty*, n.° 26 (2003), pp. 121-136.

101. Federal Bureau of Investigation, «Crime in the U.S.», <https://ucr.fbi.gov/crime-in-the-u.s> (consultado en 2020).

102. E. Miller y N. Jensen, *American Deaths in Terrorist Attacks, 1995-2017*, septiembre de 2018, <https://www.start.umd.edu/pubs/START_AmericanTerrorismDeaths_FactSheet_Sept2018.pdf>.

103. A. R. Sehgal, «Lifetime risk of death from firearm injuries, drug overdoses, and motor vehicle accidents in the United States», *American Journal of Medicine*, vol. 133, n.° 10 (mayo de 2020), pp. 1162-1167.

6. COMPRENDER EL ENTORNO: LA ÚNICA BIOSFERA QUE TENEMOS

1. Para la versión más delirante de estas visiones, véase <https://www.spacex.com/mars>. Los que siguen son los objetivos que se autoimponen. Una primera misión a Marte en 2022, cuyas modestas metas son «confirmar recursos hidráulicos, identificar riesgos y establecer una infraestructura inicial de energía, minería y soporte vital». En la segunda misión, en 2024, se construirá un depósito de carburante, se preparará para futuros vuelos tripulados y «servirá como punto de partida de la primera base marciana, a partir de la cual podemos construir una ciudad floreciente y, con el tiempo, una civilización autosostenible en Marte». Las personas a quienes les gusten este tipo de fantasías pueden también consultar el siguiente artículo: K. M. Cannon y D. T. Britt, «Feeding one million people on Mars», *New Space*, vol. 7, n.° 4 (diciembre de 2019), pp. 245-254.

2. B. M. Jakosky y C. S. Edwards, «Inventory of CO_2 available for terraforming Mars», *Nature Astronomy*, n.° 2 (2018), pp. 634-639.

3. Esto se comentó en un seminario web organizado por la New York Academy of Sciences en mayo de 2020, cuando un genetista de la Universidad de Cornell llegó a decir: «¿Y no estamos, quizá, éticamente obligados a hacerlo?»: «Alienating Mars: Challenges of Space Colonization», <https://www.nyas.org/events/2020/webinar-alienating-mars-challenges-of-space-colonization>. Lo más sorprendente es que esta idea de personas con una resiliencia similar a la de los tardígrados se comentó, al parecer seriamente, en un momento en que la ciudad de Nueva York estaba registrando más de quinientas muertes diarias por la COVID-19, y cuando los hospitales se enfrentaban a una constante falta de equipos de protección personal más básicos y se veían forzados a reutilizar máscaras y guantes. La Agencia de Proyectos de Investigación Avanzados de Defensa también ha estado gastando fondos públicos en esto: J. Koebler, «DARPA: We Are Engineering the Organism that will Terraform Mars», *VICE Motherboard* (junio de 2015), <https://www.vice.com/en_us/article/ae3pee/darpa-we-are-engineering-the-organisms-that-will-terraform-mars>.

4. J. Rockström *et al.*, «A safe operating space for humanity», *Nature*, n.° 461 (2009), pp. 472-475.

5. Para ver listas completas de todas las categorías de récords de inmersión a pulmón libre y apnea estática, véase <https://www.guinnessworldrecords.com/search?term=freediving>.

6. El volumen corriente medio (entrada de aire en los pulmones) es de 500 ml para hombres y 400 ml para mujeres: S. Hallett y J. V. Ashurst, «Physiology, tidal volume» (junio 2020), <https://www.ncbi.nlm.nih.gov/books/NBK482502/>. Tomando como media 450 ml y dieciséis inspiraciones por minuto, tenemos 7,2 l de aire por minuto. El oxígeno constituye casi el 21 por ciento del aire, por lo que cada minuto se inhalan unos 1,5 litros de él, pero solo alrededor del 23 por ciento de ese volumen es absorbido por los pulmones (el resto es espirado) y el consumo real de oxígeno puro es de unos 350 ml por minuto; esto es, 500 l o (con una densidad de 1,429 g/l) unos 700 gal día. El ejercicio físico aumenta la necesidad, y, con solo un 30 por ciento de incremento en el consumo de oxígeno durante las actividades diarias, esto supone unos 900 g al día. Para los consumos máximos de oxígeno, véase G. Ferretti, «Maximal oxygen consumption in healthy humans: Theories and facts», *European Journal of Applied Physiology*, n.º 114 (2014), pp. 2007-2036.

7. A. P. Gumsley *et al.*, «Timing and tempo of the Great Oxidation Event», *Proceedings of the National Academy of Sciences*, n.º 114 (2017), pp. 1811-1816.

8. R. A. Berner, «Atmospheric oxygen over Phanerozoic time», *Proceedings of the National Academy of Sciences*, n.º 96 (1999), pp. 10955-10957.

9. Para el contenido en carbono de la vegetación terrestre, véase V. Smil, *Harvesting the Biosphere*, Cambridge (Massachusetts), MIT Press, 2013, pp. 161-165. El cálculo supone la completa oxidación de todo este carbono.

10. <https://twitter.com/EmmanuelMacron/status/1164617008962527232>.

11. S. A. Loer *et al.*, «How much oxygen does the human lung consume?», *Anesthesiology*, n.º 86 (1997), pp. 532-537.

12. Smil, *Harvesting the Biosphere*, pp. 31-36.

13. J. Huang *et al.*, «The global oxygen budget and its future projection», *Science Bulletin*, vol. 63, n.º 18 (2018), pp. 1180-1186.

14. Está claro que hay muchos otros motivos reales —desde la pérdida de biodiversidad hasta los cambios en la capacidad de retención de agua— por los que debe preocuparnos la quema deliberada a gran escala de vegetación tropical o los incendios naturales en bosques azotados por la sequía.

15. Para los últimos estudios sobre el suministro y el uso globales de agua, véase A. K. Biswas *et al.*, eds., *Assessing Global Water Megatrends*, Singapur, Springer Nature, 2018.

16. Institute of Medicine, *Dietary Reference Intakes for Water, Potassium, Sodium, Chloride, and Sulfate*, Washington D. C., National Academies Press, 2005.

17. Entre las naciones más pobladas del mundo, la parte de extracción de agua dulce correspondiente a la agricultura llega al 90 por ciento en la India, el 80 por ciento en Indonesia y el 65 por ciento en China, pero solo alrededor del 35 por ciento en Estados Unidos: Banco Mundial, «Annual freshwater withdrawals, agriculture (percent of total freshwater withdrawal)», <https://data.worldbank.org/indicator/er.h2o.fwag.zs?end=2016&start=1965& view=chart> (consultado en 2020).

18. Water Footprint Network, «What is a water footprint?», <https://waterfootprint.org/en/water-footprint/what-is-water-footprint/> (consultado en 2020).

19. M. M. Mekonnen e Y. A. Hoekstra, *National Water Footprint Accounts: The Green, Blue and Grey Water Footprint of Production and Consumption*, Delft, UNESCO-IHE Institute for Water Education, 2011.

20. N. Joseph *et al.*, «A review of the assessment of sustainable water use at continental-to-global scale», *Sustainable Water Resources Management*, n.º 6 (2020), p. 18.

21. S. N. Gosling y N. W. Arnell, «A global assessment of the impact of climate change on water scarcity», *Climatic Change*, n.º 134 (2016), pp. 371-385.

22. Smil, *Growth*, pp. 386-388.

23. Para las tendencias a largo plazo de diferentes categorías según el uso del terreno agrícola, véase FAO, «Land use», <http://www.fao.org/faostat/en/#data/RL>. Un estudio realizado en Estados Unidos situó 2009 como el año con una mayor superficie de terreno de cultivo en todo el mundo, seguido por un declive lento y continuado: J. Ausubel *et al.*, «Peak farmland and the prospect for land sparing», *Population and Development Review*, n.º 38, supp. (2012), pp. 221-242. En realidad, los datos de la FAO muestran otro incremento del 4 por ciento entre 2009 y 2017.

24. X. Chen *et al.*, «Producing more grain with lower environmental costs», *Nature*, vol. 514, n.º 7523 (2014), pp. 486-488; Z. Cui *et al.*, «Pursuing sustainable productivity with millions of smallholder farmers», *Nature*, vol. 555, n.º 7696 (2018), pp. 363-366.

25. La producción global de amoniaco contenía 160 Mt de nitrógeno en 2019, 120 Mt de las cuales estaban destinadas a fertilizantes: FAO, *World Fertilizer Trends and Outlook to 2022*, Roma, FAO, 2019. Se espera

que la capacidad de producción (que ya supera las 180 Mt) aumente casi un 20 por ciento para el año 2026, con las alrededor de cien plantas planificadas y anunciadas, sobre todo en Asia y Oriente Próximo: «Asia and Middle East lead globally on ammonia capacity additions», *Hydrocarbons Technology* (2018), <https://www.hydrocarbons-technology.com/comment/global-ammonia-capacity/>.

26. Servicio Geológico de Estados Unidos, «Potash» (2020), <https://pubs.usgs.gov/periodicals/mcs2020/mcs2020-potash.pdf>.

27. J. Grantham, «Be persuasive. Be brave. Be arrested (if necessary)», *Nature*, n.° 491 (2012), p. 303.

28. S. J. Van Kauwenbergh, *World Phosphate Rock Reserves and Resources*, Muscle Shoals, Alabama, IFDC, 2010.

29. Servicio Geológico de Estados Unidos, *Mineral Commodity Summaries 2012*, p. 123.

30. International Fertilizer Industry Association, «Phosphorus and "Peak Phosphate"» (2013). Véase también M. Heckenmüller *et al.*, *Global Availability of Phosphorus and Its Implications for Global Food Supply: An Economic Overview*, Kiel, Kiel Institute for the World Economy, 2014.

31. V. Smil, «Phosphorus in the environment: Natural flows and human interferences», *Annual Review of Energy and the Environment*, n.° 25 (2000), pp. 53-88; Servicio Geológico de Estados Unidos, «Phosphate rock», <https://pubs.usgs.gov/periodicals/mcs2020/mcs2020-phosphate.pdf>.

32. M. F. Chislock *et al.*, «Eutrophication: Causes, consequences, and controls in aquatic ecosystems», *Nature Education Knowledge*, vol. 4, n.° 4 (2013), p. 10.

33. J. Bunce *et al.*, «A review of phosphorus removal technologies and their applicability to small-scale domestic wastewater treatment systems», *Frontiers in Environmental Science*, n.° 6 (2018), p. 8.

34. D. Breitburg *et al.*, «Declining oxygen in the global ocean and coastal waters», *Science*, vol. 359, n.° 6371 (2018).

35. R. Lindsey, «Climate and Earth's energy budget», NASA (enero de 2009), <https://earthobservatory.nasa.gov/features/EnergyBalance>.

36. W. F. Ruddiman, *Plows, Plagues & Petroleum: How Humans Took Control of Climate*, Princeton (New Jersey), Princeton University Press, 2005 [hay trad. cast.: *Los tres jinetes del cambio climático: una historia milenaria del hombre y el clima*, Madrid, Turner, 2008].

37. 2° Institute, «Global CO_2 levels», <https://www.co2levels.org/> (consultado en 2020).

38. 2° Institute, «Global CH_4 levels», <https://www.methanelevels.org/> (consultado en 2020).

39. Los potenciales de calentamiento global (CO_2 = 1) son 28 para el metano, 265 para el dióxido nitroso, de 5.660 a 13.900 para los diversos clorofluorocarbonos y 23.900 para el hexafluoruro de azufre: *Global Warming Potential Values*, <https://www.ghgprotocol.org/sites/default/files/ghgp/Global-Warming-Potential-Values%20%28Feb%2016%20 2016%29_1.pdf>.

40. IPCC, *Climate Change 2014: Synthesis Report. Contribution of Working Groups I, II and III to the Fifth Assessment Report of the Intergovernmental Panel on Climate Change*, Ginebra, IPCC, 2014.

41. J. Fourier, «Remarques générales sur les Temperatures du globe terrestre et des espaces planetaires», *Annales de Chimie et de Physique*, n.° 27 (1824), pp. 136-167; E. Foote es la siguiente:, «Circumstances affecting the heat of the sun's rays», *American Journal of Science and Arts*, n.° 31 (1856), pp. 382-383. La clara conclusión de Foote es la siguiente: «He hallado que el mayor efecto de los rayos solares se da en el gas carbónico. [...] Una atmósfera de ese gas daría una alta temperatura a nuestra tierra; y si, como algunas personas creen, en algún periodo de su historia el aire contenía una mayor proporción que en el presente, el resultado necesario debió de ser una mayor temperatura debida a su propia acción y al incremento de peso».

42. J. Tyndall, «The Bakerian Lecture», *Philosophical Transactions*, n.° 151 (1861), pp. 1-37 (cita en p. 28).

43. S. Arrhenius, «On the influence of carbonic acid in the air upon the temperature of the ground», *Philosophical Magazine and Journal of Science*, vol. 5, n.° 41 (1896), pp. 237-276.

44. K. Ecochard, «What's causing the poles to warm faster than the rest of the Earth?» NASA (abril de 2011), <https://www.nasa.gov/topics/earth/features/warmingpoles.html>.

45. D. T. C. Cox *et al.*, «Global variation in diurnal asymmetry in temperature, cloud cover, specific humidity and precipitation and its association with leaf area index», *Global Change Biology*, vol. 26, n.° 12 (2020), pp. 7099-7111.

46. S. Arrhenius, *Worlds in the Making*, Nueva York, Harper & Brothers, 1908, p. 53.

47. R. Revelle y H. E. Suess, «Carbon dioxide exchange between atmosphere and ocean and the question of an increase of atmospheric CO_2 during the past decades», *Tellus*, n.° 9 (1957), pp. 18-27.

48. NOAA, «Monthly average Mauna Loa CO_2», *Global Monitoring Laboratory*, <https://www.esrl.noaa.gov/gmd/ccgg/trends/> (consultado en 2020).

49. J. Charney *et al.*, *Carbon Dioxide and Climate: A Scientific Assessment*, Washington D. C., National Research Council, 1979.

50. N. L. Bindoff *et al.*, «Detection and Attribution of Climate Change: from Global to Regional», en T. F. Stocker *et al.*, eds., *Climate Change 2013: The Physical Science Basis. Contribution of Working Group I to the Fifth Assessment Report of the Intergovernmental Panel on Climate Change*, Cambridge, Cambridge University Press, 2013.

51. S. C. Sherwood *et al.*, «An assessment of Earth's climate sensitivity using multiple lines of evidence», *Reviews of Geophysics*, vol. 58, n.º 4 (diciembre de 2020).

52. El cambio del carbón al gas natural ha sido extremadamente rápido en Estados Unidos: en 2011, el 44 por ciento de toda la electricidad era generada por carbón; para el 2020, ese porcentaje cayó a solo el 20 por ciento, mientras que la generación por gas natural aumentó del 23 al 39 por ciento: Administración de Información Energética de Estados Unidos, *Short-Term Energy Outlook* (2021).

53. En 2014, la media global de forzamiento radiactivo antropogénico relativa a 1850 era de 1,97 W/m², de los cuales 1,80 W/m² provenían del CO_2, 1,07 W/m² de la combinación de otros gases de efecto invernadero —1,04 W/m² de aerosoles— y 0,08 W/m² de cambios en el uso de la tierra: C. J. Smith *et al.*, «Effective radiative forcing and adjustments in CMIP6 models», *Atmospheric Chemistry and Physics*, vol. 20, n.º 16 (2020).

54. National Centers for Environmental Information, «More near-record warm years are likely on the horizon» (febrero de 2020), <https://www.ncei.noaa.gov/news/projected-ranks>; NOAA, *Global Climate Report—Annual 2019*, <https://www.ncdc.noaa.gov/sotc/global/201913>.

55. Para los cerezos de Kioto, véase: R. B. Primack *et al.*, «The impact of climate change on cherry trees and other species in Japan», *Biological Conservation*, n.º 142 (2009), pp. 1943-1949. Para las cosechas de uva en Francia, véase Ministère de la Transition Écologique, «Impacts du changement climatique: Agriculture et Forêt» (2020), <https://www.ecologie.gouv.fr/impacts-du-changement-climatique-agriculture-et-foret>. Para la fusión de los glaciares en las montañas y sus consecuencias, véase A. M. Milner *et al.*, «Glacier shrinkage driving global changes in

downstream systems», *Proceedings of the National Academy of Sciences* (2017), <https://www.pnas.org/cgi/doi/10.1073/pnas.1619807114>.

56. En 2019, la quema de combustibles fósiles liberó casi 37 Gt de CO_2, cuya generación requirió cerca de 27 Gt de oxígeno: Global Carbon Project, *The Global Carbon Budget 2019*.

57. J. Huang *et al.*, «The global oxygen budget and its future projection», *Science Bulletin*, n.º 63 (2018), pp. 1180-1186.

58. Estas complicadas mediciones dieron comienzo en 1989: Carbon Dioxide Information and Analysis Center, «Modern Records of Atmospheric Oxygen (O_2) from Scripps Institution of Oceanography» (2014), <https://cdiac.ess-dive.lbl.gov/trends/oxygen/modern_records.html>.

59. Las reservas de combustibles fósiles para 2019 se enumeran en British Petroleum, *Statistical Review of World Energy*.

60. L. B. Scheinfeldt y S. A. Tishkoff, «Living the high life: high-altitude adaptation», *Genome Biology*, vol. 11, n.º 133 (2010), pp. 1-3.

61. S. J. Murray *et al.*, «Future global water resources with respect to climate change and water withdrawals as estimated by a dynamic global vegetation model», *Journal of Hydrology* (2012), pp. 448-449; A. G. Koutroulis y L. V. Papadimitriou, «Global water availability under high-end climate change: A vulnerability based assessment», *Global and Planetary Change*, n.º 175 (2019), pp. 52-63.

62. P. Greve *et al.*, «Global assessment of water challenges under uncertainty in water scarcity projections», *Nature Sustainability*, vol. 1, n.º 9 (2018), pp. 486-494.

63. C. A. Dieter *et al.*, *Estimated Use of Water in the United States in 2015*, Washington D. C., Servicio Geológico de Estados Unidos, 2018.

64. P. S. Goh *et al.*, *Desalination Technology and Advancement*, Oxford, Oxford Research Encyclopedias, 2019.

65. A. Fletcher *et al.*, «A low-cost method to rapidly and accurately screen for transpiration eficiency in wheat», *Plant Methods*, n.º 14 (2018), art. 77. Una eficiencia en la transpiración de plantas enteras de 4,5 g/kg significa que 1 kg de biomasa requiere 222 kg de agua transpirada, proporción que se duplica hasta los casi 450 kg debido a que el cereal supone alrededor de la mitad del total de biomasa sobre la tierra.

66. Y. Markonis *et al.*, «Assessment of water cycle intensification over land using a multisource global gridded precipitation dataset», *Journal of Geophysical Research: Atmospheres*, vol. 124, n.º 21 (2019), pp. 11175-11187.

67. S. J. Murray *et al.*, «Future global water resources with respect to climate change and water withdrawals as estimated by a dynamic global vegetation model».

68. Y. Fan *et al.*, «Comparative evaluation of crop water use eficiency, economic analysis and net household profit simulation in arid Northwest China», *Agricultural Water Management*, n.º 146 (2014), pp. 335-345; J. L. Hatfield y C. Dold, «Water-use eficiency: Advances and challenges in a changing climate», *Frontiers in Plant Science*, n.º 10 (2019), p. 103; D. Deryng *et al.*, «Regional disparities in the beneficial effects of rising CO_2 concentrations on crop water productivity», *Nature Climate Change*, n.º 6 (2016), pp. 786-790.

69. IPCC, *Climate Change and Land*, Ginebra, IPCC, 2020, <https://www.ipcc.ch/srccl/>; P. Smith *et al.*, «Agriculture, Forestry and Other Land Use (AFOLU)», en IPCC, *Climate Change 2014*.

70. Smil, *Should We Eat Meat?*, pp. 203-210.

71. D. Gerten *et al.*, «Feeding ten billion people is possible within four terrestrial planetary boundaries», *Nature Sustainability*, n.º 3 (2020), pp. 200-208; véase también FAO, *The Future of Food and Agriculture: Alternative Pathways to 2050*, Roma, FAO, 2018, <http://www.fao.org/3/I8429EN/i8429en.pdf>.

72. Lo que escribí fue: «Si sumamos la media y el mayor intervalo [entre las sucesivas pandemias] a 1968 nos resulta un lapso de tiempo entre 1996 y 2021. Desde un punto de vista probabilístico, estamos dentro de una región de alto riesgo. Por consiguiente, la probabilidad de otra pandemia de gripe durante los próximos cincuenta años es prácticamente del 100 por ciento»: V. Smil, *Global Catastrophes and Trends*, Cambridge (Massachusetts), MIT Press, 2008, p. 46. Y tenemos dos pandemias dentro del intervalo indicado: el virus H1N1 en 2009, el año posterior a la publicación del libro, y el SARS-Cov-2 en 2020.

73. Las actualizaciones diarias de las estadísticas globales han sido proporcionadas por la Johns Hopkins en <https://coronavirus.jhu.edu/map.html> y por *Worldometer* en <https://www.worldometers.info/coronavirus/>. Tendremos que esperar, como mínimo, dos años para obtener un verdadero historial exhaustivo de la pandemia.

74. U. Desideri y F. Asdrubali, *Handbook of Energy Eficiency in Buildings*, Londres, Butterworth-Heinemann, 2015.

75. Natural Resources Canada, *High Performance Housing Guide for Southern Manitoba*, Ottawa, Natural Resources Canada, 2016.

76. L. Cozzi y A. Petropoulos, «Growing preference for SUVs cha-llenges emissions reductions in passenger car market», *IEA* (octubre de 2019), <https://www.iea.org/commentaries/growing-preference-for-suvs-challenges-emissions-reductions-in-passenger-car-market>.

77. J. G. J. Olivier y J. A. H. W. Peters, *Trends in Global CO$_2$ and Total Greenhouse Gas Emissions*, La Haya, PBL Netherlands Environmental Assessment Agency, 2019.

78. Naciones Unidas, «Conference of the Parties (COP)», <https://unfccc.int/process/bodies/supreme-bodies/conference-of-the-parties-cop>.

79. N. Stockton, «The Paris climate talks will emit 300,000 tons of CO$_2$, by our math. Hope it's worth it», *Wired* (noviembre de 2015).

80. Naciones Unidas, *Report of the Conference of the Parties on its twenty-first session, held in Paris from 30 November to 13 December 2015* (enero de 2016), <https://unfccc.int/sites/default/files/resource/docs/2015/cop21/eng/10a01.pdf>.

81. Para el futuro del aire acondicionado, véase Agencia Internacional de la Energía, *The Future of Cooling*, París, IEA, 2018.

82. Olivier y Peters, *Trends in Global CO$_2$ and Total Greenhouse Gas Emissions 2019*.

83. T. Mauritsen y R. Pincus, «Committed warming inferred from observations», *Nature Climate Change*, n.º 7 (2017), pp. 652-655.

84. C. Zhou *et al.*, «Greater committed warming after accounting for the pattern effect», *Nature Climate Change*, n.º 11 (2021), pp. 132-136.

85. IPCC, *Global warming of 1.5 °C*, Ginebra, IPCC, 2018, <https://www.ipcc.ch/sr15/>.

86. A. Grubler *et al.*, «A low energy demand scenario for meeting the 1.5 °C target and sustainable development goals without negative emission technologies», *Nature Energy*, n.º 526 (2020), pp. 515-527.

87. Agencia Europea de Medio Ambiente, «Size of the vehicle fleet in Europe» (2019), <https://www.eea.europa.eu/data-and-maps/indicators/size-of-the-vehicle-fleet/size-of-the-vehicle-fleet-10>; para el año 1990, véase <https://www.eea.europa.eu/data-and-maps/indicators/access-to-transport-services/vehicle-ownership-term-2001>.

88. National Bureau of Statistics, *China Statistical Yearbook, 1999-2019*, <http://www.stats.gov.cn/english/Statisticaldata/AnnualData/>.

89. SEI, IISD, ODI, E3G y UNEP, *The Production Gap Report: 2020 Special Report*, <http://productiongap.org/2020report>.

90. E. Larson *et al.*, *Net-Zero America: Potential Pathways, Infrastructure, and Impacts*, Princeton (New Jersey), Princeton University, 2020.

91. C. Helman, «Nimby nation: The high cost to America of saying no to everything», *Forbes* (agosto de 2015).

92. Cámara de los Representantes, «Resolution Recognizing the duty of the Federal Government to create a Green New Deal» (2019), <https://www.congress.gov/bill/116th-congress/house-resolution/109/text>; M. Z. Jacobson *et al.*, «Impacts of Green New Deal energy plans on grid stability, costs, jobs, health, and climate in 143 countries», *One Earth*, n.° 1 (2019), pp. 449-463.

93. T. Dickinson, «The Green New Deal is cheap, actually», *Rolling Stone* (6 de abril de 2020); J. Cassidy, «The good news about a Green New Deal», *New Yorker* (4 de marzo de 2019); N. Chomsky y R. Pollin, *Climate Crisis and the Global Green New Deal: The Political Economy of Saving the Planet*, Nueva York, Verso, 2020; J. Rifkin, *The Green New Deal: Why the Fossil Fuel Civilization Will Collapse by 2028, and the Bold Economic Plan to Save Life on Earth*, Nueva York, St. Martin's Press, 2019.

94. Si desea unirse a la rama más explícita de este movimiento, a fin de movilizar «el 3,5 por ciento de la población para lograr un cambio de sistema» (¡la rebelión en decimales!), consulte Extinction Rebellion, «Welcome to the rebellion», <https://rebellion.earth/the-truth/about-us/>. Para obtener instrucciones por escrito, véase *Extinction Rebellion, This Is Not a Drill: An Extinction Rebellion Handbook*, Londres, Penguin, 2019.

95. P. Brimblecombe *et al.*, *Acid Rain–Deposition to Recovery*, Berlín, Springer, 2007.

96. S. A. Abbasi y T. Abbasi, *Ozone Hole: Past, Present, Future*, Berlín, Springer, 2017.

97. J. Liu *et al.*, «China's changing landscape during the 1990s: Large-scale land transformation estimated with satellite data», *Geophysical Research Letters*, vol. 32, n.° 2 (2005), L02405.

98. M. G. Burgess *et al.*, «IPCC baseline scenarios have over-projected CO_2 emissions and economic growth», *Environmental Research Letters*, n.° 16 (2021), 014016.

99. H. Wood, «Green energy meets people power», *The Economist* (2020), <https://worldin.economist.com/article/17505/edition2020 get-ready-renewable-energy-revolution>.

100. Z. Hausfather *et al.*, «Evaluating the performance of past climate model projections», *Geophysical Research Letters*, n.° 47 (2019), e2019GL085378.

101. Smil, «History and risk».

102. Totales globales y nacionales diarios y acumulados de la Johns Hopkins en <https://coronavirus.jhu.edu/map.html> o de *Worldometer* en <https://www.worldometers.info/coronavirus/>.

103. Las fuentes de los datos para este párrafo y el siguiente son estas: para la tasa de PIB, véase Banco Mundial, «GDP per capita (current US$)», <https://data.worldbank.org/indicator/NY.GDP.PCAP.CD> (consultado en 2020). Para las estadísticas de China, véase National Bureau of Statistics, *China Statistical Yearbook, 1999-2019.* Para las emisiones nacionales de CO_2, véase el informe de Olivier y Peters, *Trends in Global CO_2 and Total Greenhouse Gas Emissions 2019.*

104. Entre 2020 y 2050, los pronósticos medios de población de la ONU proyectan que el 99,6 del incremento total tendrá lugar en países menos desarrollados, y alrededor de un 53 por ciento del total, en el África subsahariana: Naciones Unidas, *World Population Prospects: The 2019 Revision*, Nueva York, ONU, 2019. Sobre la composición de la generación de electricidad en África, véase G. Alova *et al.*, «A machine-learning approach to predicting Africa's electricity mix based on planned power plants and their chances of success», *Nature Energy*, vol. 6, n.º 2 (2021).

105. Y. Pan *et al.*, «Large and persistent carbon sink in the world's forests», *Science*, n.º 333 (2011), pp. 988-993; C. Che *et al.*, «China and India lead in greening of the world through land-use management», *Nature Sustainability*, n.º 2 (2019), pp. 122-129. Véase también J. Wang *et al.*, «Large Chinese land carbon sink estimated from atmospheric carbon dioxide data», *Nature*, vol. 586, n.º 7831 (2020), pp. 720-723.

106. N. G. Dowell *et al.*, «Pervasive shifts in forest dynamics in a changing world», *Science*, n.º 368 (2020); R. J. W. Brienen *et al.*, «Forest carbon sink neutralized by pervasive growth-lifespan trade-offs», *Nature Communications*, n.º 11 (2020), art. 4241.1234567890.

107. P. E. Kauppi *et al.*, «Changing stock of biomass carbon in a boreal forest over 93 years», *Forest Ecology and Management*, n.º 259 (2010), pp. 1239-1244; H. M. Henttonen *et al.*, «Size-class structure of the forests of Finland during 1921-2013: A recovery from centuries of exploitation, guided by forest policies», *European Journal of Forest Research*, n.º 139 (2019), pp. 279-293.

108. P. Roy y J. Connell, «Climatic change and the future of atoll states», *Journal of Coastal Research*, n.º 7 (1991), pp. 1057-1075; R. J. Nicholls y A. Cazenave, «Sea-level rise and its impact on coastal zones», *Science*, vol. 328, n.º 5985 (2010), pp. 1517-1520.

109. P. S. Kench *et al.*, «Patterns of island change and persistence offer alternate adaptation pathways for atoll nations», *Nature Communications*, n.º 9 (2018), art. 605.

110. Este era el título de un capítulo aportado por Amory Lovins a un libro sobre el medioambiente global: A. Lovins, «Abating global warming for fun and profit», en K. Takeuchi y M. Yoshino, eds., *The Global Environment*, Nueva York, Springer-Verlag, 1991, pp. 214-229. Para los lectores más jóvenes, Lovins cimentó su fama con un artículo de 1976 en el que esbozaba el recorrido energético «suave» (renovable a pequeña escala) para Estados Unidos: A. Lovins, «Energy strategy: The road not taken», *Foreign Affairs*, vol. 55, n.º 1 (1976), pp. 65-96. Según su visión, en el año 2000, Estados Unidos derivaría de técnicas suaves una energía equivalente a setecientos cincuenta millones de toneladas de petróleo. Después de sustraer la hidrogeneración convencional a gran escala (que no es ni pequeña ni suave), las renovables han representado solo el equivalente de setenta y cinco millones de toneladas de petróleo, con lo que Lovins falló en un 90 por ciento en veinticuatro años, un pronóstico que presagiaba décadas de afirmaciones «verdes» igualmente alejadas de la realidad.

7. Comprender el futuro: entre el apocalipsis
   y la singularidad

1. Los libros sobre apocalipsis y profecías, imaginación e interpretaciones apocalípticas son bastante numerosos, pero no me atrevería a hacer recomendación alguna de este tipo específico de literatura de ficción.

2. Imaginar que la inteligencia artificial pueda superar la capacidad humana es fácil, comparado con imaginar el cambio físico instantáneo que requiere el hecho de alcanzar la singularidad.

3. R. Kurzweil, «The law of accelerating returns» (2001), <https://www.kurzweilai.net/the-law-of-accelerating-returns>. Véase también su libro *The Singularity Is Near*, Nueva York, Penguin, 2005 [hay trad. cast.: *La Singularidad está cerca*, Berlín, Lola Books, 2012]. La llegada en el año 2045 se predice en <https://www.kurzweilai.net/>. Antes de encontrarnos en ese punto, «para la década de 2020, la mayor parte de las enfermedades desaparecerán, a medida que los nanobots se hacen más inteligentes que la actual tecnología médica. La alimentación humana

normal podrá ser reemplazada por nanosistemas». Véase P. Diamandis, «Ray Kurzweil's mind-boggling predictions for the next 25 years», *Singularity Hub* (enero de 2015), <https://singularityhub.com/2015/01/26/ray-kurzweils-mind-boggling-predictions-for-the-next-25-years/>. Obviamente, si tales pronósticos se materializasen, en unos pocos años nadie tendría que escribir libros sobre agricultura, alimentación, salud ni medicina, o sobre cómo funciona realmente el mundo: ¡los nanobots se encargarían de todo ello!

4. Julian Simon, de la Universidad de Maryland, fue uno de los más destacados abundantistas de las dos últimas décadas del siglo xx. Sus obras más citadas son *The Ultimate Resource*, Princeton (New Jersey), Princeton University Press, 1981 [hay trad. cast.: *El último recurso*, Madrid, Dossat, 1986], así como J. L. Simon y H. Kahn, *The Resourceful Earth*, Oxford, Basil Blackwell, 1984.

5. Coches eléctricos: Bloomberg NEF, *Electric Vehicle Outlook 2019*, <https://about.bnef.com/electric-vehicle-outlook/#toc-download>. Carbono en la Unión Europea: Comisión Europea, «2050 long-term strategy», <https://ec.europa.eu/clima/policies/strategies/2050_en>. Información global en 2025: D. Reinsel *et al.*, *The Digitization of the World From Edge to Core* (noviembre de 2018), <https://www.seagate.com/files/www-content/our-story/trends/files/idc-seagate-dataage-whitepaper.pdf>. Aviación global en 2037: «IATA Forecast Predicts 8.2 billion Air Travelers in 2037» (octubre de 2018), <https://www.iata.org/en/pressroom/pr/2018-10-24-02/>.

6. Véanse las trayectorias de fertilidad nacionales a largo plazo en el banco de datos del Banco Mundial: <https://data.worldbank.org/indicator/SP.DYN.TFRT.IN>.

7. Naciones Unidas, *World Population Prospects 2019*, <https://population.un.org/wpp/Download/Standard/Population/>.

8. Los vehículos eléctricos han atraído una enorme atención, así como un gran número de expectativas sumamente exageradas, durante la segunda década del siglo xxi. En 2017 se podía leer lo siguiente en el *Financial Post*: «Todos los vehículos de combustible fósil desaparecerán en un plazo de ocho años, en una doble "espiral de muerte" para las grandes empresas petrolíferas y los grandes productores de automóviles, según un estudio que está sacudiendo ambos sectores». Lo que debería haber sido una sacudida era la falta absoluta de conocimientos técnicos que condujeron a tan ridícula afirmación. ¡Con aproximadamente mil

doscientos millones de automóviles de combustión interna en la calle a principios de 2020, habría sido una verdadera aniquilación durante los siguientes cinco años!

9. Aún no está del todo claro cuándo alcanzarán los coches con baterías eléctricas y los convencionales una paridad de coste durante la vida útil; no obstante, aunque lo hiciesen, algunos compradores valorarán el coste presente por encima del ahorro futuro: MIT Energy Initiative, *Insights into Future Mobility*, Cambridge (Massachusetts), MIT Energy Initiative, 2019, <http://energy.mit.edu/insightsintofuturemobility>.

10. Para datos de ventas recientes y predicciones a largo plazo de la adopción de coches eléctricos, véase *Insideevs*, <https://insideevs.com/news/343998/monthly-plug-in-ev-sales-scorecard/>; J. P. Morgan Asset Management, *Energy Outlook 2018: Pascal's Wager*, Nueva York, J. P. Morgan, 2018, pp. 10-15.

11. Bloomberg NEF, *Electric Vehicle Outlook 2019*.

12. Michel de Nôtre-Dame publicó sus profecías en 1555, y desde entonces los más acérrimos creyentes las han leído e interpretado. En cuanto al formato, ahora tienen muchas opciones: desde costosos facsímiles encuadernados hasta ejemplares en Kindle.

13. H. Von Foerster *et al.*, «Doomsday: Friday, 13 November, A.D. 2026», *Science*, n.º 132 (1960), pp. 1291-1295.

14. P. Ehrlich, *The Population Bomb*, Nueva York, Ballantine Books, 1968, p. xi; R. L. Heilbroner, *An Inquiry into the Human Prospect*, Nueva York, W. W. Norton, 1975, p. 154 [hay trad. cast.: *El porvenir humano*, Barcelona, Guadarrama, 1975].

15. Calculado a partir de datos de Naciones Unidas, *World Population Prospects 2019*.

16. Suponiendo la proyección mediana de Naciones Unidas, *World Population Prospects 2019*.

17. V. Smil, «Peak oil: A catastrophist cult and complex realities», *World Watch*, n.º 19 (2006), pp. 22-24; V. Smil, «Peak oil: A retrospective», *IEES Spectrum* (mayo de 2020), pp. 202-221.

18. R. C. Duncan, «The Olduvai theory: Sliding towards the post-industrial age» (1996), <https://www.peakoil.net/publications/the-olduvai-theory-sliding-towards-a-post-industrial-stone-age>.

19. Para obtener datos sobre desnutrición, véanse los informes anuales de la FAO. La última versión es: *The State of Food Security and Nutrition*, <http://www.fao.org/3/ca5162en/ca5162en.pdf>. Para

suministros de alimentos, véase <http://www.fao.org/faostat/en/#data/FBS>.

20. Calculado a partir de <http://www.fao.org/faostat/en/#data/>.

21. Datos de British Petroleum, *Statistical Review of World Energy*.

22. Datos de S. Krikorian, «Preliminary nuclear power facts and figures for 2019», Organismo Internacional de Energía Atómica (enero de 2020), <https://www.iaea.org/newscenter/news/preliminary-nuclear-power-facts-and-figures-for-2019>.

23. M. B. Schiffer, *Spectacular Flops: Game-Changing Technologies That Failed*, Clinton Corners (Nueva York), Eliot Werner Publications, 2019, pp. 157-175.

24. S. Kaufman, *Project Plowshare: The Peaceful Use of Nuclear Explosives in Cold War America*, Ithaca (Nueva York), Cornell University Press, 2013; A. C. Noble, «The Wagon Wheel Project», *WyoHistory* (noviembre de 2014), <http://www.wyohistory.org/essays/wagon-wheel-project>.

25. Sobre el cada vez menor nicho climático: C. Xu *et al.*, «Future of the human climate niche», *Proceedings of the National Academy of Sciences*, vol. 117, n.º 21 (2010), pp. 11350-11355. Migraciones: A. Lustgarten, «How climate migration will reshape America», *The New York Times* (20 de diciembre de 2020). Descenso de los ingresos: M. Burke *et al.*, «Global non-linear effect of temperature on economic production», *Nature*, n.º 527 (2015), pp. 235-239. Profecía de Thunberg: A. Doyle, «Thunberg says only 'eight years left' to avert 1.5 °C warming», *Climate Change News* (enero de 2020), <https://www.climatechangenews.com/2020/01/21/thunberg-says-eight-years-left-avert-1-5c-warming/>.

26. Esta predilección por las profecías catastrofistas la explica el sesgo del ser humano hacia lo negativo: D. Kahneman, *Thinking Fast and Slow*, Nueva York, Farrar, Straus and Giroux, 2011 [hay trad. cast.: *Pensar rápido, pensar despacio*, Barcelona, Debate, 2021]; Naciones Unidas, «Only 11 years left to prevent irreversible damage from climate change, speakers warn during General Assembly high-level meeting» (marzo de 2019), <https://www.un.org/press/en/2019/ga12131.doc.htm>; P. J. Spielmann, «U.N. predicts disaster if global warming not checked», *AP News* (junio de 1989), <https://apnews.com/bd45c372caf118ec99964ea547880cd0>.

27. FII Institute, *A Sustainable Future is Within Our Grasp*, <https://fii-institute.org/wp-content/uploads/2022/07/en_Download_Publications_FIII_Impact_Sustainability_2020.pdf?v=3dd6b9265ff1>; J. M. Greer, *Apocalypse Not!*, Hoboken (New Jersey), Viva Editions, 2011;

M. Shellenberger, *Apocalypse Never: Why Environmental Alarmism Hurts Us All*, Nueva York, Harper, 2020.

28. V. Smil, «Perils of long-range energy forecasting: Reflections on looking far ahead», *Technological Forecasting and Social Change*, n.º 65 (2000), pp. 251-264.

29. Organización de las Naciones Unidas para la Agricultura y la Alimentación, *Yield Gap Analysis of Field Crops: Methods and Case Studies*, Roma, FAO, 2015.

30. El agua constituye más del 95 por ciento de sus tejidos y no contienen cantidades apreciables de dos de los macronutrientes esenciales: proteínas y lípidos.

31. Sus costes materiales (acero, plásticos, cristal) y energéticos (calefacción, iluminación, aire acondicionado) serían verdaderamente astronómicos.

32. Para los costes energéticos de los materiales, véase Smil, *Making the Modern World*. Para los costes energéticos mínimos del acero, véase J. R. Fruehan *et al.*, *Theoretical Minimum Energies to Produce Steel for Selected Conditions*, Columbia (Maryland), Energetics, 2000.

33. FAO, «Fertilizers by nutrient», <http://www.fao.org/faostat/en/#data/RFN> (consultado en 2020).

34. Datos de Smil, *Energy Transitions*.

35. Calculado a partir de datos de British Petroleum, *Statistical Review of World Energy*.

36. Para echar un vistazo a los fascinantes debates sobre errores de clasificación, véanse O. Magidor, *Category Mistakes*, Oxford, Oxford University Press, 2013; W. Kastainer, «Genealogy of a category mistake: A critical intellectual history of the cultural trauma metaphor», *Rethinking History*, n.º 8 (2004), pp. 193-221.

37. Para conocer los orígenes de estos inventos fundamentales, véase Smil, *Transforming the Twentieth Century*.

38. Smil, *Prime Movers of Globalization*.

39. A. Engler, *A guide to healthy skepticism of artificial intelligence and coronavirus*, Washington D. C., Brookings Institution, 2020.

40. «CRISPR: Your guide to the gene editing revolution», *New Scientist*, <https://www.newscientist.com/round-up/crispr-gene-editing/>.

41. Y. N. Harari, *Homo Deus*, Nueva York, Harper, 2018 [hay trad. cast.: *Homo Deus: breve historia del mañana*, Barcelona, Debate, 2017]; D. Berlinski, «Godzooks», *Inference* n.º 3/4 (febrero de 2018).

42. E. Trognotti, «Lessons from the history of quarantine, from plague to influenza», *Emerging Infectious Diseases*, n.° 19 (2013), pp. 254-259.

43. S. Crawford, «The Next Generation of Wireless–5G–Is All Hype», *Wired* (agosto de 2016), <https://www.wired.com/2016/08/the-next-generation-of-wireless-5g-is-all-hype/>.

44. «Lack of medical supplies 'a national shame'», *BBC News* (marzo de 2020); L. Lee y K. N. Das, «Virus fight at risk as world's medical glove capital struggles with lockdown», *Reuters* (marzo de 2020); L. Peek, «Trump must cut our dependence on Chinese drugs–whatever it takes», *The Hill* (marzo de 2020).

45. El coste último de la pandemia de 2020 tardará años en conocerse, pero no hay duda acerca de su orden de magnitud: muchos billones de dólares. En 2019, el producto económico global era de cerca de 90 billones de dólares, con lo que basta una disminución de unos pocos puntos porcentuales para elevar el coste a tales cifras.

46. Pero no podemos llegar a una conclusión definitiva hasta que sea posible efectuar una evaluación mundial en retrospectiva de los estragos de la pandemia.

47. J. K. Taubenberger *et al.*, «The 1918 influenza pandemic: 100 years of questions answered and unanswered», *Science Translational Medicine*, vol. 11, n.° 502 (julio de 2019), eaau5485; Morens *et al.*, «Predominant role of bacterial pneumonia as a cause of death in pandemic influenza: Implications for pandemic influenza preparedness», *Journal of Infectious Disease*, n.° 198 (2008), pp. 962-970.

48. «The 2008 financial crisis explained», *History Extra* (2020), <https://www.historyextra.com/period/modern/financial-crisis-crash-explained-facts-causes/>.

49. Los mayores buques de crucero pueden albergar actualmente más de seis mil pasajeros, con entre un 30 y un 35 adicional correspondiente a la tripulación. Marine Insight, «Top 10 Largest Cruise Ships in 2020», <https://www.marineinsight.com/knowmore/top-10-largest-cruise-ships-2017/>.

50. R. L. Zijdeman y F. R. de Silva, «Life expectancy since 1820», en J. L. van Zanden *et al.*, eds., *How Was Life? Global Well-Being since 1820*, París, OCDE, 2014, pp. 101-116.

51. Estas grandes cifras de mortalidad se pueden ver en sitios web actualizados con regularidad por la European Mortality Monitoring (<https://www.euromomo.eu/>), para los países de la Unión Euro-

pea, y por los Centros para el Control y Prevención de Enfermedades (<https://www.cdc.gov/nchs/nvss/vsrr/covid19/excess_deaths. htm>) para Estados Unidos.

52. Están disponibles proyecciones de población detalladas para edades específicas de todos los países y regiones del mundo en <https:// population.un.org/wpp/Download/Standard/Population/>.

53. American Cancer Society, «Survival Rates for Childhood Leukemias», <https://www.cancer.org/cancer/leukemia-in-children/de tection-diagnosis-staging/survival-rates.html>.

54. Departamento de Defensa de Estados Unidos, *Narrative Summaries of Accidents Involving U.S. Nuclear Weapons 1950-1980* (1980), <https://nsarchive.files.wordpress.com/2010/04/635.pdf>; S. Shuster, «Stanislav Petrov, the Russian oficer who averted a nuclear war, feared history repeating itself», *Time* (19 de septiembre de 2017).

55. El informe más detallado del desastre (que incluye cinco volúmenes técnicos) es Organismo Internacional de Energía Atómica, *The Fukushima Daiichi Accident*, Viena, IAEA, 2015. La Dieta Nacional de Japón publicó su propio informe oficial: *The Oficial Report of the Fukushima Nuclear Accident Independent Investigation Commission*, <https://www. nirs.org/wp-content/uploads/fukushima/naiic_report.pdf>.

56. Para los anuncios oficiales de Boeing, véanse las actualizaciones sobre el 737 MAX en <https://www.boeing.com/737-max-updates/ en-ca/737MAX>. Para evaluaciones críticas véanse, entre otros: D. Campbell, «Redline», *The Verge* (mayo de 2019); D. Campbell, «The ancient computers on Boeing 737 MAX are holding up a fix», *The Verge* (abril de 2020).

57. En 2018, las proporciones de las emisiones globales de CO_2 eran las siguientes: el mayor emisor (China), muy cerca del 30 por ciento; los dos primeros (China y Estados Unidos), un poco más del 43 por ciento; los cinco primeros (China, Estados Unidos, India, Rusia y Japón), el 51 por ciento; los diez primeros (sumemos a estos Alemania, Irán, Corea del Sur, Arabia Saudí y Canadá), casi exactamente dos tercios: Olivier y Peters, *Global CO_2 emissions from fossil fuel use and cement production per country, 1970-2018*.

58. Esta necesidad de compromiso a muy largo plazo disminuye aún más la probabilidad de que actores tan desiguales como China y Estados Unidos o India y Arabia Saudí se pongan de acuerdo en una forma de actuar generalmente aceptable y duradera.

59. La clásica evaluación de Ramsey es inequívoca: «Se supone que no descartamos placeres posteriores en comparación con otros más tempranos, una práctica que es éticamente indefendible y que surge tan solo de una imaginación débil», F. P. Ramsey, «A mathematical theory of saving», *The Economic Journal*, n.° 38 (1928), p. 543. Por supuesto, una posición así de rígida es poco práctica.

60. C. Tebaldi y P. Friedlingstein, «Delayed detection of climate mitigation benefits due to climate inertia and variability», *Proceedings of the National Academy of Sciences*, n.° 110 (2013), pp. 17229-17234; J. Marotzke, «Quantifying the irreducible uncertainty in near-term climate projections», *Wiley Interdisciplinary Review: Climate Change*, n.° 10 (2018), pp. 1-12; B. H. Samset *et al.*, «Delayed emergence of a global temperature response after emission mitigation», *Nature Communications*, n.° 11 (2020), art. 3261.

61. P. T. Brown *et al.*, «Break-even year: a concept for understanding intergenerational trade-offs in climate change mitigation policy», *Environmental Research Communications*, n.° 2 (2020), 095002. Utilizando el mismo modelo, Ken Caldeira calculó la tasa interna de rentabilidad de la inversión en el ideal de carbono cero (como afirman muchos objetivos nacionales recientes) para el año 2050, y la fecha inicial de la rentabilidad positiva (cuándo evitar los daños climáticos superará el gasto en reducción): la tasa es de alrededor del 2,7 por ciento, y el retorno positivo no llega hasta los primeros años del próximo siglo.

62. Pronóstico alto: Naciones Unidas, *World Population Prospects 2019*. Pronóstico bajo: S. E. Vollset *et al.*, «Fertility, mortality, migration, and population scenarios for 195 countries and territories from 2017 to 2100: a forecasting analysis for the Global Burden of Disease Study», *The Lancet* (14 de julio de 2020).

APÉNDICE. COMPRENDER LOS NÚMEROS: ÓRDENES DE MAGNITUD

1. M. M. M. Mazzocco *et al.*, «Preschoolers' precision of the approximate number system predicts later school mathematics performance», *PLoS ONE*, vol. 6, n.° 9 (2011), e23749.

2. Censo de Estados Unidos, *HINC-01. Selected Characteristics of Households by Total Money Income (2019)*, <https://www.census.gov/data/tables/time-series/demo/income-poverty/cps-hinc/hinc-01.

html>; Credit Suisse, *Global Wealth Report (2019)*, <https://www.cre-dit-suisse.com/about-us/en/reports-research/global-wealth-report.html>; J. Ponciano, «Winners/Losers: The world's 25 richest billionaires have gained nearly \$255 billion in just two months», *Forbes* (23 de mayo de 2020).

3. V. Smil, «Animals vs. artifacts: Which are more diverse?», *Spectrum IEEE* (agosto de 2019), p. 21.

4. La potencia de los motores primarios se comenta en V. Smil, *Energy in Civilization: A History*, Cambridge (Massachusetts), MIT Press, 2017, pp. 130-146.

Agradecimientos

Quiero dar las gracias a Connor Brown, mi editor en Londres, por darme una nueva oportunidad para escribir un libro de amplio alcance, y a mi hijo David (en el Instituto para la Investigación del Cáncer de Ontario) por ser su primer lector y crítico.

Índice alfabético

JUN 1 3 2023